U0339125

全国高等职业教育"十三五"规划教材

传感器技术及其工程应用

第 2 版

金发庆　主编
李瑜芳　主审

机械工业出版社

本书主要讲述传感器原理、结构、性能和应用。书中介绍了传感器的分类、数学模型、材料、性能，并介绍了温度、力、光、图像、磁、位移、湿度、气体、生物、无线电波、超声波、机器人、触摸屏、指纹传感器，以及智能传感器、微机电系统、模糊传感器和传感器网络，列举了各种传感器和传感器网络在工农业生产、科学研究、医疗卫生、环境保护以及在家用电器等方面的工程应用实例。本书共12章，每章最后附有实训课题和习题。

本书可作为高职高专院校的应用电子技术、自动控制技术、仪器仪表技术、测量技术、机电技术和计算机应用等专业的教学用书，也可作为有关工程技术人员的技术参考和自学用书。

本书配有授课电子课件，需要的教师可登录 www.cmpedu.com 免费注册，审核通过后下载，或联系编辑索取（QQ：1239258369，电话：010-88379739）。

图书在版编目（CIP）数据

传感器技术及其工程应用/金发庆主编. —2 版. —北京：机械工业出版社，2016.12（2018.7重印）

全国高等职业教育"十三五"规划教材

ISBN 978-7-111-55782-1

Ⅰ.①传⋯ Ⅱ.①金⋯ Ⅲ.①传感器-高等职业教育-教材 Ⅳ.①TP212

中国版本图书馆 CIP 数据核字（2016）第 313769 号

机械工业出版社（北京市百万庄大街 22 号 邮政编码 100037）

策划编辑：王 颖 责任编辑：王 颖

责任校对：佟瑞鑫 责任印制：常天培

唐山三艺印务有限公司印刷

2018 年 7 月第 2 版第 2 次印刷

184mm×260mm・15.5 印张・371 千字

3001—4800 册

标准书号：ISBN 978-7-111-55782-1

定价：39.90元

全国高等职业教育规划教材
电子类专业编委会成员名单

出 版 说 明

《国务院关于加快发展现代职业教育的决定》指出：到 2020 年，形成适应发展需求、产教深度融合、中职高职衔接、职业教育与普通教育相互沟通，体现终身教育理念，具有中国特色、世界水平的现代职业教育体系，推进人才培养模式创新，坚持校企合作、工学结合，强化教学、学习、实训相融合的教育教学活动，推行项目教学、案例教学、工作过程导向教学等教学模式，引导社会力量参与教学过程，共同开发课程和教材等教育资源。机械工业出版社组织全国 60 余所职业院校（其中大部分是示范性院校和骨干院校）的骨干教师共同策划、编写并出版的"全国高等职业教育规划教材"系列丛书，已历经十余年的积淀和发展，今后将更加紧密结合国家职业教育文件精神，致力于建设符合现代职业教育教学需求的教材体系，打造充分适应现代职业教育教学模式的、体现工学结合特点的新型精品化教材。

"全国高等职业教育规划教材"涵盖计算机、电子和机电 3 个专业，目前在销教材 300 余种，其中"十五""十一五""十二五"累计获奖教材 60 余种，更有 4 种获得国家级精品教材。该系列教材依托于高职高专计算机、电子和机电 3 个专业编委会，充分体现职业院校教学改革和课程改革的需要，其内容和质量颇受授课教师的认可。

在系列教材策划和编写的过程中，主编院校通过编委会平台充分调研相关院校的专业课程体系，认真讨论课程教学大纲，积极听取相关专家意见，并融合教学中的实践经验，吸收职业教育改革成果，寻求企业合作，针对不同的课程性质采取差异化的编写策略。其中，核心基础课程的教材在保持扎实的理论基础的同时，增加实训和习题以及相关的多媒体配套资源；实践性较强的课程则强调理论与实训紧密结合，采用理实一体的编写模式；涉及实用技术的课程则在教材中引入了最新的知识、技术、工艺和方法，同时重视企业参与，吸纳来自企业的真实案例。此外，根据实际教学的需要对部分课程进行了整合和优化。

归纳起来，本系列教材具有以下特点。

1）围绕培养学生的职业技能这条主线来设计教材的结构、内容和形式。

2）合理安排基础知识和实践知识的比例。基础知识以"必需、够用"为度，强调专业技术应用能力的训练，适当增加实训环节。

3）符合高职学生的学习特点和认知规律。对基本理论和方法的论述容易理解、清晰简洁，多用图表来表达信息；增加相关技术在生产中的应用实例，引导学生主动学习。

4）教材内容紧随技术和经济的发展而更新，及时将新知识、新技术、新工艺和新案例等引入教材。同时注重吸收最新的教学理念，并积极支持新专业的教材建设。

5）注重立体化教材建设。通过主教材、电子教案、配套素材光盘、实训指导和习题及解答等教学资源的有机结合，提高教学服务水平，为高素质技能型人才的培养创造良好的条件。

由于我国高等职业教育改革和发展的速度很快，加之我们的水平和经验有限，因此在教材的编写和出版过程中难免出现问题和疏漏。恳请使用这套教材的师生及时向我们反馈质量信息，以利于我们今后不断提高教材的出版质量，为广大师生提供更多、更适用的教材。

机械工业出版社

前　言

今天，人类已经进入了科学技术迅猛发展的信息社会，计算机、互联网、机器人、生物技术、自动控制以及单片机嵌入式系统的迅速发展，迫切需要形形色色的传感器。作为"感觉器官"，传感器用于各种各样信息的感知、获取和检测，并将其转换为工作系统能进行处理的信息。显而易见，传感器在现代科学技术领域中占有极其重要的地位，了解和掌握传感器技术及其工程应用，成了相关专业技术人员的必需。有关传感器技术及其工程应用的课程成为应用电子技术、自动控制技术、仪器仪表技术、测量技术、机电技术、机器人技术及计算机应用等专业的必修课。

本书力求内容新颖，叙述简练，实用面广，应用性强。其参考学时为 60 学时。本书以传感器原理、结构、性能和工程应用为主线，介绍了传感器的分类、数学模型、材料、性能，介绍了温度、力、光、图像、磁、位移、湿度、气体、生物、无线电波、超声波、机器人、触摸屏、指纹传感器及其工程应用，并介绍了传感器信号处理电路，以及智能传感器、微机电系统、模糊传感器和传感器网络的构建、性能和实例。本书是第 2 版，在第 1 版基础上作了一些删减，增添了一些较新的内容。各章最后附有实训课题和习题。

通过实训，既可以培养学生查阅各种传感器手册和编写技术报告的能力，又可以使学生通过一些传感器应用电路的制作增强动手能力。在讲授和学习本书时，可根据实际情况和具体条件，选择完成一部分实训课题或全部实训课题，也可以将部分实训课题安排在课余时间进行。

本书第 1、5、11、12 章由金发庆编写，第 2、3 章由孙卫星编写，第 4、8、9 章由李晴编写，第 6、7、10 章由张天伟编写。全书由金发庆统稿，李瑜芳审稿。

在本书编写过程中，得到许多同志热情关心和帮助，并提出了许多宝贵意见，在此一并表示衷心感谢。

由于编者水平有限，书中难免存在不足之处，恳请广大读者批评指正。

编　者

目　　录

第1章 传感器技术基础

本章要点

- 传感器可以按被测物理量进行分类，也可以按工作原理进行分类；
- 传感器有线性度、灵敏度、重复性及滞迟现象等技术指标；
- 传感器最常用的材料和传感器制造技术。

世界是由物质组成的，各种事物都是物质的不同形态。表征物质特性或运动形式的参数很多，根据物质的电特性，可分为电量和非电量两类。电量一般是指物理学中的电学量，例如电压、电流、电阻、电容及电感等；非电量则是指除电量之外的一些参数，例如压力、流量、尺寸、位移量、重量、力、速度、加速度、转速、温度、浓度及酸碱度等。人类为了认识物质及事物的本质，需要对物质的特性进行测量，其中大多数是对非电量的测量。

非电量的测量不能直接使用一般的电工仪表和电子仪器测量，因为一般的电工仪表和电子仪器只能测量电量，要求输入的信号为电信号。非电量需要转换成与非电量有一定关系的电量，再进行测量。实现这种转换技术的器件被称为传感器。采用传感器技术的非电量电测方法，就是目前应用最广泛的测量技术。随着科学技术的发展，现在也出现了光通量、化学量等作为可测量的传感器。

随着电子计算机技术的飞速发展，自动检测、自动控制技术显露出非凡的能力，而大多数设备只能处理电信号，也就需要把被测、被控非电量的信息通过传感器转换成电信号。可见，传感器是实现自动检测和自动控制的首要环节。没有传感器对原始信息进行精确可靠的捕获和转换，就没有现代化的自动检测和自动控制系统；没有传感器就没有现代科学技术的迅速发展。

1.1 自动测控系统与传感器

1.1.1 自动测控系统

自动检测和自动控制技术是人们对事物的规律进行定性了解和定量分析预期效果所从事的一系列的技术措施。自动测控系统是完成这一系列技术措施的装置之一，它是检测控制器与研究对象的总和。自动测控系统通常可分为开环与闭环两种，如图 1-1 和图 1-2 所示。

图 1-1 开环自动测控系统框图

图 1-2　闭环自动测控系统框图

由图 1-1 和图 1-2 可以看出，一个完整的自动测控系统，一般由传感器、测量电路、显示记录装置或调节执行装置以及电源四部分组成。

1.1.2　传感器

传感器的作用是将被测非电物理量转换成与其有一定关系的电信号，它获得的信息正确与否，直接关系到整个系统的精度。依据中华人民共和国国家标准（GB/T 7665—1987 传感器通用术语）的规定，传感器的定义是：能感受规定的被测量并按照一定的规律转换成可用输出信号的器件或装置，通常由敏感元件和转换元件组成。其中敏感元件是指传感器中能直接感受或响应被测量的部分；转换元件是指传感器中能将敏感元件感受或响应的被测量转换成适于传输或测量的电信号部分。传感器的组成框图如图 1-3 所示。

图 1-3　传感器组成框图

应该指出的是，并不是所有的传感器必需包括敏感元件和转换元件。如果敏感元件直接输出的是电量，它就同时兼为转换元件；如果转换元件能直接感受被测量而输出与之成一定关系的电量，此时传感器就无敏感元件。例如压电晶体、热电偶、热敏电阻及光电器件等。敏感元件与转换元件两者合二为一的传感器是很多的。

图 1-3 中接口电路的作用是把转换元件输出的电信号变换为便于处理、显示、记录和控制的可用电信号。辅助电源供给转换能量，有的传感器需要外加电源才能工作，例如应变片组成的电桥、差动变压器等；有的传感器则不需要外加电源便能工作，例如压电晶体等。

传感器转换能量的理论基础都是利用物理学、化学、生物学现象和效应来进行能量形式的变换。图 1-4 给出了传感器各种能量之间的转换关系，可见，被测量和它们之间的能量的相互转换是各种各样的。传感器技术就是掌握和完善这些转换的方法和手段，它涉及传感器能量转换原理、材料选取与制造、器件设计、开发和应用等多项综合技术。

图 1-4　传感器的能量转换关系

2

1.2 传感器的分类

根据某种原理设计的传感器有的可以同时测量多种非电物理量，而有时一种非电物理量又可以用几种不同传感器测量。因此传感器有许多分类方法，但常用的分类方法有两种，一种是按被测输入量来分；另一种是按传感器的工作原理来分。

1.2.1 按被测物理量分类

这一种方法是根据被测量的性质进行分类，如温度传感器、湿度传感器、压力传感器、位移传感器、流量传感器、液位传感器、力传感器、加速度传感器及转矩传感器等。

这种分类方法把种类繁多的被测量分为基本被测量和派生被测量两类。例如力可视为基本被测量，从力可派生出压力、重量、应力和力矩等派生被测量。当需要测量这些被测量时，只要采用力传感器就可以了。了解基本被测量和派生被测量的关系，对于系统使用何种传感器是很有帮助的。

常见的非电基本被测量和派生被测量如表1-1所示。这种分类方法的优点是比较明确地表达了传感器的用途，便于使用者根据其用途选用。其缺点是没有区分每种传感器在转换机理上有何共性和差异，不便于使用者掌握其基本原理及分析方法。

表 1-1 基本被测量和派生被测量

基本被测量		派生被测量	基本被测量		派生被测量
位移	线位移	长度、厚度、应变、振动、磨损、平面度	力	压力	重量、应力、力矩
	角位移	旋转角、偏转角、角振动	时间	频率	周期、计数、统计分布
速度	线速度	速度、振动、流量、动量	温度		热容、气体速度、涡流
	角速度	转速、角振动	光		光通量与密度、光谱分布
加速度	线加速度	振动、冲击、质量	湿度		水气、水分、露点
	角加速度	角振动、转矩、转动惯量			

1.2.2 按传感器工作原理分类

这一种分类方法是以工作原理划分的，将物理、化学、生物等学科的原理、规律和效应作为分类的依据。这种分类法的优点是对传感器的工作原理表达比较清楚，而且类别少，有利于传感器专业工作者对传感器进行深入研究分析。其缺点是不便于使用者根据用途选用。具体划分为：

1. 电学式传感器

电学式传感器是应用范围较广的一种传感器，常用的有电阻式传感器、电容式传感器、电感式传感器、磁电式传感器及电涡流式传感器等。

电阻式传感器是利用变阻器将被测非电量转换为电阻信号的原理制成。电阻式传感器一般有电位器式、触点变阻式、电阻应变片式及压阻式等。电阻式传感器主要用于位移、压力、力、应变、力矩、气体流速、液位和液体流量等参数的测量。

电容式传感器是利用改变电容的几何尺寸或改变介质的性质和含量，从而使电容量发生变化的原理制成的。电容式传感器主要用于压力、位移、液位、厚度及水分含量等参数的测量。

电感式传感器是利用改变磁路几何尺寸、磁体位置来改变电感或互感的电感量或压磁效应原理制成的。电感式传感器主要用于位移、压力、力、振动及加速度等参数的测量。

磁电式传感器是利用电磁感应原理，把被测非电量转换成电量而制成。主要用于流量、转速和位移等参数的测量。

电涡流式传感器是利用金属在磁场中运动切割磁力线，在金属内形成涡流的原理而制成。电涡流式传感器主要用于位移及厚度等参数的测量。

2. 磁学式传感器

磁学式传感器是利用铁磁物质的一些物理效应制成的。磁学式传感器主要用于位移、转矩等参数的测量。

3. 光电式传感器

光电式传感器在非电量电测及自动控制技术中占有重要的地位。它是利用光电器件的光电效应和光学原理制成的。光电式传感器主要用于光强、光通量、位移、浓度等参数的测量。

4. 电势型传感器

电势型传感器是利用热电效应、光电效应及霍尔效应等原理制成的。电势型传感器主要用于温度、磁通量、电流、速度、光通量及热辐射等参数的测量。

5. 电荷型传感器

电荷型传感器是利用压电效应原理制成的，主要用于力及加速度的测量。

6. 半导体型传感器

半导体型传感器是利用半导体的压阻效应、内光电效应、磁电效应及半导体与气体接触产生物质变化等原理制成的。半导体型传感器主要用于温度、湿度、压力、加速度、磁场和有害气体的测量。

7. 谐振式传感器

谐振式传感器是利用改变电或机械的固有参数来改变谐振频率的原理而制成的，主要用来测量压力。

8. 电化学式传感器

电化学式传感器是以离子导电原理为基础制成的。根据其电特性的形成不同，电化学传感器可分为电位式传感器、电导式传感器、电量式传感器、极谱（极化）式传感器和电解式传感器等。电化学式传感器主要用于分析气体成分、液体成分、溶于液体的固体成分、液体的酸碱度、电导率及氧化还原电位等参数的测量。

除了上述两种分类方法外，还有按能量的关系分类，将传感器分为有源传感器和无源传感器；按输出信号的性质分类，将传感器分为模拟式传感器和数字式传感器。数字式传感器输出数字量，便于与计算机联用，且抗干扰性较强，例如盘式角度数字传感器，光栅传感器等。

本书的传感器主要是按被测量分类编写的，适当加以工作原理的分析，重点讲述了各种传感器的工程应用，使读者学会应用传感器，进一步去开发新型传感器。

1.3 传感器的数学模型

传感器作为感受被测量信息的器件，总是希望它能按照一定的规律输出有用信号，因此，需要研究其输入-输出之间的关系及特性，以便用理论指导其设计、制造、校准与使用。理论和技术上表征输入-输出之间的关系通常是以建立数学模型来体现，这也是研究科学问题的基本出发点。

传感器可能用来检测静态量（不随时间变化的量）、准静态量、动态量（随时间变化的量），输入信号的状态不同，传感器表现出来的输出特性也不相同。为了简化，传感器的静、动态特性可以分开来研究，从静态输入-输出关系和动态输入-输出关系两方面建立数学模型。

1.3.1 传感器的静态数学模型

静态数学模型是指在静态信号作用下，传感器输出与输入量间的一种函数关系。如果不考虑迟滞特性和蠕动效应，传感器的静态数学模型一般可以用 n 次多项式来表示为

$$y = a_0 + a_1 x + a_2 x^2 + \cdots + a_n x^n \tag{1-1}$$

式（1-1）中，x 为输入量；y 为输出量；a_0 为零输入时的输出，也称为零位输出；a_1 为传感器线性项系数也称为线性灵敏度，常用 K 或 S 表示；a_2，a_3，$\cdots$，a_n 为非线性项系数，其数值由具体传感器的非线性特性决定。传感器静态数学模型有 3 种有用的特殊形式：

1）理想的线性特性。其线性度最好，通常是所希望的传感器应具有的特性，只有具备这样的特性才能正确无误地反映被测的真值。其数学模型为

$$y = a_1 x \tag{1-2}$$

具有该特性的传感器的灵敏度为直线 $y = a_1 x$ 的斜率，其中 a_1 为常数。

2）仅有偶次非线性项。其线性范围较窄，线性度较差，灵敏度为相应曲线的斜率，一般传感器设计很少采用这种特性。其数学模型为

$$y = a_0 + a_2 x^2 + a_4 x^4 + \cdots + a_{2n} x^{2n}, \quad n = 1, 2, \cdots \tag{1-3}$$

3）仅有奇次非线性项。其线性范围较宽，且相对坐标原点是对称的，线性度较好，灵敏度为该曲线的斜率。其数学模型为

$$y = a_1 x + a_3 x^3 + a_5 x^5 + \cdots + a_{2n+1} x^{2n+1}, \quad n = 0, 1, 2, \cdots \tag{1-4}$$

这种特性传感器使用时应采取线性补偿措施。

1.3.2 传感器的动态数学模型

在实际测量中，大量的被测量是随时间变化的动态信号。传感器的动态数学模型是指在随时间变化的动态信号作用下，传感器输出-输入量间的函数关系，它通常称为响应特性。动态数学模型一般采用微分方程和传递函数描述。

1. 微分方程

绝大多数传感器都属于模拟（连续变化信号）系统，描述模拟系统的一般方法是采用微分方程。在忽略了一些影响不大的非线性和随机变量等复杂因素后，可将传感器作为线性定常数系统来考虑，因而其动态数学模型可以用线性常系数微分方程来表示，其通式为

$$a_n \frac{\mathrm{d}^n y}{\mathrm{d}t^n} + a_{n-1} \frac{\mathrm{d}^{n-1} y}{\mathrm{d}t^{n-1}} + \cdots + a_1 \frac{\mathrm{d}y}{\mathrm{d}t} + a_0 y$$

$$= b_m \frac{\mathrm{d}^m x}{\mathrm{d}t^m} + b_{m-1} \frac{\mathrm{d}^{m-1} x}{\mathrm{d}t^{m-1}} + \cdots + b_1 \frac{\mathrm{d}x}{\mathrm{d}t} + b_0 x \tag{1-5}$$

式（1-5）中，a_n，a_{n-1}，$\cdots$，a_0；b_m，b_{m-1}，$\cdots$，b_0 分别为与传感器的结构有关的常数。

对于复杂的系统，其微分方程的建立和求解都是很困难的。但是一旦求解出微分方程的解就能分清其暂态响应和稳态响应。数学上采用拉普拉斯变换将实数域的微分方程变换成复数域（S 域）的代数方程，求解就容易一些了。另外，也可采用传递函数的方法研究传感器动态特性。

2. 传递函数

由数学理论知，如果当 $t \le 0$ 时，$y(t) = 0$，则 $y(t)$ 的拉普拉斯变换可定义为

$$Y(s) = \int_0^\infty y(t) \mathrm{e}^{-st} \mathrm{d}t \tag{1-6}$$

式中，$s = \sigma + \mathrm{j}\omega$，$\sigma > 0$。

对式（1-5）两边取拉普拉斯变换，则得

$$Y(s)(a_n s^n + a_{n-1} s^{n-1} + \cdots + a_0) = X(s)(b_m s^m + b_{m-1} s^{m-1} + \cdots + b_0)$$

输出 $y(t)$ 的拉普拉斯变换 $Y(s)$ 和输入 $x(t)$ 的拉普拉斯变换 $X(s)$ 的比为该系统的传递函数 $H(s)$

$$H(s) = \frac{Y(s)}{X(s)} = \frac{b_m s^m + b_{m-1} s^{m-1} + \cdots + b_0}{a_n s^n + a_{n-1} s^{n-1} + \cdots + a_0} \tag{1-7}$$

式（1-7）第二个等号右边是一个与输入无关的表达式，只与系统结构参数有关，可见传递函数 $H(s)$ 是描述传感器本身传递信息的特性，条件是 $t \le 0$，$y(t) = 0$，即传感器被激励之前所有储能元件如质量块、弹性元件、电气元件均没有积存能量。这样不必了解复杂系统的具体结构内容，只要给出一个激励 $x(t)$，得到系统对 $x(t)$ 的响应 $y(t)$，由它们的拉普拉斯变换就可以确定系统的传递函数 $H(s)$。对于多环节串联或并联组成的传感器或检测系统，如果各环节阻抗匹配适当，可略去相互之间的影响，总的传递函数可由各环节传递函数相乘或相加求得。当传感器比较复杂或传感器的基本参数未知时，可以通过实验求得传递函数。

1.4 传感器的特性与技术指标

传感器测量静态量表现为静态特性，测量动态量表现为动态特性。为了降低或消除传感器在测量控制系统中的误差，传感器必须具有良好的静态和动态特性，才能使信号或能量按准确的规律转换。

1.4.1 静态特性

传感器的静态特性主要由下列技术指标来描述。

1. 线性度

线性度是传感器输出量与输入量之间的实际关系曲线偏离直线的程度，又称为非线性误差。线性度可用下式表示

$$E = \pm \frac{\Delta_{max}}{y_{fs}} \times 100\% \qquad (1\text{-}8)$$

式中，Δ_{max} 为实际曲线与拟合直线之间的最大偏差；y_{fs} 为输出满量程值。

根据式（1-1）、式（1-2）、式（1-3）及式（1-4）的静态数学模型画出的关系曲线如图1-5所示。

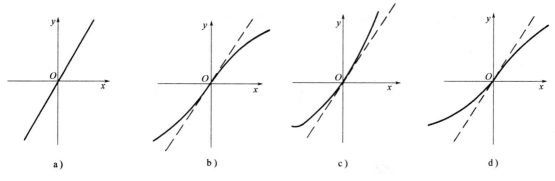

图 1-5 传感器的线性度

由图可见，除图 1-5a 为理想特性外，其他都存在非线性，都应进行线性处理。常用的方法有理论直线法、端点线法、割线法、最小二乘法和计算程序法等。

2. 灵敏度

灵敏度是传感器在稳态下输出增量与输入增量的比值。对于线性传感器，其灵敏度就是它的静态特性的斜率，如图 1-6a 所示，其中

$$S_n = \frac{y}{x} \qquad (1\text{-}9)$$

非线性传感器的灵敏度是一个随工作点而变的变量，如图 1-6b 所示，其表达式为

$$S_n = \frac{\Delta y}{\Delta x} = \frac{dy}{dx} = \frac{df(x)}{dx} \qquad (1\text{-}10)$$

a)   b)

图 1-6　传感器的灵敏度

3. 重复性

重复性是传感器在输入量按同一方向作全量程多次测试时，所得特性曲线不一致性的程度，如图 1-7 所示。图中 Δ_{m1} 和 Δ_{m2} 即为多次测试的不重复误差，多次测试的曲线越重合，其重复性越好。

传感器输出特性的不重复性主要由传感器的机械部分的磨损、间隙、松动，部件的内摩擦、积尘，电路元件老化、工作点漂移等原因产生。

不重复性极限误差由下式表示为

$$E_z = \pm \frac{\Delta_{max}}{y_{fs}} \times 100\%$$ (1-11)

式中，Δ_{max} 为输出最大不重复误差；y_{fs} 为满量程输出值。

4. 迟滞现象

迟滞现象是传感器在正向行程（输入量增大）和反向行程（输入量减小）期间，输出-输入特性曲线不一致的程度，如图 1-8 所示。

图 1-7　传感器的重复性

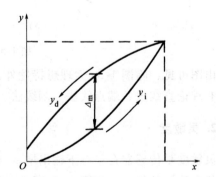

图 1-8　传感器的迟滞现象

在行程环中同一输入量 x_i 对应的不同输出量 y_i、y_d 的差值称为滞环误差，最大滞环误差用 Δ_m 表示，它与满量程输出值的比值称最大滞环率 E_{max}，即

$$E_{max} = \frac{\Delta_m}{y_{fs}} \times 100\%$$ (1-12)

迟滞现象的主要原因类似重复误差的原因。

5. 分辨力

传感器的分辨力是在规定测量范围内所能检测的输入量的最小变化量。有时也用该值相对满量程输入值的百分数表示。

6. 稳定性

稳定性有短期稳定性和长期稳定性之分。传感器常用长期稳定性，它是指在室温条件下，经过相当长的时间间隔，如一天、一月或一年，传感器的输出与起始标定时的输出之间的差异。通常又用其不稳定度来表征其输出的稳定程度。

7. 漂移

传感器的漂移是指在外界的干扰下，输出量发生与输入量无关的不需要的变化。漂移包括零点漂移和灵敏度漂移等。零点漂移和灵敏度漂移又可分为时间漂移和温度漂移。时间漂移是指在规定的条件下，零点或灵敏度随时间的缓慢变化；温度漂移为环境温度变化而引起的零点或灵敏度的变化。

1.4.2 动态特性

在动态（快速变化）的输入信号情况下，要求传感器不仅能精确地测量信号的幅值，而且能测量出信号变化的过程。这就要求传感器能迅速准确地响应和再现被测信号的变化。也就是说，传感器要有良好的动态特性。在研究传感器的动态特性时，通常从时域和频域两方面采用瞬态响应法和频率响应法来分析。最常用的是通过几种特殊的输入时间函数，例如采用阶跃函数和正弦函数来研究其响应特性，称为阶跃响应法和频率响应法。

1. 阶跃响应特性

给传感器输入一个单位阶跃函数被测信号

$$u(t) = \begin{cases} 0 & t \leq 0 \\ 1 & t > 0 \end{cases} \tag{1-13}$$

其输出特性称为阶跃响应特性，如图1-9所示。由图可衡量阶跃响应的几项指标。

1）最大超调量 σ_p。响应曲线偏离阶跃曲线的最大值，常用百分数表示，能说明传感器的相对稳定性。

2）延迟时间 t_d。阶跃响应达到稳态值50%所需要的时间。

3）上升时间 t_r。响应曲线从稳态值的10%上升到90%所需要的时间。

4）峰值时间 t_p。响应曲线上升到第

图1-9 传感器阶跃响应特性

一个峰值所需要的时间。

5）响应时间 t_s。响应曲线逐渐趋于稳定，到与稳态值之差不超过 ± （5% ~ 2%） 所需要的时间，也称为过渡过程时间。

2. 频率响应特性

给传感器输入各种频率不同而幅值相同，初相位为零的正弦被测信号，其输出的正弦信号的幅值和相位与频率之间的关系，称为频率响应曲线。在式（1-7）中，若将传递函数 $H(s)$ 由拉普拉斯变换改为傅里叶变换，即令 $\sigma = 0$，$s = j\omega$，传递函数 $H(s)$ 变为 $H(j\omega)$，则成了频率响应函数。下面举一个由弹簧阻尼器组成的机械压力传感器的例子分析传感器的频率响应。

图 1-10 表示一只由弹簧阻力器组成的机械压力传感器，系统输入量为作用力，令其与弹簧刚度成正比，$F(t) = Kx(t)$。系统输出量为位移 $y(t)$。根据牛顿第三定律，可知

$$f_c + f_k = F(t)$$

上式中，f_c 为阻尼器摩擦力，$f_c = cv = c\dfrac{\mathrm{d}y(t)}{\mathrm{d}t}$；$f_k$ 为弹簧力，$f_k = Ky(t)$。其中，c 为阻尼系数；v 为位移速度；K 为弹簧刚度。代入上式可得一阶机械压力传感器动态数学模型为

$$c\frac{\mathrm{d}y(t)}{\mathrm{d}t} + Ky(t) = Kx(t)$$

由式（1-7）可以计算系统的传递函数

$$H(s) = \frac{K}{cs + K} = \frac{1}{\tau s + 1}$$

图 1-10 机械压力传感器

式中，τ 为时间常数，$\tau = c/K$。

令 $s = j\omega$，可得频率响应函数 $H(j\omega)$、幅频特性 $A(\omega)$、相频特性 $\Phi(\omega)$ 分别为

$$H(j\omega) = \frac{1}{\tau(j\omega) + 1} \tag{1-14}$$

$$A(\omega) = \frac{1}{\sqrt{1 + (\omega\tau)^2}} \tag{1-15}$$

$$\Phi(\omega) = -\arctan(\omega\tau) \tag{1-16}$$

如图 1-11 所示，时间常数 τ 越小，频率特性越好。当 $\omega\tau \ll 1$ 时，幅频特性 $A(\omega) = 1$，为常数；$\Phi(\omega) \approx -\omega\tau$，相频特性与频率呈线性关系。这时保证测量是无失真的，输出位移 $y(t)$

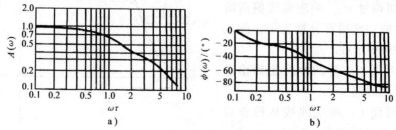

图 1-11 一阶传感器的频率特性

a）幅频特性　b）相频特性

能真实地反应输入作用力 $x(t)$ 的变化规律。

1.5 传感器的材料与制造

传感器是利用材料的固有特性或开发的二次功能特性，再经过精细加工而成的。传感器的材料和制造是传感器性能和质量的关键。

1.5.1 传感器的材料

1. 半导体材料

半导体材料对很多信息量具有敏感特性，又有成熟的集成电路工艺，易于实现多功能化、集成化和智能化，同时也是很好的基底材料，所以是理想的传感器材料。其中用得最多的是硅材料。硅质量轻，密度为不锈钢的 1/3，而强度却为不锈钢的 3.5 倍，具有高的强度密度比和高的刚度密度比，因此很适合制作传感器。

1）单晶硅。单晶硅具有优良的力学性能和电学性能，可制成硅压阻式集成压力传感器、硅电容式集成压力传感器、硅谐振式压力传感器、光入/光出硅谐振式传感器和硅加速度传感器。

2）多晶硅。多晶硅是许多单晶（晶粒）的聚合物。多晶硅压阻膜的应变灵敏度比单晶硅膜低，但比金属高一个数量级，且可抑制温漂，是制造低温漂传感器的好材料。

3）非晶体硅。非晶体硅在可见光范围内有高的光吸收系数，可大面积喷镀，可制作光传感器、成像传感器、高灵敏度的温度传感器、微波功率传感器及触觉传感器。

4）硅蓝宝石。硅蓝宝石材料是在蓝宝石衬底上外延生长形成的硅薄膜。蓝宝石机械强度是晶体硅的两倍多，蠕变极小，耐辐射能力强，可制作在 300℃ 温度下使用的性能稳定的传感器。

5）化合物半导体。用于制作先进的成像传感器（探测器），如碲镉汞、锑化铟、硅化铂及砷化镓等。这些材料均需在制冷条件下使用，制冷温度一般为 77K。

2. 陶瓷材料

传感器用的陶瓷材料是控制组成成分，经精密的成型烧结而成的敏感陶瓷材料，充分利用其具有的耐热性、耐腐蚀性、多孔性、光电性、介电性及压电性。利用陶瓷材料已制成多种传感器，如温度（新型热敏电阻）、气体、湿度、光电、离子、超声及加速度、力、陀螺等传感器。

3. 石英材料

石英是各向异性材料，材质轻，密度为不锈钢的 1/3，抗弯强度为不锈钢的 4 倍。石英晶体具有压电特性，可制成压电传感器和各种谐振式传感器。石英玻璃的物理特性与方向无关，又称为熔凝玻璃。允许使用温度为 1100℃，是制造高精度传感器的理想敏感材料。如先进的半球谐振陀螺的谐振子、精密标准压力计的敏感元件（石英弹簧管）。

4. 金属氧化物及合金材料

1）ZnO 薄膜。ZnO 薄膜具有大的压电耦合系数，普遍认为它是最有前途的一种压电薄膜材料。在较低频段，ZnO 薄膜用做压电换能器的传感器，例如硅谐振模压力传感器、压电传声器和硅振梁力传感器等。在高频段（MHz 级），常常把 ZnO 薄膜用于制作声表面波传感器的压电叉指换能器。另外，ZnO 薄膜也可以用于各种传感器的平面光波导。

2）非晶态磁性合金材料。非晶态磁性合金材料为磁性各向同性的，在旋转磁场中各个方向上的相对磁导率都高，可制成灵敏、稳定和快响应的磁场传感器或磁强计。

富铁的非晶态磁性合金磁致伸缩效应很大，可制作灵敏度高的传感器，如振动传感器、力传感器和隔振器等。

3）形状记忆合金材料。形状记忆合金材料是一种新的传感器材料，它的主要特性是热弹性和超弹性。例如某形状记忆合金材料在高温下定型后，若被冷却到低温产生形变，只要温度稍许升高（如从几 K 到 30K）就可以使该形变迅速消失，回复到高温下所具有的形状。随后再进行冷却或加热，形状就保持不变。这个过程可以周而复始，仿佛合金记住了高温状态下所赋予的形状一样，这就是热弹性。此外，它还有超弹性。利用其热弹性和超弹性可制作温度传感器、热执行器、微型位移传感器及触点传感器等。

5. 无机材料

这里的无机材料主要指敏感光纤材料，是一种新型玻璃材料。例如银、钠、锂的卤化物玻璃和硫属化合物玻璃制造的快离子导体光纤。光纤传感器具有体积小、重量轻、灵敏度高、抗干扰和耐腐蚀性强等优点。近来研究中的纳米精细复合玻璃（光纤），将会推动传感器技术的发展。

6. 有机材料

有机材料指有机半导体、有机驻极体、有机光电、有机光致变色、有机磁性、有机导电等材料和高分子固态离子导体材料，已在气体、湿度、力、温度和光电传感器中得到应用。另外还可作为有机柔性基底、分离膜、表面致性膜等传感器辅助材料。

7. 生化材料

生化材料指各种酶、微生物等敏感材料，用于制作生物传感器。其利用生物体固有分子识别能力来识别化学量，广泛用于医疗、环保、食品、生命科学和生物工程。

8. 高分子敏感材料

高分子敏感材料指聚氯乙烯、聚氟乙烯、聚偏二氟乙烯等，为压电、热释电敏感材料，用于电—声和机—电传感器，也可用于热电和光学装置上。

9. 合成材料

合成材料是采用原子合成法，通过控制材料的特性制造出的自然界中不存在的材料。它是一种多层结构，可形成新的电位差周期，并能在小区域内产生量子效应。用于制造超精密传感器，可进行超弱磁场、电压、温度、重力等超精密测量。

10. 智能材料

智能材料应具备以下内涵：

1）能够检测并且可以识别外界或内部的刺激强度的感知功能。

2）能够响应外界变化的驱动功能。

3）能够按照设定的方式选择和控制响应。

4）反应比较灵敏、及时和精确。

5）当外部刺激消除后，能够迅速恢复到原始状态。

智能材料的原始构想来自仿生学，即模仿大自然中生物的一些独特功能，制造出人类使用的工具。它是继天然材料、人造材料、精细材料之后的第四代具有类似于生物的各种功能的"活"的材料。一般来说，智能材料必须具备感知、驱动和控制这三个基本要素。因为现有的智能材料比较单一，难以满足这种要求。所以，智能材料一般由两种或两种以上的材料复合成一个智能材料系统，这就使得智能材料的设计、制造、加工和性能结构特征涉及了材料学的最前沿领域，使智能材料代表了材料科学的最活跃方面和最先进的发展方向。

1.5.2 传感器制造技术

传感器制造技术主要是微系统技术，其包括部件加工、子系统加工和系统集成。

1. 部件及子系统加工

1）半导体加工技术。

2）硅微机械加工技术。

3）集成光学技术。

4）厚膜—薄膜技术。

5）纳米技术。

6）激光加工技术。

2. 系统的集成包括底盘、组装和连线加工

1）硅加工。包括厚膜、薄膜机械加工和激光加工技术。

2）键合。包括芯片粘接、共熔键合、焊接、玻璃封接、静电封接等技术。

3）接线。主要有压焊、倒装式焊接、TAB（带自动焊接）等技术。

4）基底。激光打孔技术。

用于微机电系统（MEMS）的硅微机械加工技术是硅集成电路工艺和微机械加工技术的结合，用以制造以硅材料为基底，层与层之间有很大差别的三维结构，包括膜片、悬臂梁、探针、凹槽、孔隙和锥体等。硅微机械加工技术包括：

1）薄膜生长技术。包括多晶硅、单晶硅、氧化硅、氮化硅及磷硅玻璃薄膜生长技术。

2）腐蚀技术。包括湿法腐蚀、干法腐蚀、各向异性腐蚀、各向同性腐蚀、表面腐蚀和体内腐蚀。

3）LIGA技术。是x射线光刻、电铸成型和塑料铸模三个手段顺序结合进行操作的技术，可制造 $1\mu m$ 宽，数百 μm 深的深宽比较大的复杂微机械结构。

4）牺牲层技术。为了使机构成型而腐蚀掉部分支撑材料，包括牺牲层材料的选择、腐蚀液的选择、腐蚀通道的设计及腐蚀孔的堵塞技术。

5）束加工技术。包括激光束、电子束及离子束加工技术，如使用激光束做辅助淀积、

刻蚀、打孔等。

3. Z 半导体敏感元件的加工

Z—元件是 20 世纪 80 年代中期由俄罗斯传感器专家 V. D. Zotov 研制成功的。这种元件当输入正向直流电压时，可得到幅值为输入电压 20% ~ 40% 的直流脉冲输出，其频率随温度、湿度、磁场、流量、光强及射线等物理量变化。它具有电路简单，灵敏度高，功耗低，抗干扰能力强，输出数字信号（准确地说是模拟脉冲信号）无需前置放大和 A-D 转换器就可与计算机直接通信的特点，特别适用于研制新一代三端数字传感器。

Z—元件主要有温敏、光敏和磁敏三种，其中温敏 Z—元件是用电阻率为 $40 \sim 60\Omega \cdot cm$、厚度为 $50\mu m$ 的 N 型硅单晶，采用平面扩散工艺进行 Al 扩散形成 PN 结，然后用 $AuCl_3 \cdot HCl \cdot 4H_2O$ 溶液在高温下进行 Au 的扩散。制成的硅片经过单面打磨后，用化学方法镀上 Ni 电极以形成欧姆接触，然后划片切割，制取台面，最后进行引线焊接和封装而成。

1.6 提高传感器性能的方法

1.6.1 传感器性能指标

决定传感器性能的指标很多，要求一个传感器具有全面良好的性能指标，不仅给设计、制造造成困难，而且在实用上也没有必要。因此，应根据实际的需要与可能，在确保主要性能指标实现的基础上，放宽对次要性能指标的要求，以求得高的性能价格比。

表 1-2 列出了传感器的一些常用性能指标，它可作为检验、使用和评价传感器的依据。

表 1-2　传感器性能指标

	量程指标	量程范围、过载能力等
基本参数指标	灵敏度指标	灵敏度、满量程输出、分辨力和输入输出阻抗等
	精度方面的指标	精度（误差）、重复性、线性、滞后、灵敏度误差、阈值、稳定性及漂移等
	动态性能指标	固有频率、阻尼系数、频率范围、频率特性、时间常数、上升时间、响应时间、过冲量、衰减率、稳态误差、临界速度及临界频率等
环境参数指标	温度指标	工作温度范围、温度误差、温度漂移、灵敏度温度系数和热滞后等
	抗冲振指标	各向冲振容许频率、振幅值、加速度及冲振引起的误差等
	其他环境参数	抗潮湿、抗介质腐蚀及抗电磁场干扰能力等
可靠性指标		工作寿命、平均无故障时间、保险期、疲劳性能、绝缘电阻、耐压及反抗飞弧性能等
其他指标	使用方面	供电方式（直流、交流、频率和波形等）、电压幅度与稳定度、功耗及各项分布参数等
	结构方面	外形尺寸、重量、外壳、材质及结构特点等
	安装连接方面	安装方式、馈线及电缆等

1.6.2　提高性能指标的方法

1. 采用线性化技术

只有当传感器输出与输入具有线性关系时，才能保证无失真地复现被测量。设计传感器时要通过各种方法来完成输出-输入特性的线性化，以改善传感器的性能。在输入量变化范围不大，且非线性项方次不高时，可用切线和割线来代替实际曲线的某一段，这种方法称为静态特性的线性化，但误差较大。线性化的其他方法在后面章节具体传感器应用中介绍。

2. 差动技术

设一传感器，其输出为

$$y_1 = a_0 + a_1 x + a_2 x^2 + a_3 x^3 + \cdots + a_n x^n \quad n = 0,\ 1,\ 2,\ 3,\ \cdots$$

用另一相同的传感器，但其输入量符号相反（例如位移传感器使之反向移动），则它的输出为

$$y_2 = a_0 - a_1 x + a_2 x^2 - a_3 x^3 + \cdots + (-1)^n a_n x^n \quad n = 0,\ 1,\ 2,\ 3,\ \cdots$$

使两者输出相减，即

$$\Delta y = y_1 - y_2 = 2(a_1 x + a_3 x^3 + \cdots + a_{2n-1} x^{2n-1}) \quad n = 1,\ 2,\ 3,\ \cdots \tag{1-17}$$

总输出曲线的非线性项只存在奇次项。该曲线对称于坐标原点，且在原点附近的一定范围内存在近似线性段。这就是差动技术，它减小了非线性，使灵敏度提高了一倍，还抵消了共模误差。这种差动技术已在电阻应变式、电感式及电容式等传感器中得到广泛应用。

3. 平均技术

常用的平均技术有误差平均和数据平均两种。误差平均是利用 n 个传感器单元同时测量，其输出为这些单元输出的总和；数据平均是在相同条件下对同一传感器重复测量 n 次，然后进行数据处理。这两种方法都使每一个单元可能带来的随机误差 δ_0 相互抵消，根据误差理论，总的误差减小为

$$\Delta = \frac{\pm \delta_0}{\sqrt{n}} \tag{1-18}$$

4. 零位法、微差法和闭环技术

零位法是指被测量与标准量相比较，当达到平衡时，仪表指零。微差法是指在不易做到被测量与标准量完全相等时，如果标准量与被测量的差值减小到一定程度，那么由于它们的相互抵消的作用，就能使指示仪表的误差影响大大削弱，可以在指示仪表上直接读出被测量的数值。闭环技术是在零位法基础上发展而成的，它采用了电子技术和控制理论中的反馈技术，利用传感器、放大电路、反向传感器组成闭环反馈测量电路，使传感器输出接近原点零位，提高了测量线性动态范围和精度。

5. 补偿与校正技术

有时传感器误差规律过于复杂，采用一些技术措施仍难以满足要求，可以找出误差的方

向和数值，进行补偿，例如温度补偿，或利用软件进行误差校正。

6. 集成化和智能化

集成化和智能化将大大扩大传感器的功能，改善传感器的性能，提高性能价格比。

7. 屏蔽、隔离和抑制干扰

外界干扰信号会造成测量误差。常见的干扰有机械干扰（振动与冲击）、热干扰（温度与湿度变化）、光干扰（其他无关波长的光）、化学干扰（酸、碱、盐及腐蚀性气体）、电磁干扰（电、磁场感应）、辐射干扰（气体电离、半导体被激发、金属逸出电子）等。

对电磁干扰可采用屏蔽、隔离和滤波等措施，对其他种类干扰可采用隔热、密封、隔振及蔽光等措施，或在转换为电量后对干扰进行分离或抑制。

8. 稳定性处理

传感器的稳定性包括传感器材料、元件性能的稳定性和被测对象、被测参数的稳定情况。前者应进行必要的稳定性处理，例如结构材料的时效处理、水冷处理、磁性材料的时间老化、温度老化、机械老化及交流稳磁处理、电气元件的老化与筛选等；后者应采用补偿或抗干扰措施。

1.7 传感器的标定与校准

1.7.1 标定与校准的方法

利用某种标准器具对新研制或生产的传感器进行全面的技术检定和标度，称为标定。对传感器在使用中或储存后进行的性能复测，称为校准。它们的本质和方法相同，本节以标定进行叙述。

标定的基本方法是：利用标准仪器产生已知的非电量并输入到待标定的传感器中，然后将传感器输出量与输入的标准量做比较，获得一系列校准数据或曲线。有时输入的标准量是利用一个标准传感器检测得到的，这时的标定实质上是待标定传感器与标准传感器之间的比较。

为了保证标定的各种量值的准确一致，标定应按计量部门规定的检定规程和管理办法进行。各种标准量值都有一个传递系统。图 1-12 给出了力值的传递系统。

按图 1-12 所示的系统，只能用上一级标准装置检定下级传感器及配套的仪器。如果待标定的传感器精度较高，也可以跨级使用更高级的标准装置。标定时应注意同使用环境条件、安装技术条件、配用电缆和放大器等一起标定。

1.7.2 静态标定

静态标定是指在输入信号不随时间变化的静态标准条件下，对传感器的静态特性如灵敏度、非线性、滞后、重复性等指标的检定。其过程和步骤为：

1) 将传感器全量程分成若干等间隔点。

图 1-12　力值传递系统

2）按等间隔点由小到大一点一点地输入标准量值，记录下各输入值对应的输出值。

3）再按等间隔点由大到小一点一点地输入标准量值，同时记录下对应的输出值。

4）按 2）、3）步所述过程，对传感器进行正、反行程反复多次测试，将得到的输出-输入测试数据用表格列出或画成曲线。

5）对测试数据进行必要的处理，根据处理结果，可以确定传感器的线性度、灵敏度、滞后和重复性等静态特性指标。

1.7.3　动态标定

动态标定主要是研究传感器的动态响应。标准激励源有两种，一种是周期性函数，如正弦、三角波信号等，以正弦波信号为常用；另一种是瞬变函数，如阶跃信号、半正弦波信号等，以阶跃信号为常用。对被标定传感器输入标准激励信号，测得输出数据，做出输出值与时间或频率的关系曲线。由输出曲线与输入标准激励信号比较可以标定传感器的动态响应时间常数、幅频特性及相频特性等。

1.8　实训　传感器手册查阅和技术报告编写

1）传感器手册中的内容有传感器名称、型号、工作原理、特点、应用范围、主要技术指标、外形结构尺寸、电器连接方式、结构材料、产品属性以及生产厂家等。

查阅传感器手册，根据被测量进行检索，掌握查阅方法，了解传感器手册内容。

2）工程设计报告和调试报告为工程技术人员完成工程任务后编写的技术报告。

工程设计报告内容包括工程用途、性能指标、设计过程（原理、元器件、计算、图样）、加工装配方法、测试记录及设计结论。

工程调试报告内容包括设计原理、调试用仪器设备、仪器设备连接（用框图表示）、调试步骤、调试记录（用表格或曲线表示）及调试结论。

3）图 1-13 所示为利用红外发光二极管和红外线接收头组成的来人自动闪灯电路。当有人靠近时，发光二极管会自动发出阵阵醒目的闪光。

图中，555 集成电路 IC_1 构成多谐自激振荡器，调节电位器 RP_1，使振荡频率为 40kHz。3 脚输出 40kHz 脉冲信号电压，调制红外发光二极管 VL_1 发出的红外线信号。M_1 为一体化 40kHz 脉冲调制红外线接收头。当前方有人靠近时，VL_1 发射的红外线经人体反射，由 M_1 接收和放大，输出低电平，加到晶体管 VT_1 的基极，使 VT_1 饱和导通。VT_1 集电极输出高电平，加到 IC_2 的 1 端，使发光二极管 VL_2 闪光。

IC_2 是闪光集成电路，型号为 KD—01X，黑软膏封装，闪光频率为 1.2Hz 和 2.4Hz 两种，由内电路决定。1 端输入工作电压范围为 1.35~5V，R_5 为 VL_2 限流电阻。

① 编制元器件表，备齐元器件。

② 用多功能电路板（面包板）焊接装配该电路，用万用表检查电路装配正确。

③ 用 +5V 直流电源给电路供电，进行来人自动闪光试验。

④ 在黑暗处、在室内、在室外阴凉处、在室外太阳下，分别试验该电路是否起作用，作用距离多少，做好记录。

⑤ 编写设计报告和调试报告。

图 1-13 来人自动闪灯电路

a）电路图 b）安装图

1.9 习题

1. 什么叫传感器？它由哪几部分组成？它在自动测控系统中起什么作用？

2. 传感器分类有哪几种？各有什么优、缺点？

3. 什么是传感器的静态特性？它由哪些技术指标描述？

4. 利用书上机械压力传感器的例子解释什么是传感器的幅频特性和相频特性？

5. 用作传感器的材料有哪些？各利用了它们的什么特性？

6. 传感器的性能指标有哪些？设计、制造传感器时应如何考虑？试举例说明？

7. 传感器在标定时为什么要按标准量值的传递系统进行？若用砝码对一个 0~5kg 称重的数字显示可调电子称进行静态标定，试列出操作步骤。

8. 试计算 $A\dfrac{\mathrm{d}y(t)}{\mathrm{d}t}+By(t)=Cx(t)$ 传感器系统的传递函数 $H(s)$。

第 2 章　温度传感器

本章要点

- 温度传感器将温度变化转换成其他物理量的变化后进行测量；
- 热电偶、金属热电阻、负温度系数热敏电阻、集成温度传感器的工作原理；
- 简单实用的温度测量和控制电路。

2.1　温度测量概述

温度是表征物体冷热程度的物理量。在人类社会的生产、科研和日常生活中，温度的测量占有重要的地位。但是温度不能直接测量，需要借助于某种物体的某种物理参数随温度冷热不同而明显变化的特性进行间接测量。

温度的表示（或测量）须有温度标准，即温标。理论上的热力学温标，是当前世界通用的国际温标。热力学温标确定的温度数值为热力学温度（符号为 T），单位为开尔文（符号为 K）。

热力学温度是国际上公认的最基本温度。我国法定计量单位规定也可以使用摄氏温度（符号为 t），单位为摄氏度（℃）。两种温标的换算公式为

$$\frac{t}{℃} = \frac{T}{K} - 273.15 \tag{2-1}$$

进行间接温度测量使用的温度传感器，通常是由感温元件部分和温度显示部分组成，如图 2-1 所示。

$$t \longrightarrow \boxed{感温元件} \longrightarrow \boxed{温度显示}$$

图 2-1　温度传感器组成框图

温度的测量方法，通常按感温元件是否与被测物接触而分为接触式测量和非接触式测量两大类。接触式测量应用的温度传感器具有结构简单、工作稳定可靠及测量精度高等优点。如膨胀式温度计、热电阻传感器等。非接触式测量应用的温度传感器，具有测量温度高、不干扰被测物温度等优点，但测量精度不高。如红外高温传感器、光纤高温传感器等。

2.2　热电偶传感器

热电偶在温度的测量中应用十分广泛。它构造简单，使用方便，测温范围宽，并且有较高的精确度和稳定性。

2.2.1 热电偶测温原理

1. 热电效应

如图 2-2 所示，两种不同材料的导体 A 和 B 组成一个闭合电路时，若两接点温度不同，则在该电路中会产生电动势。这种现象称为热电效应，该电动势称为热电动势。热电动势是由两种导体的接触电动势和单一导体的温差电动势组成。图中两个接点，一个称测量端，或称热端；另一个称为参考端，或称为冷端。热电偶就是利用了上述的热电效应来测量温度的。

2. 两种导体的接触电动势

假设两种金属 A、B 的自由电子密度分别为 n_A 和 n_B，且 $n_A > n_B$。当两种金属相接时，将产生自由电子的扩散现象。在同一瞬间，由 A 扩散到 B 中去的电子比由 B 扩散到 A 中去的多，从而使金属 A 失去电子带正电；金属 B 因得到电子带负电，在接触面形成电场。此电场阻止电子进一步扩散，达到动态平衡时，在 A、B 之间形成稳定的电位差，即接触电动势 e_{AB}，如图 2-3 所示。

图 2-2 热电效应

3. 单一导体的温差电动势

对于单一导体，如果两端温度分别为 T、T_0（也可以用摄氏温度 t、t_0），且 $T > T_0$，如图 2-4 所示，则导体中的自由电子，在高温端具有较大的动能，因而向低温端扩散；高温端因失去了自由电子带正电，低温端获得了自由电子带负电，即在导体两端产生了电动势，这个电动势称为单一导体的温差电动势。

图 2-3 两种导体的接触电动势　　　图 2-4 单一导体温差电动势

由图 2-5 可知，热电偶电路中产生的总热电动势为

$$E_{AB}(T, T_0) = e_{AB}(T) + e_B(T, T_0) - e_{AB}(T_0) - e_A(T, T_0) \tag{2-2}$$

或用摄氏温度表示为

$$E_{AB}(t, t_0) = e_{AB}(t) + e_B(t, t_0) - e_{AB}(t_0) - e_A(t, t_0) \tag{2-3}$$

在式（2-2）中，$E_{AB}(T, T_0)$ 为热电偶电路中的总电动势；$e_{AB}(T)$ 为热端接触电动势；$e_B(T, T_0)$ 为 B 导体的温差电动势；$e_{AB}(T_0)$ 为冷端接触电动势；$e_A(T, T_0)$ 为 A 导体的温差电动势。

在总电动势中，温差电动势比接触电动势小很多，可忽略不计，则热电偶的热电动势可

表示为

$$E_{AB}(T,T_0)=e_{AB}(T)-e_{AB}(T_0) \qquad (2-4)$$

对于选定的热电偶，当参考端温度 T_0 恒定时，$E_{AB}(T_0)=C$ 为常数，则总的热电动势就只与温度 T 成单值函数关系，即

$$E_{AB}(T,T_0)=e_{AB}(T)-C=f(T) \qquad (2-5)$$

实际应用中，热电动势与温度之间的关系是通过查热电偶分度表来确定的。分度表是在参考端温度为 0℃ 时，通过实验建立起来的热电动势与工作端温度之间的数值对应关系。

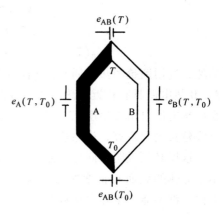

图 2-5　接触电动势示意图

4. 热电偶的基本定律

1）中间导体定律。在热电偶电路中接入第三种导体，只要该导体两端温度相等，则热电偶产生的总热电动势不变。同理加入第四、第五种导体后，只要其两端温度相等，同样不影响电路中的总热电动势。中间导体定律示意图如图 2-6 所示，可得电路总的热电动势为

$$E_{ABC}(T,T_0)=e_{AB}(T)+e_{CA}(T_0)+e_{BC}(T_0)$$

当 $T=T_0$ 时

$$E_{ABC}(T_0)=e_{AB}(T_0)+e_{CA}(T_0)+e_{BC}(T_0)=0$$

$$e_{CA}(T_0)+e_{BC}(T_0)=-e_{AB}(T_0)$$

所以

$$E_{ABC}(T,T_0)=e_{AB}(T)-e_{AB}(T_0)=E_{AB}(T,T_0) \qquad (2-6)$$

根据这个定律，我们可采取任何方式焊接导线，可以将热电动势通过导线接至测量仪表进行测量，且不影响测量精度。

2）中间温度定律。在热电偶测量电路中，测量端温度为 T，自由端温度为 T_0，中间温度为 T_0'，中间温度定律示意图如图 2-7 所示。则 T、T_0 热电动势等于 T、T_0' 与 T_0'、T_0 热电动势的代数和。即

图 2-6　中间导体定律示意图

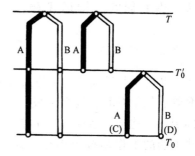

图 2-7　中间温度定律示意图

$$E_{AB}(T,T_0)=E_{AB}(T,T_0')+E_{AB}(T_0',T_0)$$

由图 2-7 有

$$E_{AB}(T, T'_0) = e_{AB}(T) - e_{AB}(T'_0)$$

$$E_{AB}(T'_0, T_0) = e_{AB}(T'_0) - e_{AB}(T_0)$$

$$E_{AB}(T, T'_0) + E_{AB}(T'_0, T_0) = e_{AB}(T) - e_{AB}(T_0) = E_{AB}(T, T_0) \qquad (2-7)$$

显然，选用廉价的热电偶 C、D 代替 T'_0、T_0 热电偶 A、B，只要在 T'_0、T_0 温度范围 C、D 与 A、B 热电偶具有相近的热电动势特性，便可使测量距离加长，测温成本大为降低，而且不受原热电偶自由端温度 T'_0 的影响。这就是在实际测量中，对冷端温度进行修正，运用补偿导线延长测温距离，消除热电偶自由端温度变化影响的道理。

这里必须说明，同种导体构成的闭合电路中，不论导体的截面和长度如何，以及各处温度分布如何，都不能产生热电动势。

3）参考电极定律（也称为组成定律）。其示意图如图 2-8 所示，已知热电极 A、B 与参考电极 C 组成的热电偶在结点温度为 (T, T_0) 时的热电动势分别为 $E_{AC}(T, T_0)$、$E_{BC}(T, T_0)$，则相同温度下，由 A、B 两种热电极配对后的热电动势 $E_{AB}(T, T_0)$ 可按下面公式计算为

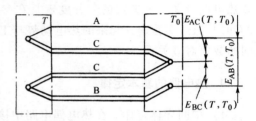

图 2-8　参考电极定律示意图

$$E_{AB}(T, T_0) = E_{AC}(T, T_0) - E_{BC}(T, T_0) \qquad (2-8)$$

参考电极定律大大简化了热电偶选配电极的工作，只要获得有关热电极与参考电极配对的热电动势，那么任何两种热电极配对时的电动势均可利用该定律计算，而不需要逐个进行测定。

【例 2-1】　$E(T, T_0)$ 也可以用 $E(t, t_0)$，当 t 为 100℃、t_0 为 0℃ 时，铬合金—铂热电偶的 $E(100℃, 0℃) = 3.13\text{mV}$，铝合金—铂热电偶 $E(100℃, 0℃)$ 为 -1.02mV，求铬合金—铝合金组成热电偶的热电动势 $E(100℃, 0℃)$。

解　设铬合金为 A，铝合金为 B，铂为 C。

即
$$E_{AC}(100℃, 0℃) = 3.13\text{mV}$$
$$E_{BC}(100℃, 0℃) = -1.02\text{mV}$$

则
$$E_{AB}(100℃, 0℃) = 4.15\text{mV}$$

2.2.2　热电偶的结构形式和标准化热电偶

1. 普通型热电偶

图 2-9 所示是工业测量上应用最多的直形无固定装置普通型热电偶，它一般由热电极、绝缘套管、保护管和接线盒组成。普通型热电偶根据安装时的连接形式可分为固定螺纹连接、固定法兰连接、活动法兰连接、无固定装置等多种形式。

热电偶的工作端被焊接在一起，热电极之间需要用绝缘套管保护。通常测量温度在 1000℃ 以下选用粘土质绝缘套管，在 1300℃ 以下选用高铝绝缘套管，在 1600℃ 以下选用刚玉绝缘套管。

保护管的作用是使热电偶电极不直接与被测介质接触，它不仅可延长热电偶的寿命，还可起到支撑和固定热电极、增加其强度的作用。材料主要有金属和非金属两类。

图 2-9　直形无固定装置普通工业用热电偶

1—热电极　2—绝缘瓷管　3—保护管　4—接线座　5—接线柱　6—接线盒

2. 铠装热电偶（缆式热电偶）

铠装热电偶也称缆式热电偶，如图 2-10 所示，它是将热电偶丝与电熔氧化镁绝缘物熔铸在一起，外表再套不锈钢管等。这种热电偶耐高压、反应时间短、坚固耐用。

3. 薄膜热电偶

薄膜热电偶如图 2-11 所示。用真空镀膜技术等方法，将热电偶材料沉积在绝缘片表面而构成的热电偶称为薄膜热电偶。测量范围为 $-200 \sim 500\,℃$，热电极材料多采用铜—康铜、镍铬—铜、镍铬—镍硅等，用云母作绝缘基片，主要适用于各种表面温度的测量。当测量范围为 $500 \sim 1800\,℃$ 时，热电极材料多用镍铬—镍硅、铂铑—铂等，用陶瓷作基片。

图 2-10　铠装热电偶

1—热电极　2—绝缘材料　3—金属套管

4—接线盒　5—固定装置

图 2-11　薄膜热电偶

1—引线　2—绝缘片　3—工作端

4. 标准化热电偶和分度表

理论上讲，任何两种不同材料导体都可以组成热电偶，但为了准确可靠地进行温度测量，必须对热电偶组成材料严格选择。目前工业上常用的四种标准化热电偶丝材料为：铂铑$_{30}$—铂铑$_6$、铂铑$_{10}$—铂、镍铬—镍硅和镍铬—铜镍（我国通常称为镍铬—康铜）。组成热电偶的两种材料，写在前面的为正极，写在后面的为负极。

热电偶的热电动势与温度的关系表，称之为分度表。

热电偶（包括后面要介绍的金属热电阻及测量仪表）分度表是 IEC（国际电工委员会）发表的相关技术标准（国际温标）。该标准以表格的形式规定各种热电偶/阻在−271~2300℃每一个温度点上的输出电动势，并且给各种热电偶/阻命名统一代号，称为分度号。我国于1988年1月1日起采用该标准（以前用的称为旧标准），并指定 S、B、E、K、R、J、T 七种标准化热电偶为我国统一设计型热电偶。表2-1所示为 K 型（镍铬—镍硅）热电偶分度表。

表2-1 K 型（镍铬—镍硅）热电偶分度表

测量端温度/℃	热电动势值/mV 分度/℃ 0	10	20	30	40	50	60	70	80	90
−0	−0.000	−0.392	−0.777	−1.156	−1.527	−1.889	−2.243	−2.586	−2.920	−3.242
+0	0.000	0.397	0.798	1.203	1.611	2.022	2.436	2.850	3.266	3.681
100	4.095	4.508	4.919	5.327	5.733	6.137	6.539	6.939	7.338	7.737
200	8.137	8.537	8.938	9.341	9.745	10.151	10.560	10.969	11.381	11.793
300	12.207	12.623	13.039	13.456	13.874	14.292	14.712	15.132	15.552	15.974
400	16.395	16.818	17.241	17.664	18.088	18.513	18.938	19.363	19.788	20.214
500	20.640	21.066	21.493	21.919	22.346	22.772	23.198	23.624	24.050	24.476
600	24.902	25.327	25.751	26.176	26.599	27.022	27.445	27.867	28.288	28.709
700	29.128	29.547	29.965	30.383	30.799	31.214	31.629	32.042	32.455	32.866
800	33.277	33.686	34.095	34.502	34.909	35.314	35.718	36.121	36.524	36.925
900	37.325	37.724	38.122	38.519	38.915	39.310	39.703	40.096	40.488	40.897
1000	41.269	41.657	42.045	42.432	42.817	43.202	43.585	43.968	44.349	44.729
1100	45.108	45.486	45.863	46.238	46.612	46.985	47.356	47.726	48.095	48.462
1200	48.828	49.192	49.555	49.916	50.276	50.633	50.990	51.344	51.697	52.049
1300	52.398	—	—	—	—	—	—	—	—	—

注：参考端温度为0℃。

5. 几种标准化热电偶性能

1）铂铑$_{10}$—铂热电偶（分度号为 S，也称为单铂铑热电偶，旧分度号为 LB—3）。该热电偶的正极丝材料为含铑 10% 的铂铑合金，负极为纯铂。它的特点是性能稳定，精度高，抗氧化性强，长期使用温度可达 1300℃。通常用作测温标准和测量较高的温度。

缺点是微分热电动势较小，因而灵敏度较低，价格较贵，机械强度低，不适宜在还原性气氛或有金属蒸气的条件下使用。

2）铂铑$_{13}$—铂热电偶（分度号为 R，也称为单铂铑热电偶）。该热电偶的正极丝材料为含铑 13% 的铂铑合金，负极为纯铂。同 S 型相比，它的热电动势率大 15% 左右，其他性能几乎相同。

3）铂铑$_{30}$—铂铑$_{6}$热电偶（分度号为 B，也称为双铂铑热电偶，旧分度号为 LL—2）。该热电偶的正极丝材料是含铑 30% 的铂铑合金，负极为含铑 6% 的铂铑合金。在室温下，其热电动势很小，故在测量时一般不用补偿导线，可忽略冷端温度变化的影响。长期使用温度为 1600℃，短期为 1800℃，因热电动势较小，故需配用灵敏度较高的显示仪表。

该热电偶适宜在氧化性或惰性气氛中使用，也可以在真空气氛中短期使用。即使在还原气氛下，其寿命也是 R 或 S 型的 10~20 倍。缺点是价格昂贵。

4）镍铬—镍硅（镍铝）热电偶（分度号为 K，旧分度号为 EU—2）。该热电偶的正极丝材料为含铬 10% 的镍铬合金，负极为含硅 3% 的镍硅合金（有些国家的产品负极为纯镍），是抗氧化性较强的贱金属热电偶，可测量 0~1300℃ 温度。在氧化性及惰性气氛中使用，短期使用温度为 1200℃，长期使用温度为 1000℃。其热电动势与温度的关系近似线性，价格便宜，是目前用量最大的热电偶。

缺点是高温稳定性差，在同一温度点，升温和降温过程中，其热电动势显示值不一样，差值可达 2~3℃。在磁场中使用时，往往出现与时间无关的热电动势干扰。

5）铜—铜镍热电偶（分度号为 T，旧分度号为 CK）。该热电偶的正极丝材料为纯铜，负极为铜镍合金（也称康铜）。其特点是价格便宜，在贱金属热电偶中准确度最高，热电极的均匀性好。它的使用温度范围是 -200~350℃。

6）铁—铜镍热电偶（分度号为 J）。该热电偶的正极丝材料为纯铁，负极为铜镍合金（康铜）。其特点是价格便宜，适用于真空、氧化或惰性气氛中，温度范围为 -200~800℃。该热电偶能耐氢气（H_2）及一氧化碳（CO）气体腐蚀，但不能在高温（例如 500℃）含硫（S）的气氛中使用。

7）镍铬—铜镍热电偶（分度号为 E，旧分度号为 EA—2）。该热电偶是一种较新的产品，它的正极丝材料是镍铬合金，负极是铜镍合金（康铜）。其最大特点是在常用的热电偶中，其热电动势最大，即灵敏度最高。在要求灵敏度高、热导率低、可容许大电阻的条件下，常常被选用，对于较高湿度气氛的腐蚀不很敏感。它的适用温度范围是 0~400℃。

2.2.3 热电偶测温及参考端温度补偿

1. 热电偶测温基本电路

图 2-12a 表示了测量某点温度的连接示意图。图 2-12b 表示两个热电偶并联连接，测量两点平均温度的连接示意图。图 2-12c 为两热电偶正向串联连接，可获得较大的热电动势输出，提高了测试灵敏度，也可测两点温度之和。图 2-12d 为两热电偶反向串联连接，可以测量两点的温差。在应用热电偶串、并联测温时，应注意两点：第一，必须应用同一分度号的热电偶；第二，两热电偶的参考端温度应相等。

2. 热电偶参考端的补偿

以摄氏温度表示的热电偶分度表给出的热电动势值的条件是参考端温度为 0℃。如果用热电偶测温时自由端即参考端温度不为 0℃，且又不适当处理，就必然产生测量误差。下面介绍几种热电偶自由端温度补偿方法。

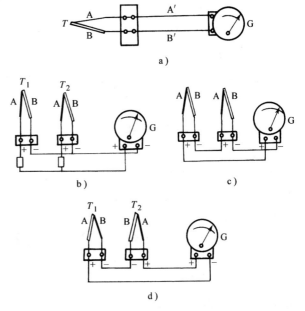

图 2-12 常用的热电偶测温电路示意图
a）温度测量电路，A′、B′为补偿导线 b）并联平均温度测量电路
c）串联相加温度测量电路 d）温差测量电路

设热电偶测量端温度为 t，自由端温度为 $t_0(\neq 0℃)$，根据中间温度定律得

$$E(t,0℃) = E(t,t_0) + E(t_0,0℃) \qquad (2\text{-}9)$$

式(2-9)中，$E(t,0℃)$ 是热电偶测量端温度为 t、自由端温度为 $0℃$ 时的热电动势；$E(t,t_0)$ 是热电偶测量端温度为 t、自由端温度为 t_0 时所实测得的热电动势值；$E(t_0,0℃)$ 是热电偶自由端温度为 t_0 时应加的修正值，只要已知 t_0，可由热电偶分度表查出。

因此，只要知道热电偶自由端的温度 t_0，就可从热电偶分度表（或分度曲线）查出对应的热电动势值 $E(t_0,0℃)$，然后把这个热电动势值与实测的热电动势值 $E(t,t_0)$ 相加，得出测量端温度为 t，自由端温度为 $0℃$ 时的热电动势值 $E(t,0℃)$，最后再由热电偶分度表查出被测介质的真实温度。例如用 K 型（镍铬—镍硅）热电偶测炉温时，参考端温度 $t_0 = 30℃$，由分度表 2-1 可查得 $E(30℃,0℃) = 1.203\text{mV}$，若测得 $E(t,30℃) = 28.344\text{mV}$，则可得

$$E(t,0℃) = E(t,30℃) + E(30℃,0℃) = 28.344\text{mV} + 1.203\text{mV} = 29.547\text{mV}$$

再查分度表可知 $t = 710℃$。

如果参考端温度不稳定，会使温度测量误差加大。为使热电偶测量准确，在测温时，可采用配套的补偿导线将参考端延伸到温度稳定处再进行温度测量。在使用热电偶补偿导线时，要注意型号相配，极性不能接错，热电偶与补偿导线连接端的温度不应超过 $100℃$。在我国，补偿导线已有定型产品，常用热电偶补偿导线表如表 2-2 所示。

表 2-2 常用热电偶补偿导线表

热电偶名称	分度号	材料	极性	补偿电路成分	护套颜色	金属颜色
铂铑—铂	S	铜	+	Cu	红	紫红
		铜镍	−	0.57%~0.6%Ni，其余 Cu	绿	褐
镍铬—镍硅	K	铜	+	Cu	红	紫红
		铜镍	−	39%~41%Ni，1.4%~1.8%Mn 其余 Cu	棕	白
镍铬—铜镍	E	镍铬	+	8.5%~10%Cr 其余 Ni	紫	黑
		铜镍	−	56%Cu，44%Ni	黄	白

2.3 金属热电阻传感器

金属热电阻传感器一般称作热电阻传感器，是利用金属导体的电阻值随温度的变化而变化的原理进行测温的。最基本的热电阻传感器由热电阻、连接导线及显示仪表组成，如图 2-13 所示。热电阻广泛用来测量 $-220\sim850℃$ 范围内的温度，少数情况下，低温可测量至 $1\text{K}(-272℃)$，高温可测量至 $1000℃$。金属热电阻的主要材料是铂和铜，还有镍。

图 2-13 金属热电阻传感器
测量示意图

2.3.1 热电阻的温度特性

热电阻的温度特性，是指热电阻 R_t 随温度变化而变化的特性，即 $R_t—t$ 之间函数关系。

1. 铂热电阻的电阻—温度特性

铂电阻的特点是测温精度高，稳定性好，所以在温度传感器中得到了广泛应用。铂电阻的应用范围为$-200 \sim 850℃$。

铂电阻的电阻—温度特性方程，在$-200 \sim 0℃$的温度范围内为

$$R_t = R_0 [1+At+Bt^2+Ct^3(t-100)]$$

在$0 \sim 850℃$的温度范围内为

$$R_t = R_0 (1+At+Bt^2)$$

式中，R_t和R_0分别为t和$0℃$时的铂电阻值；A、B和C为常数，其数值为

$$A = 3.9684 \times 10^{-3}/℃$$
$$B = -5.847 \times 10^{-7}/℃^2$$
$$C = -4.22 \times 10^{-12}/℃^4$$

由上式可知$t = 0℃$时的铂电阻值为R_0，我国规定工业用铂热电阻有$R_0 = 10\Omega$和$R_0 = 100\Omega$两种，它们的分度号分别为Pt_{10}和Pt_{100}，其中以Pt_{100}为常用。铂热电阻不同分度号亦有相应分度表，即R_t—t的关系表，这样在实际测量中，只要测得热电阻的阻值R_t，便可从分度表上查出对应的温度值。

2. 铜热电阻的电阻—温度特性

由于铂是贵金属，在测量精度要求不高、温度范围在$-50 \sim 150℃$时普遍采用铜电阻。铜电阻与温度间的关系为

$$R_t = R_0 (1+a_1t+a_2t^2+a_3t^3)$$

由于a_2、a_3比a_1小得多，所以可以简化为

$$R_t \approx R_0 (1+a_1t)$$

式中，R_t是温度为t时铜电阻值；R_0是温度为$0℃$时铜电阻值；a_1是常数，$a_1 = 4.28 \times 10^{-3}/℃$。

铜电阻的R_0分度号Cu_{50}为50Ω；Cu_{100}为100Ω。

铜易于提纯，价格低廉，电阻—温度特性线性较好。但电阻率仅为铂的几分之一。因此，铜电阻所用阻丝细而且长，机械强度较差，热惯性较大，在温度高于100℃以上或侵蚀性介质中使用时，易氧化，稳定性较差。因此，只能用于低温及无侵蚀性的介质中。

2.3.2 热电阻传感器的结构

热电阻传感器是由电阻体、绝缘管、保护套管、引线和接线盒等组成，如图2-14所示。

保护套管一般都由金属制成。电阻体有：铂电阻丝绕在开槽云母板上制成的云母型铂电阻，螺旋形铂电阻丝封装在陶瓷管中制成的陶瓷型铂电阻，铂电阻丝烧制在特殊玻璃体上制成的玻璃型铂电阻，铂浆印制在陶瓷片上制成的厚膜元件铂电阻。

铂电阻传感器连接到检测仪表的引线较长时，引线电阻的变化会使测量结果有较大误差。为减小误差，可采用三线式电桥连接法测量电路或四线电阻测量电路。

图 2-14 热电阻传感器结构

a) 热电阻传感器结构 b) 电阻体结构

1—电阻体 2—不锈钢套管 3—安装固定件 4—接线盒 5—引线口

6—瓷绝缘套管 7—引线端 8—保护膜 9—电阻丝 10—心柱

2.4 半导体温度传感器

半导体二极管和晶体管的 PN 结电压随温度的变化而变化，由此可以做成半导体 PN 结温度传感器，其最大优点是温度-电压特性呈现较好的线性。

2.4.1 二极管温度传感器

在半导体二极管加正向电压的情况下，若保持其正向导通电流不变，其 PN 结正向导通压降随环境温度的变化而变化，二极管正向电压-温度特性曲线如图 2-15 所示。图中 IN457 为硅二极管，IN270 为锗二极管。利用这种特性可将环境温度转换成电压，完成温度传感器的功能。

图 2-16 是采用硅二极管温度传感器的温度监测电路，其输出端电压随温度而变化，温度每变化 1℃，输出电压变化量为 0.1V。输出接 MC14433 集成电路，可以对所测温度进行数字显示。半导体二极管温度传感器测温范围为 -40 ~ 100℃。

图 2-15 二极管正向电压-温度特性曲线

图 2-16 硅二极管温度传感器的温度监测电路

2.4.2　晶体管温度传感器

NPN 型热敏晶体管在 I_c 恒定时，基极-发射极间电压 U_{be}，随温度变化曲线如图 2-17 所示。利用这种关系，可把温度变化转换成电压进行温度测量。图 2-18 为晶体管温度传感器的一种温度测量电路，温度变化 1℃，输出电压变化 0.1V。晶体管温度传感器测温范围为 -50～150℃。

图 2-17　硅晶体管 U_{be} 与温度之间的关系

图 2-18　晶体管温度传感器的温度测量电路

2.5　集成温度传感器

集成温度传感器具有体积小、线性好及反应灵敏等优点，所以应用十分广泛。集成温度传感器是把感温元件（常为 PN 结）与有关的电子线路集成在很小的硅片上封装而成。由于 PN 结不能耐高温，所以集成温度传感器通常测量 150℃ 以下的温度。

表 2-3 给出了集成温度传感器与其他温度传感器的性能比较。

表 2-3　集成温度传感器与其他温度传感器的性能比较

传感器类型	温度范围/℃	精度/℃	线性	重复性/℃	灵敏度
热电偶	-200～1600	0.5～3.0	较差	0.3～1.0	不高
铂丝电阻	-200～600	0.3～1.0	差	0.3～1.0	不高
热敏电阻	-50～300	0.2～2.0	不良	0.2～2.0	高
半导体管	-40～150	1.0	良	0.2～1.0	高
集成温度传感器	-55～150	1.0	优	0.3	高

集成温度传感器按输出量不同可分为电流型、电压型和频率型三大类。电流型输出阻抗很高，可用于远距离精密温度遥感和遥测，而且不用考虑接线引入损耗和噪声。电压型输出阻抗低，易于同信号处理电路连接。频率输出型易与微型计算机连接。按输出端个数分，集成温度传感器可分为三端式和两端式两大类。

2.5.1 集成温度传感器基本工作原理

图2-19为集成温度传感器原理示意图。其中 VT_1、VT_2 为差分对管，由恒流源提供的 I_1、I_2 分别为 VT_1、VT_2 的集电极电流，则 ΔU_{be} 为

$$\Delta U_{be} = \frac{kT}{q}\ln\left(\frac{I_1}{I_2}\gamma\right) \tag{2-10}$$

式（2-10）中，k 为玻耳兹曼常数；q 为电子电荷量；T 为热力学温度；γ 为 VT_1 和 VT_2 发射极面积之比。

由式（2-10）可知，只要 I_1/I_2 为恒定值，则 ΔU_{be} 与温度 T 为单值线性函数关系。这就是集成温度传感器的基本工作原理。

2.5.2 电压输出型集成温度传感器

图2-20所示电路为电压输出型温度传感器。VT_1、VT_2 为差分对管，调节电阻 R_1，可使 $I_1 = I_2$，当对管 VT_1、VT_2 的 β 值大于等于1时，电路输出电压 U_0 为

$$U_0 = I_2 R_2 = \frac{\Delta U_{be}}{R_1}R_2$$

由此可得

$$\Delta U_{be} = \frac{U_0 R_1}{R_2} = \frac{kT}{q}\ln\gamma \tag{2-11}$$

由式（2-11）可知 R_1、R_2 不变，则 U_0 与 T 呈线性关系。若 $R_1 = 940\Omega$，$R_2 = 30\mathrm{k}\Omega$，$\gamma = 37$，则电路输出温度系数为 $10\mathrm{mV/K}$。

图2-19 集成温度传感器基本原理图

图2-20 电压输出型集成温度传感器原理电路图

2.5.3 电流输出型集成温度传感器

电流输出型集成温度传感器原理电路如图2-21所示。对管 VT_1、VT_2 作为恒流源负载，VT_3、VT_4 作为感温元件，VT_3、VT_4 发射极面积之比为 γ，此时电流源总电流 I_T 为

$$I_T = 2I_1 = \frac{2\Delta U_{be}}{R} = \frac{2kT}{qR}\ln\gamma \tag{2-12}$$

由式（2-12）可得知，当 R、γ 为恒定量时，I_T 与 T 呈线性关系。若 $R = 358\Omega$，$\gamma = 8$，

图 2-21 电流输出型集成温度传感器原理电路图

则电路输出温度系数为 $1\mu A/K$。

2.6 半导体热敏电阻

半导体热敏电阻简称为热敏电阻，是一种新型的半导体测温元件，热敏电阻是利用某些金属氧化物或单晶锗、硅等材料，按特定工艺制成的感温元件。热敏电阻可分为 3 种类型，即正温度系数（PTC）热敏电阻和负温度系数（NTC）热敏电阻，以及在某一特定温度下电阻值会发生突变的临界温度电阻器（CTR）。

2.6.1 热敏电阻的（R_t—t）特性

图 2-22 列出了不同种类热敏电阻的 R_t—t 特性曲线。曲线 1 和曲线 2 为负温度系数（NTC 型）曲线，曲线 3 和曲线 4 为正温度系数（PTC 型）曲线。由图中可以看出 2、3 特性曲线变化比较均匀，所以符合 2、3 特性曲线的热敏电阻，更适用于温度的测量，而符合 1、4 特性曲线的热敏电阻因特性变化陡峭则更适用于组成温控开关电路和保护电路。

由热敏电阻 R_t—t 特性曲线还可得出如下结论：

1）热敏电阻的温度系数值远大于金属热电阻，所以灵敏度很高。

2）同温度情况下，热敏电阻阻值远大于金属热电阻。所以连接导线电阻的影响极小，适用于远距离测量。

3）热敏电阻 R_t—t 曲线非线性十分严重，所以其测量温度范围远小于金属热电阻。

为保证一定范围内温度测量的精度要求，应通过补偿电路或计算进行非线性修正。

图 2-22 各种热敏电阻的 R_t—t 特性曲线

1—突变型 NTC 2—负指数型 NTC
3—线性型 PTC 4—突变型 PTC

2.6.2 负温度系数热敏电阻性能

负温度系数（NTC）热敏电阻是一种氧化物的复合烧结体，其电阻值随温度的增加而减小，外形结构有多种形式，如图2-23所示，做成传感器时还需封装和用长导线引出。与金属热电阻相比，负温度系数（NTC）热敏电阻的特点是：

图 2-23　负温度系数（NTC）热敏电阻结构

1）电阻温度系数大，灵敏度高，约为金属热电阻的 10 倍。
2）结构简单，体积小，可测点温。
3）电阻率高，热惯性小，适用于动态测量。
4）易于维护和进行远距离控制。
5）制造简单、使用寿命长。
6）互换性差，非线性严重。

2.6.3　负温度系数热敏电阻温度方程

由半导体电子学可知，半导体材料的电阻率 ρ 具有随温度变化的性质，即

$$\rho = f(T)$$

实验和理论表明，具有负温度系数的半导体材料的电阻率 ρ 随温度升高而减小，这样，就可以用下述经验公式来描述

$$\rho_T = A' e^{B/T}$$

又由电阻定律知

$$R_T = \rho_T \frac{l}{S}$$

则有

$$R_T = A' \frac{l}{S} e^{B/T} = A e^{B/T} \tag{2-13}$$

式中，$A = A' \dfrac{l}{S}$ 为与半导体材料、长度 l 和截面积 S 有关的常数；B 为与半导体物理性能有关的常数；T 为热敏电阻的热力学温度。若已知某热敏电阻在温度 T_0 和 T_T 时的电阻值 R_0 和 R_T，分别代入式（2-13）联立求解，便可求得常数 B 和 A 值。

$$B = \frac{T_0 T_T}{T_T - T_0} \ln \frac{R_0}{R_T} \tag{2-14}$$

$$A = R_0 e^{-B/T_0} \tag{2-15}$$

并可获得 R_T 和 R_0 的关系为

$$R_T = R_0 \mathrm{e}^{(B/T_T - B/T_0)} \tag{2-16}$$

2.6.4 负温度系数热敏电阻主要特性

1. 标称阻值

厂家通常将热敏电阻 25℃ 时的零功率电阻值作为 R_0，称为额定电阻值或标称阻值，记作 R_{25}，85℃ 时的电阻值 R_{85} 作为 R_T。标称阻值常在热敏电阻上标出。热敏电阻上标出的标称阻值与用万用表测出的读数不一定相等，这是由于标称阻值是用专用仪器在 25℃ 时，并且在无功率发热的情况下测得的。而用万用表测量时有一定的电流通过热敏电阻而产生热量，且测量时不可能正好是 25℃，所以不可避免地产生误差。

2. B 值

将热敏电阻 25℃ 时的零功率电阻值 R_0 和 85℃ 时的零功率电阻值 R_{85}，以及 25℃ 和 85℃ 的热力学温度 $T_0 = 298\mathrm{K}$ 和 $T_T = 358\mathrm{K}$ 代入式（2-14），可得

$$B = 1778\ln\frac{R_{25}}{R_{85}} \tag{2-17}$$

用式（2-17）计算获得的 B 值称为热敏电阻常数，是表征负温度系数热敏电阻热灵敏度的量，单位为 K。B 值越大，负温度系数热敏电阻的热灵敏度越高。

3. 电阻温度系数 σ

热敏电阻在其自身温度变化 1℃ 时，电阻值的相对变化量称为热敏电阻的电阻温度系数 σ，可用下式表示为

$$\sigma = \frac{1}{R_T}\frac{\mathrm{d}R_T}{\mathrm{d}T} \tag{2-18}$$

微分式（2-16），可得

$$\sigma = -\frac{B}{T^2} \tag{2-19}$$

由式（2-19）可知：

1）热敏电阻的温度系数为负值。

2）温度减小，电阻温度系数 σ 增大。在低温时，负温度系数热敏电阻的温度系数比金属热电阻丝高得多，故常用于低温测量（$-100 \sim 300$℃）。通常给出的是 25℃ 时的温度系数，单位为 %℃$^{-1}$。

4. 额定功率

额定功率是指负温度系数热敏电阻在环境温度为 25℃，相对湿度为 45%~80%。大气压为 0.087~0.107MPa 的条件下，长期连续负荷所允许的耗散功率。

5. 耗散系数 δ

耗散系数 δ 是负温度系数热敏电阻流过电流消耗的热功率（W）与自身温升值（$T - T_0$）

之比，单位为 $W℃^{-1}$。

$$\delta = \frac{W}{T-T_0} \qquad (2-20)$$

当流过热敏电阻的电流很小，不足以使之发热时，电阻值只决定于环境温度，用于环境温度测量误差很小。当流过热敏电阻的电流达到一定值时，热敏电阻自身温度会明显升高，测量环境温度时，要注意消除由于热敏电阻自身的温升而带来的测量误差。

6. 热时间常数 τ

负温度系数热敏电阻在零功率条件下放入环境温度中，不可能立即变为与环境温度相同的温度。热敏电阻本身的温度在放入环境温度之前的初始值和达到与环境温度相同温度的最终值之间改变 63.2% 所需的时间叫作热时间常数，用 τ 表示。

2.7 温度传感器应用实例

2.7.1 双金属温度传感器的应用

电冰箱压缩机温度保护继电器内部的感温元件是一片碟形的双金属片，如图 2-24a 和图 2-24b 所示。由图 2-24c 和图2-24d可以看出在双金属片上固定着两个动触头。正常时，这两个动触头与固定的两个静触头组成两个常闭触点。在碟形双金属片的下面还安放着一根电热

图 2-24　碟形双金属温度传感器工作过程

a）外形　b）内部电路　c）工作正常，触点闭合　d）工作异常，触点断开

1、5、9、18—碟形双金属片　2—外壳　3、12、21—金属板 3

4、16、25—金属板 2　6—动触头　7—静触头　8、15、24—电热丝

10、19—触点 1　11、20—金属板 1　13、22—调节螺钉

14、23—锁紧螺母　17、26—触点 2

丝。该电热丝与这两个常闭触点串联连接。整个保护继电器只有两根引出线，在电路中，它与压缩机电动机的主电路串联。流过压缩机电动机的电流必定流过它的常闭触点和电热丝。

压缩机工作正常时，也有电流流过电热丝，但因电流较小，电热丝发出的热量不能使双金属片翻转，所以常闭触点维持闭合状态，如图 2-24c 所示。如果由于某种原因使压缩机电动机中的电流过大时，这一大电流流过电热丝后，使它很快发热，放出的热量使碟形双金属片温度迅速升高到它的动作温度，碟形双金属片翻转，带动常闭触点断开，切断压缩机电动机的电源，保护全封闭式压缩机不至于损坏，如图 2-24d 所示。

2.7.2 热敏电阻温度传感器的应用

图 2-25 所示为汽车水箱水温监测电路。其中 R_t 为负温度系数热敏电阻，用于温度显示的表头为电磁式表头。由于汽车水箱水温测量范围小，要求精度不高，所以电路十分简单。测温电路的连接为

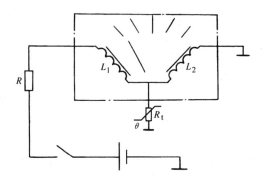

图 2-25　汽车水箱水温监测电路

表 2-4 给出了不同温度时奥迪牌轿车水温表的 R_t 值，以供参考。

表 2-4　不同温度时奥迪牌轿车水温表的 R_t 值

水温/℃	60	90	110	120
阻值 R_t/Ω	217±30	86.7±11	51，−5～7.5	41.6，−4.6～5

2.7.3 热电偶温度传感器的应用

热电偶测温数显电路如图 2-26 所示。AD594～AD597 为热电偶信号放大和参考点线性补偿单片集成电路，AD594、AD596 选配 J 型热电偶，AD595、AD597 选配 K 型热电偶。图中，AD597 配 K 型热电偶，7 脚接电源，电压范围为 +5～+30V，6 脚输出电压 $U_O = U_{OK} \times 245.46$mV，其中 U_{OK} 为热电偶输出电压，由 8 脚输入。2 脚 HYS 调节 AD597 输入、输出回差电压，未用。

输出电压输入 ICL7136 驱动 $3\frac{1}{2}$ 位 LCD 显示器显示温度值。ICL7136 是手持式数字表使

用最多的一种 LCD 显示器驱动集成电路，电源电压+9V，最高不得超过+15V，相同功能的有 CH7106、DG7126。

图 2-26　热电偶测温数显电路

2.7.4　集成温度传感器应用举例

1. AD590 集成温度传感器应用电路

AD590 是应用广泛的一种集成温度传感器，由于它内部有放大电路，再配上相应的外电路，可方便地构成各种应用电路。

图 2-27 为一简单测温电路。AD590 在 25℃(298.2K)时，理想输出电流为 298.2μA，但实际上存在一定误差，可以在外电路中进行修正。将 AD590 串联一个可调电阻在已知温度下调整电阻值，使输出电压 U_R 满足 1mV/K 的关系（如 25℃时，U_R 应为 298.2mV）。调整好以后，固定可调电阻，即可由输出电压 U_R 读出 AD590 所处的热力学温度。

集成温度传感器还可用于热电偶参考端的补偿电路如图 2-28 所示，AD590 应与热电偶参考端处于同一温度下。AD580 是一个三端稳压器，其输出电压 $U_0 = 2.5V$。电路工作时，调整电阻 R_2 使得：

$$I_1 = t_0 \times 10^{-3}$$

图 2-27　简单测温电路

图 2-28　热电偶参考端补偿电路

1—参考端　2—测量端　3—指示仪表

上式 I_1 的单位为 mA，这样在电阻 R_1 上产生一个随参考端温度 t_0 变化的补偿电压 $U_1 = I_1 R_1$。

若热电偶参考端温度为 t_0，补偿时应使 U_1 与 $E_{AB}(t_0, 0℃)$ 近似相等即可。不同分度号的热电偶，R_1 的阻值亦不同。这种补偿电路灵敏、准确、可靠和调整方便。

2. LM26 集成温度传感器的应用

LM26 是美国国家半导体公司生产的电压输出型微型模拟温度传感器，输出可驱动开关管，带动继电器和电风扇等负载。LM26 为 5 脚 SOT—23（Small Outline Transistor Package）封装，工作电压 +2.7~5.5V，测量温度范围为 -55~110℃。4 脚接电源正极，2 脚接地，3 脚为温度传感输出，输出电压与温度的关系为

$$U_0 = [-3.479 \times 10^{-6} \times (t-30)^2] + [-1.082 \times 10^{-2} \times (t-30)] + 1.8015V$$

式中，t 为测量温度。在 25℃ 时输出电压为 1855mV，温度升高，输出电压降低。

按芯片内部的控制温度基准电平设定（例如 85℃），5 脚输出高、低（1、0）电平信号，可直接驱动负载。LM26 有 A、B、C、D 共 4 种序号，A、C 为高于控制温度关断 5 脚输出信号（输出低电平）；B、D 为低于控制温度关断 5 脚输出信号。其中 LM26A 型内部电路结构如图 2-29a 所示。

a)

图 2-29b 为用 LM26A 控制的风扇自动控制电路，可用于计算机、笔记本式计算机、音响设备功率放大器、工厂采暖通风系统。当高于设定的控制温度时，LM26A 的 5 脚输出低电平信号，P 沟道场效应晶体管 NDS356P 导通，风扇通电运转，进行降温。LM26 具有温度滞后特性（1 脚接地滞后 10℃，接 V^+ 滞后 5℃），不会在阈值温度上下造成风扇反复开和关。

b)

图 2-29 LM26A 型温度传感器自动控制风扇电路
a) LM26A 内部电路结构 b) 风扇自动控制电路

2.7.5 家用空调专用温度传感器

家用空调专用温度传感器产品型号为 KC 和 KH 系列，其主要技术指标如表 2-5 所示。

目前，较先进的室内空调器大都采用由传感器检测并用单片机进行控制的模式，室内空调机控制系统如图 2-30 所示。在空调器的控制系统中，室内部分安装有热敏电阻和气体传感器；室外部分安装有热敏电阻。室内空调器通过负温度系数热敏电阻和单片机，可快速完成室内室外的温差、冷房控制、冬季热泵除霜控制等功能。室内的 SnO_2 气体传感器用于测

量室内空气的污染程度，当室内空气达到标准的污染程度时，通过空调器的换气装置可自动进行换气。

表 2-5　家用空调专用温度传感器技术指标

产品型号	标称电阻 /kΩ	B 值 /K	工作温度 /℃	封装形式	时间常数 /s	耗散系数 /(mW/℃)
KC502G327□	$R_{25} = 5.0(1\pm2\%)$	$B_{25/50} = 3275(1\pm1\%)$	$-30\sim100$	环氧树脂	约 5	约 2.5
KC103F410F□	$R_{25} = 10.0(1\pm1\%)$	$B_{25/50} = 4100(1\pm1\%)$	$-30\sim100$	塑料壳	约 5	约 3.3
KH204J343GM	$R_{25} = 200(1\pm5\%)$	$B_{25/50} = 3437(1\pm2\%)$	$-40\sim150$	铜壳	约 5	约 2.5

注：时间常数在水中测得，耗散系数均在静止空气中测得。

图 2-30　室内空调机控制系统

采用负温度系数热敏电阻和气体传感器的室内空调器可按人们的要求，将室内的温度保持在一个舒适的范围内，同时保持室内的空气清新，对改善人们的居住条件起到了重要的作用。

2.7.6　电冰箱、冰柜专用温度传感器

电冰箱、冰柜专用温度传感器型号有 KC 系列，其主要技术指标如表 2-6 所示。

表 2-6　电冰箱、冰柜专用温度传感器技术指标

产品型号	标称电阻值 /kΩ	B 值 /K	工作温度范围 /℃	封装形式	时间常数 /s	耗散系数 /(mW/℃)
KC222J337FP	$R_{25} = 6.0(1\pm3\%)$	$B_{25/50} = 3370(1\pm1\%)$	$-40\sim90$	塑料壳	约 20	约 2.5
KC103J395FE	$R_{25} = 10.0(1\pm5\%)$	$B_{25/50} = 3950(1\pm1\%)$	$-40\sim90$	环氧树脂	约 20	约 2.5

注：时间常数在水中测得，耗散系数均在静止空气中测得。

电冰箱、冰柜热敏电阻式温控电路如图 2-31 所示。当电冰箱接通电源时，由 R_4 和 R_5 经分压后给 A_1 的同相端输出一固定基准电压，由温度调节电路 RP_1 输出一设定温度电压给 A_2 的反相输入端，这样就由 A_1 组成开机检测电路，由 A_2 组成关机检测电路。当电冰箱内的温度高于设定温度时，由于传感器 RT 和 R_3 的分压大于 A_1 的同相输入端和 A_2 反相输入端电压，A_1 输出低电平，而 A_2 输出高电平。由 IC_2 组成的 RS 触发器的输出端输出高电平，使 VT 导通，继电器工作，其常开触点闭合，接通压缩机电动机电路，压缩机开始制冷。

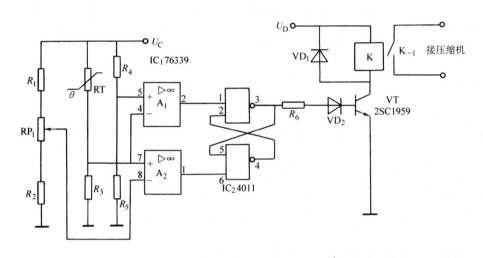

图 2-31　电冰箱、冰柜热敏电阻式温控电路

当压缩机工作一定时间后，电冰箱内温度下降，到达设定温度时，温度传感器阻值增大，使 A_1 的反相输入端和 A_2 的同相输入端电位下降，A_1 的输出端变为高电平，而 A_2 的输出端变为低电平，RS 触发器的工作状态翻转，其输出为低电平，从而使 VT 截止，继电器 K 停止工作，触点 K_{-1} 被释放，压缩机停止运转。

若电冰箱停止制冷一段时间后，电冰箱内温度慢慢升高，此时开机检测电路 A_1、关机检测电路 A_2 及 RS 触发器又翻转一次，使压缩机重新开始制冷。这样周而复始地工作，达到控制电冰箱内温度的目的。

2.7.7　热水器专用温度传感器

热水器专用温度传感器有 KC、KG 系列产品，其主要技术指标如表 2-7 所示。

表 2-7　热水器专用温度传感器技术指标

产品型号	标称电阻值 /kΩ	B 值 /K	工作温度范围 /℃	封装形式	时间常数 /s	耗散系数 /(mW/℃)
KC503H395FM	$R_{25} = 50.5(1\pm3\%)$	$B_{25/50} = 3950(1\pm1\%)$	$-30 \sim 100$	金属壳	2	$2\sim3$
KG503H424GM	$R_{25} = 50.5(1\pm3\%)$	$B_{25/50} = 4240(1\pm2\%)$	$-40 \sim 120$	金属壳	2	$2\sim3$
KG104H416GM	$R_{25} = 100.0(1\pm3\%)$	$B_{25/50} = 4164(1\pm2\%)$	$-40 \sim 120$	金属壳	2	$2\sim3$

注：时间常数在水中测得，耗散系数均在静止空气中测得。

热水器温控电路结构与电冰箱、冰柜温控电路结构类似，只不过热水器温控电路用于高温，且要配置触电保护电路和防干烧电路。用于热水器温控电路的 KC、KG 系列热敏电阻传感器产品具有耐温度性强、耐湿防潮性好、可靠性好、速度反应快，可在高温多湿、冷热变化剧烈的环境下长期使用等特点。

2.7.8　汽车发动机控制系统专用温度传感器

汽车发动机控制系统专用温度传感器有 KC 系列，其技术指标如表 2-8 所示。

表 2-8　汽车发动机控制系统专用温度传感器技术指标

产品型号	标称电阻值 /kΩ	B 值 /K	工作温度范围 /℃	封装形式	时间常数 /s
KC202H350FM	$R_{25} = 2.05(1 \pm 5\%)$	$B_{25/50} = 3500(1 \pm 1\%)$	$-40 \sim 135$	铜壳	<30(在油中)
KC212H360FM	$R_{25} = 2.15(1 \pm 5\%)$	$B_{25/50} = 3600(1 \pm 1\%)$	$-40 \sim 135$	铜壳	<35(在空气中)
KC252H347FM	$R_{25} = 2.50(1 \pm 5\%)$	$B_{25/50} = 3470(1 \pm 1\%)$	$-40 \sim 135$	铜壳	<15(在水中)

为了提高发动机的燃烧效率，必须使用温度传感器，以分别连续地高精度地测定进气温度和用于优化排气净化效率的排气温度。KC 系列汽车发动机控制系统专用温度传感器有精度高、抗震性强、耐温防潮性强、热冲击下具有高稳定性和可靠性等特点。

2.8　实训　电冰箱温度超标指示器装调

1）表 2-9 列出了几种常用的集成温度传感器的性能。熟悉集成温度传感器性能指标，考虑如何根据性能指标选择使用集成温度传感器。

表 2-9　几种常用的集成温度传感器的性能

型　号	输出形式	使用温度/℃	温度系数/℃	引　脚
AN6701S	电压型	$-40 \sim 125$	10mV	4
UPC616A、SC616A	电压型	$-10 \sim 80$	$105 \sim 113$mV	8
UPC616C、SL616C	电压型	$-25 \sim 85$	10mV	8
LX5600	电压型	$-55 \sim 85$	10mV	4
LX5700	电压型	$-55 \sim 85$	10mV	4
LM3911	电压型	$-25 \sim 85$	10mV	4、8
LM134、LS134M	电流型	$-55 \sim 125$	1μA	3
LM334	电流型	$0 \sim 70$	1μA	3
AD590、LS590	电流型	$-55 \sim 155$	1μA	3

2）电冰箱冷藏室温度一般都保持在 5℃ 以下，利用负温度系数热敏电阻制成的电冰箱温度超标指示器，可在温度超过 5℃ 时，提醒用户及时采取措施。

电冰箱温度超标指示器电路如图 2-32 所示。电路由热敏电阻 RT 和作比较器用的运算放大器 IC 等元件组成。运算放大器 IC 反相输入端加有 R_1 和热敏电阻 RT 的分压电压。该电压随电冰箱冷藏室温度的变化而变化。在运算放大器 IC 同相输入端加有基准电压，此基准电压的数值对应于电冰箱冷藏室最高温度的预定值，可通过调节电位器 RP 来设定电冰箱冷藏室最高温度的预定值。当电冰箱冷藏室的温度上升，负温度系数热敏电阻 RT 的阻值变小，加于运算放大器 IC 反相输入端的分压电压随之减小。当分压电压减小至设定的基准电压时，运算放大器 IC 输出端呈现高电平，使 VL 指示灯点亮报警，表示电冰箱冷藏室温度已超过 5℃。

图 2-32　电冰箱温度超标指示器电路

制作印制电路板或利用面包板装调该电路，过程如下：

① 准备电路板和元器件，认识元器件。

② 电路装配调试。

③ 电路各点电压测量。

④ 记录实验过程和结果。

⑤ 调节电位器 RP 于不同值，观察和记录报警温度，进行电路参数和实验结果分析。

3）思考该电路的扩展用途。

2.9　习题

1. 用 K 型（镍铬—镍硅）热电偶测量炉温时，自由端温度 $t_0 = 30℃$，由电子电位差计测得热电动势 $E(t, 30℃) = 37.724\text{mV}$，求炉温 t。

2. 热电偶主要分几种类型，各有何特点？我国统一设计型热电偶有哪几种？

3. 利用分度号 Pt_{100} 铂电阻测温，求测量温度分别为 $t_1 = -100℃$ 和 $t_2 = 650℃$ 的铂电阻 R_{t1}、R_{t2} 值。

4. 利用分度号 Cu_{100} 的铜电阻测温，当被测温度为 50℃ 时，问此时铜电阻 R_t 值为多大？

5. 画出用 4 个热电偶共用一台仪表分别测量 T_1、T_2、T_3 和 T_4 的测温电路。若用 4 个热电偶共用一台仪表测量 T_1、T_2、T_3 和 T_4 的平均温度，电路又应怎样连接？

6. 硅二极管测温电路，如图 2-16 所示。当被测温度 t 为 30℃ 时，输出电压为 5V，当输出电压为 10V 时，问被测温度为多高？

7. 利用如图 2-27 所示集成温度传感器测量温度，如果被测温度为 30℃ 时，输出电压为 303mV，问被测温度为 120℃ 时，输出电压 U_R 为多高？

8. 分析图 2-28 所示热电偶参考端温度补偿电路工作原理。

9. 正温度系数热敏电阻和负温度系数热敏电阻各有什么特性？各有哪些用途？哪一种热敏电阻可以做"可恢复熔丝"？

10. 参照电冰箱热敏电阻温控电路，用热水器专用温度传感器设计热水器温度控制电路。

第 3 章　力 传 感 器

本章要点

- 力的测量是通过力传感器将力的大小转换成便于测量的电量来进行的；
- 几种有代表性的力传感器的工作原理；
- 电阻应变片等力传感器的测量电路。

力是物理基本量之一，因此测量各种动态、静态力的大小是十分重要的。力的测量需要通过力传感器间接完成，力传感器是将各种力学量转换为电信号的器件。图 3-1 为力传感器的测量示意框图。

$$F \rightarrow \boxed{力敏感元件} \rightarrow \boxed{转换元件} \rightarrow \boxed{显示设备}$$

图 3-1　力传感器的测量示意框图

力传感器有许多种，从力—电变换原理来看有电阻式（电位器式和应变片式）、电感式（自感式、互感式和涡流式）、电容式、压电式、压磁式和压阻式等，其中大多需要弹性敏感元件或其他敏感元件的转换。力传感器在生产、生活和科学实验中广泛用于测力和称重。

3.1　弹性敏感元件

弹性敏感元件把力或压力转换成了应变或位移，然后再由传感器将应变或位移转换成电信号。弹性敏感元件是一个非常重要的传感器部件，应具有良好的弹性、足够的精度，应保证长期使用和温度变化时的稳定性。

3.1.1　弹性敏感元件的特性

1. 刚度

刚度是弹性元件在外力作用下变形大小的量度，一般用 k 表示

$$k = \frac{\mathrm{d}F}{\mathrm{d}x} \tag{3-1}$$

式中，F 为作用在弹性元件上的外力；x 为弹性元件产生的变形。

2. 灵敏度

灵敏度是指弹性敏感元件在单位力作用下产生变形的大小，在弹性力学中称为弹性元件的柔度。它是刚度的倒数，用 K 表示

$$K = \frac{\mathrm{d}x}{\mathrm{d}F} \tag{3-2}$$

在测控系统中希望它是常数。

3. 弹性滞后

实际的弹性元件在加/卸载的正反行程中变形曲线是不重合的，这种现象称为弹性滞后现象，它会给测量带来误差。产生弹性滞后的主要原因是：弹性敏感元件在工作过程中分子间存在内摩擦。当比较两种弹性材料时，应都用加载变形曲线或都用卸载变形曲线，这样才有可比性。

4. 弹性后效

当载荷从某一数值变化到另一数值时，弹性元件变形不是立即完成相应的变形，而是经一定的时间间隔逐渐完成变形的，这种现象称为弹性后效。由于弹性后效的存在，弹性敏感元件的变形始终不能迅速地跟上力的变化，在动态测量时将引起测量误差。造成这一现象的原因是由于弹性敏感元件中的分子间存在内摩擦。

5. 固有振荡频率

弹性敏感元件都有自己的固有振荡频率 f_0，它将影响传感器的动态特性。传感器的工作频率应避开弹性敏感元件的固有振荡频率，往往希望 f_0 较高。

实际选用或设计弹性敏感元件时，若遇到上述特性矛盾的情况，应根据测量的对象和要求综合考虑。

3.1.2 弹性敏感元件的分类

弹性敏感元件在形式上可分为两大类，即力转换为应变或位移的变换力的弹性敏感元件和压力转换为应变或位移的变换压力的弹性敏感元件。

1. 变换力的弹性敏感元件

这类弹性敏感元件大都采用等截面圆柱式、圆环式、等截面薄板、悬臂梁及轴状等结构。图 3-2 所示为几种常见的变换力的弹性敏感元件结构。

1）等截面圆柱式。等截面圆柱式弹性敏感元件，根据截面形状可分为实心圆截面形状及空心圆截面形状等，如图 3-2a、图 3-2b 所示。它们结构简单，可承受较大的载荷，便于加工。实心圆柱形的可测量大于 10kN 的力，而空心圆柱形的只能测量 1~10kN 的力。

2）圆环式。圆环式弹性敏感元件比圆柱式输出的位移量大，因而具有较高的灵敏度，适用于测量较小的力。但它的工艺性较差，加工时不易得到较高的精度。由于圆环式弹性敏感元件各变形部位应力不均匀，采用应变片测力时，应将应变片贴在其应变最大的位置上。圆环式弹性敏感元件的形状如图 3-2c、图 3-2d 所示。

3）等截面薄板式。等截面薄板式弹性敏感元件如图 3-2e 所示。由于它的厚度比较小，故又称它为膜片。当膜片边缘固定，膜片的一面受力时，膜片产生弯曲变形，因而产生径向和切向应变。在应变处贴上应变片。就可以测出应变量，从而可测得作用力 F 的大小。也可以利用它变形产生的挠度组成电容式或电感式力或压力传感器。

4）悬臂梁式。如图 3-2f、图 3-2g 所示，它一端固定一端自由，结构简单，加工方便，应变和位移较大，适用于测量 1~5kN 的力。

图 3-2　几种常见的变换力的弹性敏感元件结构
a) 实心柱形　b) 空心圆柱形　c) 等截面圆环形　d) 变截面圆环形
e) 等截面薄板　f) 等截面悬臂梁　g) 等强度悬臂梁　h) 扭转轴

图 3-2f 为等截面悬臂梁，其上表面受拉伸，下表面受压缩。由于其表面各部位的应变不同，所以应变片要贴在合适的部位，否则将影响测量的精度。

图 3-2g 为变截面等强度悬臂梁，它的厚度相同，但横截面不相等，因而沿梁长度方向任一点的应变都相等，这给贴放应变片带来了方便，也提高了测量精度。

5) 扭转轴。扭转轴是一个专门用来测量扭矩的弹性元件，如图 3-2h 所示。扭矩是一种力矩，其大小用转轴与作用点的距离和力的乘积来表示。扭转轴弹性敏感元件主要用来制作扭矩传感器，它利用扭转轴弹性体把扭矩变换为角位移，再把角位移转换为电信号输出。

2. 变换压力的弹性敏感元件

这类弹性敏感元件常见的有弹簧管、波纹管、波纹膜片、膜盒和薄壁圆筒等，它可以把流体产生的压力变换成位移量输出。

1) 弹簧管。弹簧管又称为布尔登管，它是弯成各种形状的空心管，但使用最多的是 C 形薄壁空心管，管子的截面形状有许多种，如图 3-3 所示。

C 形弹簧管的一端封闭但不固定，成为自由端，另一端连接在管接头上且被固定。当流体压力通过管接头进入弹簧管后，在压力 F 的作用下，弹簧管的横截面力图变成圆形截面，截面的短轴力图伸长。这种截面形状的改变导致弹簧管趋向伸直，一直伸展到管弹力与压力的作用相平衡为止。这样弹簧管自由端便产生了位移。

弹簧管的灵敏度取决于管的几何尺寸和管子材料的弹性模量。与其他压力弹性元件相比，弹簧管的灵敏度要低一些，因此常用作测量较大压力。C 形弹簧管往往和其他弹性元件组成压力弹性敏感元件一起使用。

使用弹簧管时应注意以下两点：

① 静止压力测量时，不得高于最高标称压力的 2/3，变动压力测量时，要低于最高标称压力的 1/2。

② 对于腐蚀性流体等特殊测量对象，要了解弹簧管使用的材料能否满足使用要求。

2）波纹管。波纹管是有许多同心环状皱纹的薄壁圆管，波纹管的外形如图 3-4 所示。波纹管的轴向在流体压力作用下极易变形，有较高的灵敏度。在形变允许范围内，管内压力与波纹管的伸缩力成正比，利用这一特性，可以将压力转换成位移量。

图 3-3　弹簧管的结构　　　　　　　　　图 3-4　波纹管的外形

波纹管主要用作测量和控制压力的弹性敏感元件，由于其灵敏度高，在小压力和压差测量中使用较多。

3）波纹膜片和膜盒。平膜片在压力或力作用下位移量小，因而常把平膜片加工制成具有环状同心波纹的圆形薄膜，这就是波纹膜片。其波纹形状有正弦形、梯形和锯齿形，如图 3-5 所示。膜片的厚度在 0.05～0.3mm 之间，波纹的高度在 0.7～1mm 之间。

圆形波纹膜片中心部分留有一个平面，可焊上一块金属片，便于同其他部件连接。当膜片两面受到不同的压力作用时，膜片将弯向压力低的一面，其中心部分产生位移。

为了增加位移量，可以把两个波纹膜片焊接在一起组成膜盒，它的挠度位移量是单个的两倍。

波纹膜片和膜盒多用作动态压力测量的弹性敏感元件。

4）薄壁圆筒。薄壁圆筒弹性敏感元件的结构如图 3-6 所示。圆筒的壁厚一般小于圆筒直径的 1/20，当筒内腔受流体压力时，筒壁均匀受力，并均匀地向外扩张，所以在筒壁的轴线方向产生拉伸力和应变。

薄壁圆筒弹性敏感元件的灵敏度取决于圆筒的半径和壁厚，与圆筒长度无关。

图 3-5　波纹膜片波纹的形状　　　　　图 3-6　薄壁圆筒弹性敏感元件的结构

3.2　电阻应变片传感器

电阻应变片（简称为应变片）的作用是把导体的机械应变转换成电阻应变，以便进一步电测。电阻应变片的典型结构如图3-7所示。合金电阻丝以曲折形状（栅形），用黏结剂黏贴在绝缘基片上，两端通过引线引出，丝栅上面再黏贴一层绝缘保护膜。该合金电阻丝栅应变片长为 l，宽度为 b。把应变片黏贴于所需测量变形物体表面，敏感栅随被测体表面变形而使电阻值改变，测量电阻的变化量便可得知变形大小。由于应变片具有体积小、使用简便、测量灵敏度高，可进行动、静态测量，精度符合要求，因此广泛用于应力、力、压力、力矩、位移和加速度等的测量。随着材料和工艺技术的发展，超小型、高灵敏度、高精度的电阻应变片式传感器不断出现，测量范围不断扩大，已成为非电量电测技术中十分重要的手段。

3.2.1　电阻应变片的工作原理

电阻应变片式传感器是利用了金属和半导体材料的"应变效应"。金属和半导体材料的电阻值随它承受的机械变形大小而发生变化的现象就称为"应变效应"。

设电阻丝长度为 L，截面积为 S，电阻率为 ρ，则电阻值 R 为

$$R = \frac{\rho L}{S} \tag{3-3}$$

金属电阻丝应变效应如图3-8所示，当电阻丝受到拉力 F 时，其阻值发生变化。材料电阻值的变化，一是受力后材料几何尺寸变化；二是受力后材料的电阻率也发生了变化。大量实验表明，在电阻丝拉伸极限内，电阻的相对变化与应变成正比，而应变与应力也成正比，这就是利用应变片测量应力的基本原理。

图3-7　金属电阻应变片结构

1—引线　2—覆盖层　3—基片

4—电阻丝式敏感栅

图3-8　金属电阻丝应变效应

3.2.2　电阻应变片的分类

电阻应变片主要分为金属电阻应变片和半导体应变片两类，如图3-9所示。金属电阻应变片分为体型和薄膜型。属于体型的有电阻丝栅应变片、箔式应变片和应变花。

丝式应变片如图3-9a、图3-9b所示，它分为回绕式应变片（U形）和短接式应变片（H

形）两种。其优点是黏贴性能好，能保证有效地传递变形，性能稳定，且可制成满足高温、强磁场、核辐射等特殊条件使用的应变片。缺点是 U 形应变片的圆弧形弯曲段呈现横向效应，H 形应变片因焊点过多，可靠性下降。

箔式应变片如图 3-9c 所示。它是用照相制版、光刻、腐蚀等工艺制成的金属箔栅。优点是粘合情况好、散热能力较强、输出功率较大、灵敏度高等。在工艺上可按需要制成任意形状，易于大量生产，成本低廉，在电测中获得广泛应用。尤其在常温条件下，箔式应变片已逐渐取代了丝式应变片。薄膜型是在薄绝缘基片上蒸镀金属制成。

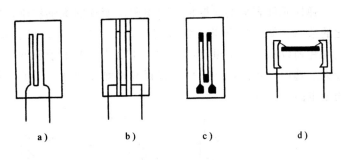

图 3-9　应变片的类型

a）丝式（U 形）　b）短接式（H 形）　c）箔式　d）半导体应变片

半导体应变片是用锗或硅等半导体材料作为敏感栅。图 3-9d 给出了 P 型单晶硅半导体应变片结构示意图。半导体应变片灵敏系数大、机械滞后小、频率响应快、阻值范围宽（可从几欧到几十千欧），易于做成小型和超小型；但热稳定性差，测量误差较大。

在平面力场中，为测量某一点上主应力的大小和方向，常需测量该点上两个或三个方向的应变。为此需要把两个或三个应变片逐个粘结成应变花，或直接通过光刻技术制成。应变花分互呈 45°的直角形应变花和互呈 60°的等角形应变花两种基本形式，如图 3-10 所示。

除上述各种应变片外，还有一些具有特殊功能和特种用途的应变片。如大应变量应变片、温度自补偿应变片和锰铜应变片等。

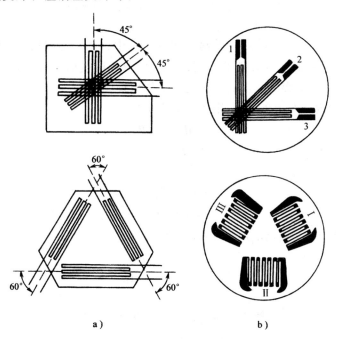

图 3-10　应变花的基本形式

a）丝式应变花　b）箔式应变花

3.2.3　电阻应变片的测量电路

弹性元件表面的应变传递给电阻应变片的敏感丝栅，使其电阻发生变化。测量出电阻变化的数值，便可知应变（被测量）大小。测量时，可直接测单个应变片阻值变化；也可将应变片通以恒流而测量其两端的电压变化。但由于温度等各种原因，使得单片测量结果误差较大。选用电桥测量，不仅可以提高检测灵敏度，还能获得较为理想的补偿效果。基本电桥测量电路如图 3-11 所示。

图 3-11　基本电桥测量电路
a）半桥式（单臂工作）　b）半桥式（双臂工作）
c）全桥式（双臂工作）　d）全桥式（四臂工作）

图 3-11a、图 3-11b 为半桥测量电路。图 3-11a 中，R_1 为测量片，R_2 为补偿片，R_3、R_4 为固定电阻。补偿片起温度补偿的作用，当环境温度改变时，补偿片与测量片阻值同比例改变，使桥路输出不受影响。下面分析电路工作原理。

无应变时，$R_1 = R_2 = R_3 = R_4 = R$，则桥路输出电压为

$$u_o = \frac{u_i R_1}{R_1 + R_2} - \frac{u_i R_4}{R_3 + R_4} = 0$$

有应变时，$R_1 = R_1 + \Delta R_1$

$$u_o = \frac{u_i (R_1 + \Delta R_1)}{R_1 + \Delta R_1 + R_2} - \frac{u_i R_4}{R_3 + R_4}$$

代入 $R_1 = R_2 = R_3 = R_4 = R$，由 $\Delta R_1 / (2R) \ll 1$ 可得

$$u_o = \frac{1}{4} k\,\varepsilon_1 u_i = \frac{\Delta R_1 u_i}{4R} \tag{3-4}$$

式中，$k\varepsilon_1 = \dfrac{\Delta R_1}{R}$；$\varepsilon_1$ 为测量电路上感受的应变；k 为敏感系数。

在图 3-11b 中，R_1、R_2 均为相同应变测量片，又互为补偿片。有应变时，一片受拉，另一片受压，此时阻值为 $R_1 + \Delta R_1$ 和 $R_2 - \Delta R_2$，按上述同样的方法，可以计算输出电压为

$$u_o = \frac{\Delta R_1 u_i}{2R} \qquad (3-5)$$

图 3-11c、图 3-11d 是全桥测量电路。在图 3-11c 中，R_1、R_3 为相同应变测量片，有应变时，两片同时受拉或同时受压。R_2、R_4 为补偿片。可以计算输出电压为

$$u_o = \frac{\Delta R_1 u_i}{2R} \qquad (3-6)$$

图 3-11d 是 4 个桥臂均为测量片的电路，且互为补偿，有应变时，必须使相邻两个桥臂上的应变片一个受拉，另一个受压。可以计算输出电压为

$$u_o = \frac{\Delta R_1 u_i}{R} \qquad (3-7)$$

3.3 压电传感器

压电传感器在力的测量中应用也十分广泛。某些晶体受一定方向外力作用而发生机械变形时，相应地在一定的晶体表面产生符号相反的电荷，外力去掉后，电荷消失。力的方向改变时，电荷的符号也随之改变，这种现象称为压电效应（正压电效应）。具有压电效应的晶体称为压电晶体，也称压电材料或压电元件。

压电材料还具有与此效应相反的效应，即当晶体带电或处于电场中时，晶体的体积将产生伸长或缩短的变化，这种现象称为电致伸缩效应或逆压电效应。因此，压电效应属于可逆效应。

用于传感器的压电材料或元件可分两类，其中一类是单晶压电晶体（如石英晶体）；另一类是极化的多晶压电陶瓷，如钛酸钡、锆钛酸钡等。

3.3.1 石英晶体的压电效应

石英晶体成正六边形棱柱体，如图 3-12 所示。棱柱为基本组织，如图 3-12a 所示。有三个互相垂直的晶轴，通过晶体两顶端的轴线称为光轴（z 轴），与光轴垂直并且与晶体横截面六边形各条边垂直的三条轴线称为机械轴（y 轴）。x 轴称为电轴。

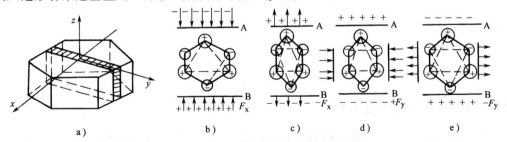

图 3-12　石英晶体结构及压电效应

a）石英晶体结构　b）x 轴施加压力　c）x 轴施加拉伸力
d）y 轴施加压力　e）y 轴施加拉伸力

在正常情况下，晶格上的正、负电荷中心重合，表面呈电中性。当在 x 轴向施加压力时，如图 3-12b 所示，各晶格上的带电粒子均产生相对位移，正电荷中心向 B 面移动，负电

荷中心向 A 面移动，因而 B 面呈现正电荷，A 面呈现负电荷。当在 x 轴向施加拉伸力时，如图 3-12c 所示，晶格上的粒子均沿 x 轴向外产生位移，但硅离子和氧离子向外位移大，正负电荷中心拉开，B 面呈现负电荷，A 面呈现正电荷。在 y 方向施加压力时，如图 3-12d 所示，晶格离子沿 y 轴被向内压缩，A 面呈现正电荷，B 面呈现负电荷。沿 y 轴施加拉伸力时，如图 3-12e 所示，晶格离子在 y 向被拉长，x 向缩短，B 面呈现正电荷，A 面呈现负电荷。

图 3-13　垂直于电轴 x 切割的石英晶体切片

通常把沿电轴 x 方向作用产生电荷的现象称为"纵向压电效应"，而把沿机械轴 y 方向作用产生电荷的现象称为"横向压电效应"。在光轴 z 方向加力时不产生压电效应。

从晶体上沿轴线切下的薄片称为"晶体切片"。图 3-13 所示是垂直于电轴 x 切割的石英晶体切片，长为 a、宽为 b、高为 c。在与 x 轴垂直的两面覆以金属。沿 x 方向施加作用力 F_x 时，在与电轴垂直的表面上产生电荷 Q_{xx} 为

$$Q_{xx} = d_{11}F_x \tag{3-8}$$

式中，d_{11} 为石英晶体的纵向压电系数（$2.3\times10^{-12}\text{C/N}$）。

在覆以金属极面间产生的电压为

$$u_{xx} = \frac{Q_{xx}}{C_x} = \frac{d_{11}F_x}{C_x} \tag{3-9}$$

式中，C_x 为晶体覆以金属极面间的电容。

如果在同一切片上，沿机械轴 y 方向施加作用力 F_y 时，则在与 x 轴垂直的平面上产生电荷为

$$Q_{xy} = \frac{ad_{12}F_y}{b} \tag{3-10}$$

式（3-10）中，d_{12} 为石英晶体的横向压电系数。

根据石英晶体的轴对称条件可得 $d_{12} = -d_{11}$，所以

$$Q_{xy} = \frac{-ad_{11}F_y}{b} \tag{3-11}$$

产生电压为

$$u_{xy} = \frac{Q_{xy}}{C_x} = \frac{-ad_{11}F_y}{bC_x} \tag{3-12}$$

3.3.2　压电陶瓷的压电效应

压电陶瓷具有铁磁材料磁畴结构类似的电畴结构。当压电陶瓷极化处理后，陶瓷材料内部存有很强的剩余场极化。当陶瓷材料受到外力作用时，电畴的界限发生移动，引起极化强度变化，产生了压电效应。经极化处理的压电陶瓷具有非常高的压电系数，约为石英的几百倍，但机械强度比石英差。

当压电陶瓷在极化面上受到沿极化方向（z 向）的作用力 F_z 时（即作用力垂直于极化面），如图 3-14a 所示，则在两个镀银（或金）的极化面上分别出现正负电荷，电荷量 Q_{zz}

与力 F_z 成比例，即

$$Q_{zz} = d_{zz}F_z \tag{3-13}$$

式中，d_{zz} 为压电陶瓷的纵向压电系数。输出电压为

$$u_{zz} = \frac{d_{zz}F_z}{C_z} \tag{3-14}$$

式中，C_z 为压电陶瓷片电容。

当沿 x 轴方向施加作用力 F_x 时，如图 3-14b 所示，在镀银极化面上产生电荷 Q_{zx} 为

$$Q_{zx} = \frac{S_z d_{z1} F_x}{S_x} \tag{3-15}$$

同理

$$Q_{zy} = \frac{S_z d_{z2} F_y}{S_y} \tag{3-16}$$

上两式中的 d_{z1}、d_{z2} 是压电陶瓷在横向力作用时的压电系数，且均为负值。由于极化压电陶瓷平面各向同性，所以 $d_{z2} = d_{z1}$。式 (3-15) 和式 (3-16) 中 S_z、S_x、S_y 是分别垂直于 z 轴、x 轴、y 轴的晶片面积。

另外，用电量除以晶片的电容 C_z 可得输出电压。

图 3-14 压电陶瓷的压电效应

a) z 向施力 b) x 向施力

3.3.3 压电式传感器的测量电路

1. 压电元件的串联与并联

如图 3-15a 所示，两片压电片负极都集中于中间电极上，正极在上下两面电极上。这种接法称为并联，其输出电容 C_a' 为单片电容的两倍（若为 n 片并联，则 $C_a' = nC_a$），但输出电压 $U_a' = U_a$，极板上电荷量 q' 为单片电荷量的两倍（若为 n 片并联，则 $q' = nq$）。

图 3-15b 中的接法是上极板为正电荷，下极板为负电荷，而中间极板上，上片产生的负电荷与下片产生的正电荷抵消。这种接法称为串联。由图 3-15 可知，$q' = q$，$U_a' = 2U_a$，$C' = \frac{C_a}{2}$。

图 3-15 压电元件的串联与并联

在这两种接法中，并联接法输出电荷量大，本身电容也大，因此时间常数大（$\tau = C_a' R$），

宜用于测量缓变信号，并且适用于以电荷作为输出量的场合。

串联接法输出电压高，自身电容小，适用于以电压作为输出量，以及测量电路输入阻抗很高的场合。

2. 压电传感器等效电路

由于压电传感器可看作电荷发生器。又由于压电晶体上聚集正负电荷的两表面相当于电容器的两个极板，其电容量为

$$C_a = \frac{\varepsilon S}{d} \qquad (3-17)$$

如果在同一切片上，沿机械轴 y 方向施加作用力 F_y 时，则在与 x 轴垂直的平面上产生电荷为

$$Q_{xy} = \frac{a d_{12} F_y}{b} \qquad (3-18)$$

式中，d_{12} 为石英晶体的横向压电系数。

所以压电传感器可等效为如图 3-16a 所示的电压源，其中 $U_a = \frac{q}{C_a}$。压电传感器也可等效为一个电荷源，如图 3-16b 所示。

压电传感器与测量电路连接时，还应考虑连接线路的分布电容 C_c，放大电路的输入电阻 R_i，输入电容 C_i 及压电传感器的内阻 R_a。考虑了上述因素后，其实际等效电路如图 3-17 所示。

图 3-16　压电传感器电压源与电荷源等效电路

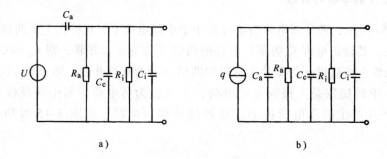

图 3-17　压电传感器实际等效电路

3. 压电传感器测量电路

压电传感器本身的内阻抗很高，而输出能量较小，因此它的测量电路通常需要接入一个高输入阻抗的前置放大器，其作用为：一是把它的高输出阻抗变换为低输出阻抗；二是放大传感器输出的微弱信号。压电传感器的输出可以是电压信号，也可以是电荷信号，因此前置放大器也有两种形式：电压放大器和电荷放大器。

1）电压放大器（阻抗变换器）。图 3-18a、图 3-18b 是电压放大器电路原理图及其等效电路。

图 3-18 电压放大器电路原理及其等效电路图

a）放大器电路 b）输入端简化等效电路

在图 3-18b 中，电阻 $R = R_aR_i/(R_a+R_i)$，电容 $C = C_c+C_i$，而 $U = u_a = q/C_a$，若压电元件受正弦力 $f = F_m\sin\omega t$ 的作用，则其电压为

$$u_a = \left(\frac{dF_m}{C_a}\right)\sin\omega t = U_m\sin\omega t \tag{3-19}$$

式（3-19）中，U_m 为压电元件输出电压幅值，$U_m = dF_m/C_a$；d 为压电常数。

由此可得放大器输入端电压 U_i，其复数形式为

$$\dot{U}_{im} = \frac{\mathrm{j}\omega RdF_m}{1+\mathrm{j}\omega R(C_i+C_a+C_c)} \tag{3-20}$$

幅值 U_{im} 为

$$U_{im} = \frac{dF_m\omega R}{\sqrt{1+\omega^2R^2(C_a+C_c+C_i)^2}} \tag{3-21}$$

输入电压和作用力之间相位差为

$$\phi = \frac{\pi}{2} - \arctan[\omega R(C_a+C_c+C_i)] \tag{3-22}$$

在理想情况下，R_a 电阻值与前置放大器输入电阻 R_i 都为无限大，即 $\omega R(C_a+C_c+C_i) \gg 1$，那么由式（3-21）可知，理想情况下输入电压幅值 U_{im} 为

$$U_{im} = \frac{dF_m}{C_a+C_c+C_i} \tag{3-23}$$

式（3-23）表明前置放大器输入电压 U_{im} 与频率无关。一般认为 $\omega/\omega_0 > 3$ 时，就可以认为 U_{im} 与 ω 无关，式中 ω_0 表示测量电路时间常数之倒数，即 $\omega_0 = 1/[R(C_a+C_c+C_i)]$。这表明压电传感器有很好的高频响应特性，但是，当作用于压电元件力为静态力（$\omega = 0$）时，由式（3-20）可知前置放大器的输入电压等于零，可见压电传感器不能用于静态力测量。

当 $\omega R(C_a+C_c+C_i) \gg 1$ 时，放大器输入电压 U_{im} 如式（3-23）所示。式中 C_c 为连接电缆电容，当电缆长度改变时，C_c 也将改变，同时，U_{im} 也随之变化。因此，压电传感器与前置放大器之间连接电缆不能随意更换，否则将引入测量误差。

2）电荷放大器。电荷放大器是一种输出电压与输入电荷量成正比的放大器。考虑到 R_a、R_i 阻值极大，电荷放大器等效电路如图 3-19 所示。图中集成运放增益为 A，C_f 为反馈电容，C_f 折合到输入端的电容值为 $(1+A)C_f$，与 C_a、C_c、C_i 并联，则放大器输入电压为

$$U_i = \frac{q}{C_a+C_c+C_i+(1+A)C_f} \tag{3-24}$$

放大器输出电压为

$$U_o = -AU_i = \frac{-Aq}{C_a + C_c + C_i + (1+A)C_f}$$ （3-25）

由于 $(1+A)C_f \gg C_a + C_c + C_i$ 和 A 通常为 $10^4 \sim 10^6$，所以

$$U_o \approx \frac{-Aq}{(1+A)C_f} \approx \frac{-q}{C_f}$$ （3-26）

由式（3-26）可见，电荷放大器的输出电压 U_o 与电缆电容 C_c 无关，且与 q 成正比，这是电荷放大器的最大特点。

3.3.4 压电式传感器的结构

压电测力传感器的结构通常为荷重垫圈式。图 3-20 所示为 YDS-781 型压电式单向力传感器结构，它由底座、传力上盖、片式电极、石英晶片、绝缘件及电极引出插座等组成。当外力作用时，上盖将力传递到石英晶片，石英晶片实现力—电转换，电信号由电极传送到插座后输出。

图 3-19 电荷放大器等效电路

图 3-20 YDS-781 型压电式单向力传感器结构

1—传力上盖 2—压电片 3—片式电极

4—电极引出插头 5—绝缘材料 6—底座

3.3.5 单片集成硅压力传感器

单片集成硅压力传感器采用单晶硅晶体制成，英文缩写为 ISP（Integrated Silicon Pressure）。其内部除传感器单元外，还有信号放大、温度补偿和压力修正电路。

美国 Motorola 公司生产的单片集成硅压力传感器，主要有 MPX2100、MPX4100A、MPX5100 和 MPX5700 等型号。该传感器特别适合测量管道中流体的绝对压力。

各个型号单片集成硅压力传感器内部结构相同，区别在于测量压力的范围及芯片封装形式不同。例如，MPX4100A 测量压力范围为 15～115kPa，温度补偿范围为 -40～125℃，电源电压为 4.85～5.35V，电源电流为 7.0mA。

MPX4100A 有多种封装形式，如图 3-21 所示。6 个引脚从左到右依次为输出端（U_o）、公共地（GND）、电源（U_S），其余为空脚。

MPX4100A 内部电路由 3 个部分组成：1）单晶硅压电传感器单元。2）薄膜温度补偿器和第一级放大器。3）第二级放大器和模拟电压输出电路，如图 3-22 所示。

a)   b)   c)

图 3-21   MPX4100A 型集成硅压力传感器封装形式

a）CASE867 封装（MPX4100A）   b）CASE867 B 封装（MPX4100AP）

c）CASE867E 封装（MPX4100AS）

单晶硅压电传感器单元结构如图 3-23 所示，热塑壳体中有基座、管芯、密封真空室（用来提供参考压力）、氟硅脂凝胶体膜，以及不锈钢帽和引线。在管道内，当它受到垂直方向上的压力 p 时，该压力进入热塑壳体，作用于单晶硅压电传感器管芯，与密封真空室的参考压力相比较，使输出电压大小与压力 p 成正比，为

图 3-22   MPX4100A 型集成硅
压力传感器电路组成

图 3-23   MPX4100A 型集成硅
压电传感器结构

$$U_O = U_S(0.01059p - 0.01518 \pm \alpha p_\gamma)$$

式中，p 为被测压力；U_S 为电源电压，α 为温度误差系数，p_γ 为压力误差。

在 0~85℃ 范围内，α 恒等于 1，在 -45℃ 或 +125℃ 时，$\alpha = 3$。在 20~105kPa 的测量范围内，p_γ 为 ±1.5kPa。

输出电压经 A-D 转换成数字量后，可由微处理器计算出被测压力值。

3.4   电容式传感器

一个平行板电容器，如果不考虑其边缘效应，则电器的容量为

$$C = \frac{\varepsilon S}{d} \tag{3-27}$$

式中，ε 为电容器极板间介质的介电常数，$\varepsilon = \varepsilon_0 \varepsilon_r$；$S$ 为两平行板所覆盖的面积；d 为两平行板之间的距离。

由式（3-27）可知，当 S、d 或 ε 改变，则电容量 C 也随之改变。若保持其中两个参数不变，通过被测量的变化改变其中一个参数，就可把被测量的变化转换为电容量的变化。这就是电容传感器的基本工作原理。

电容式传感器结构简单，分辨率高，工作可靠，非接触测量，并能在高温、辐射、强烈振动等恶劣条件下工作，易于获得被测量与电容量变化的线性关系，可用于力、压力、压差、振动、位移、加速度、液位、料位及成分含量等测量。

3.4.1 变极距式电容传感器

平行板电容器图如图 3-24 所示，当平行板电容器的 ε 和 S 不变，只改变电容器两极板之间距离 d 时，电容器的容量 C 则发生变化。利用电容器的这一特性制作的传感器，称为变极距式电容传感器。该类型传感器常用于压力的测量。

设 ε_r 和 S 不变，初始状极距为 d_0 时，电容器容量 C_0 为

$$C_0 = \frac{\varepsilon S}{d_0}$$

变极距式电容传感元件原理图如图 3-25 所示。电容器受外力作用，极距减小 Δd，则电容器容量改变为

$$C_1 = C_0 + \Delta C = \frac{\varepsilon S}{d_0 - \Delta d} = \frac{C_0}{1 - \frac{\Delta d}{d_0}} = \frac{C_0\left(1 + \frac{\Delta d}{d_0}\right)}{1 - \frac{\Delta d^2}{d_0^2}} \tag{3-28}$$

图 3-24 平行板电容器图

图 3-25 变极距式电容传感元件原理图

若 $\frac{\Delta d}{d_0} \ll 1$，则 $1 - \left(\frac{\Delta d}{d_0}\right)^2 \approx 1$，式（3-28）可简化为

$$C_1 = C_0 + \Delta C = C_0 + \frac{C_0 \Delta d}{d_0} \tag{3-29}$$

电容值相对变化量为

$$\frac{\Delta C}{C_0} = \frac{\Delta d}{d_0}$$

此时 C_1 与 Δd 的关系呈线性关系。

同理，电容器受外力作用，极距增加 Δd，则电容器容量近似为

$$C_2 = C_0 - \Delta C = C_0 - \frac{C_0 \Delta d}{d_0}$$

电容值相对变化量为

$$\frac{\Delta C}{C_0} = \frac{\Delta d}{d_0}$$

此时 C_2 与 Δd 的关系也是呈线性关系。

为了提高传感器灵敏度，减小非线性误差，实际应用中大都采用差动式结构。差动式电容传感元件如图 3-26 所示（1 为动片、2 为定片），中间电极不受外力作用时，由于

$d_1 = d_2 = d_0$，所以 $C_1 = C_2$，则两电容差值 $C_1 - C_2 = 0$。中间电极若受力向上位移 Δd，则 C_1 容量增加，C_2 容量减小，两电容差值为

$$\Delta C = C_1 - C_2 = C_0 + \frac{C_0 \Delta d}{d_0} - C_0 + \frac{C_0 \Delta d}{d_0} = \frac{2C_0 \Delta d}{d_0}$$

$$\frac{\Delta C}{C_0} = \frac{2\Delta d}{d_0}$$

可见，电容传感器做成差动型之后，灵敏度提高一倍。

以上分析均忽略了极板的边缘效应，即极板边沿电场的不均匀性。为消除其影响，可采用图 3-27 所示保护环。保护环与极板具有同一电位，这就把电极板间的边缘效应移到了保护环与极板 2 的边缘，极板 1 与极板 2 之间的场强分布变得均匀了。

图 3-26　差动式电容传感元件

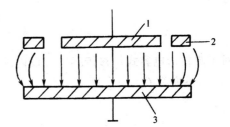

图 3-27　加保护环消除极板边沿电场的不均匀性
1—极板 1　2—保护环　3—极板 2

3.4.2　变面积式电容传感器

变面积式电容传感器结构原理如图 3-28 所示。对于图 3-28a 所示平板形，极板位移 x 后，电容量由 $C_0\left(\text{容量为 } \dfrac{\varepsilon ab}{d}\right)$ 变为 C_x

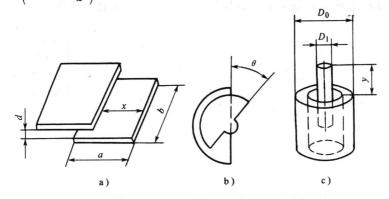

图 3-28　变面积式电容传感器结构原理图
a）平板形电容　b）旋转形电容　c）圆柱形电容

$$C_x = \frac{\varepsilon(a-x)b}{d} = \left(1 - \frac{x}{a}\right)C_0$$

电容量变化为

$$\Delta C = C_x - C_0 = -\frac{xC_0}{a} \tag{3-30}$$

灵敏度为

$$k_x = \frac{\Delta C}{x} = -\frac{\varepsilon b}{d}$$

(3-31)

对于角位移传感器,设两片极板全重合($\theta = 0$)时的电容量为C_0,动片转动角度θ后,电容量变为C_θ

$$C_\theta = C_0 - \frac{\theta C_0}{\pi}$$

电容量变化

$$\Delta C_\theta = -\frac{\theta C_0}{\pi}$$

(3-32)

灵敏度为

$$k_\theta = \frac{\Delta C_\theta}{\theta} = -\frac{C_0}{\pi}$$

(3-33)

对于圆柱形电容式位移传感器,设内外电极长度为L,起始电容量为C_0,动极向上位移y后,电容量变为C_y

$$C_y \approx C_0 - \frac{y}{L}C_0$$

电容量变化

$$\Delta C_y = -\frac{y}{L}C_0$$

(3-34)

灵敏度为

$$k_y = \frac{\Delta C_y}{y} = -\frac{C_0}{L}$$

(3-35)

由以上分析可知,变面积式电容传感器的电容变化是线性的,灵敏度k为一常数。

图 3-29 所示是变面积式差动电容结构原理图,传感器输出和灵敏度均提高一倍。

图 3-29 变面积式差动电容结构原理图

a)平板形差动电容 b)旋转形差动电容 c)圆柱形差动电容

3.4.3 变介电常数式电容传感器

变介质介电常数位移式电容传感器结构原理如图 3-30 所示。介质 ε_1 没进入电容器时($x = 0$),电容量为

$$C_0 = \frac{\varepsilon_0 ab}{d_0 + d_1}$$

(3-36)

式中，a 为极板长度，b 为极板宽度。

介质 ε_1 进入电容 x 后，电容量为

$$C_x = C_A + C_B \tag{3-37}$$

式中

$$C_A = \frac{bx}{\dfrac{d_1}{\varepsilon_1} + \dfrac{d_0}{\varepsilon_0}} \tag{3-38}$$

$$C_B = \frac{\varepsilon_0 (a-x) b}{d_1 + d_0} \tag{3-39}$$

由式（3-37）、式（3-38）和式（3-39），并利用式（3-36）整理可得

$$C_x = C_0 + \frac{\left(1 - \dfrac{\varepsilon_0}{\varepsilon_1}\right) C_0 x}{\dfrac{\varepsilon_0}{\varepsilon_1} + \dfrac{d_0}{d_1}} \tag{3-40}$$

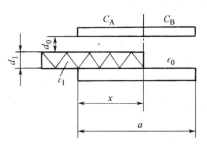

图 3-30 变介质介电常数位移式电容
传感器结构原理图

即电容变化与位移 x 为线性关系。选择介电常数 ε_1 较大的介质，适当增大充入介质的厚度 d_1，可使灵敏度提高。

3.5 电感式传感器

电感传感器的基本原理是电磁感应原理。利用电磁感应将被测非电量（如压力、位移等）转换成电感量的变化输出。常用的有自感式和互感式两类。电感式压力传感器大都采用变隙式电感作为检测元件，它和弹性敏感元件组合在一起构成电感式压力传感器。其结构简单，工作可靠，测量力小，分辨力高，在压力或位移造成的变隙在一定范围（最小几十微米，最大可达数百毫米）内时，输出线性可达 0.1%，且比较稳定。

3.5.1 自感式传感器

压力测量经常使用自感式传感器。图 3-31 所示为闭磁路式自感传感器原理结构图，主要由铁心、衔铁和线圈三部分组成。

其中，δ_0 为铁心与衔铁的初始气隙长度；N 为线圈匝数；S 为铁心横截面积。

设磁路总磁阻为 R_m，则线圈电感为

$$L = \frac{N^2}{R_m} \tag{3-41}$$

磁路总磁阻是由两部分组成，即导磁体磁阻 R_{m1} 和气隙磁阻 R_{m0}，由此上式可写成

$$L = \frac{N^2}{R_{m1} + R_{m0}} \tag{3-42}$$

图 3-31 闭磁路式自感传感器原理结构图
1—线圈 2—铁心（定铁心） 3—衔铁（动铁心）

由于 $R_{m1} \ll R_{m0}$，所以上式又可写成

$$L \approx \frac{N^2}{R_{m0}} \qquad (3\text{-}43)$$

而气隙磁阻 R_{m0} 为

$$R_{m0} = \frac{2\delta_0}{\mu_0 S_0} \qquad (3\text{-}44)$$

式（3-44）中，S_0 为气隙有效导磁截面积。

则电感量 L 为

$$L = \frac{N^2 \mu_0 S_0}{2\delta_0} \qquad (3\text{-}45)$$

当衔铁受外力作用使气隙厚度减小 $\Delta\delta$，则线圈电感也发生变化，为

$$L_x = \frac{N^2 \mu_0 S_0}{2(\delta_0 - \Delta\delta)} \qquad (3\text{-}46)$$

电感的相对变化量

$$\frac{\Delta L}{L} = \frac{L_x - L}{L} = \frac{L_x}{L} - 1 \qquad (3\text{-}47)$$

把式（3-45）和式（3-46）代入上式，有

$$\frac{\Delta L}{L} = \frac{\Delta\delta}{\delta_0 - \Delta\delta} \qquad (3\text{-}48)$$

当 $\Delta\delta \ll \delta_0$ 时，上式可近似为

$$\frac{\Delta L}{L} = \frac{\Delta\delta}{\delta_0}$$

其灵敏度为

$$K_0 = \frac{\dfrac{\Delta L}{L}}{\Delta\delta} \approx \frac{1}{\delta_0} \qquad (3\text{-}49)$$

由式（3-48）和式（3-49）可以看出，气隙变化量 $\Delta\delta$ 越小，非线性失真越小；气隙 δ_0 越小，灵敏度越高。因此，该类传感器只适于微小位移，即 $\Delta\delta_{max} < 1/5\delta_0$。实际应用中常用差动变隙式自感传感器。如图 3-32 所示，差动变隙式电感传感器由两个相同的电感线圈Ⅰ、Ⅱ和磁路组成。测量时，衔铁通过导杆与被测体相连。当被测体上下移动时，导杆带动衔铁也以相同的位移上下移动，使两个磁回路中磁阻发生大小相等、方向相反的变化，导致一个线圈的电感量增加，另一个线圈的电感量减小，形成差动工作形式。

图 3-32　差动变隙式自感传感器
1—线圈　2—铁心　3—衔铁　4—导杆

3.5.2 互感式传感器

互感传感器本身就是变压器，有一次绕组和二次绕组。一次侧接入激励电源后，二次侧将因互感而产生电压输出。当绕组间互感随被测量变化时，输出电压将产生相应的变化。这种传感器二次绕组一般有两个，接线方式又是差动的，故又称为差动变压器。

差动变压器结构形式较多，有变隙式、变面积式和螺线管式等，但其工作原理基本一样。非电量测量中，应用最多的是螺线管式差动变压器，它可以测量 1~100mm 范围内的机械位移，并且具有测量精度高，灵敏度高，结构简单，性能可靠等优点。

1. 工作原理

螺线管式差动变压器结构如图 3-33 所示，它由一次绕组、两个二次绕组和插入绕组中央的圆柱形铁心等组成。

螺线管式差动变压器按绕组排列方式的不同，可分为一节式、二节式、三节式、四节式和五节式等类型，如图 3-34 所示。一节式灵敏度高，三节式零点残余电压较小，通常采用的是二节式和三节式两类。

差动变压器即传感器中两个二次绕组反向串联，并且在忽略铁损、导磁体磁阻和绕组分布电容的理想条件下，其等效电路如图 3-35 所示。当一次绕组 N_1 加以激励电压 U_1 时，根据变压器的工作原理，在两个二次绕组 N_{2a} 和 N_{2b} 中便会产生感应电动势 E_{2a} 和 E_{2b}。如果工艺上保证变压器结构完全对称，则当活动衔铁处于初始平衡位置时，必然会使两互感系数 $M_1 = M_2$。根据电磁感应原理，将有 $E_{2a} = E_{2b}$。由于变压器两个二次绕组反向串联，因而 $U_2 = E_{2a} - E_{2b} = 0$，即差动变压器输出电压为零。实际上衔铁处于初始平衡位置时输出电压并不等于零，而是一个很小的电压值，称为零点残余电压。如上所述，三节式零点残余电压较小，在具体测量电路中可予以消除。

图 3-33 螺线管式差动变压器结构
1—活动衔铁 2—导磁外壳
3—骨架 4—匝数为 N_1 的一次绕组
5—匝数为 N_{2a} 的二次绕组
6—匝数为 N_{2b} 的二次绕组

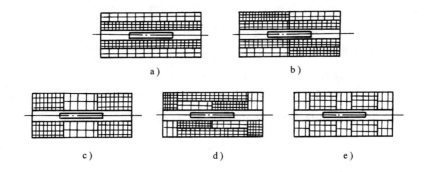

a)   b)

c)   d)   e)

图 3-34 线圈排列方式
a) 一节式 b) 二节式 c) 三节式 d) 四节式 e) 五节式

当活动衔铁向上移动时，由于磁阻的影响，N_{2a} 中磁通将大于 N_{2b}，使 $M_1 > M_2$，因而 E_{2a}

增加，而 E_{2b} 减小。反之，E_{2b} 增加，E_{2a} 减小。因为 $U_2 = E_{2a} - E_{2b}$，所以当 E_{2a}、E_{2b} 随着衔铁位移 x 变化时，U_2 也必将随 x 变化。

图 3-35　差动变压器等效电路

2. 差动变压器输出电压

差动变压器等效电路如图 3-35 所示。当二次侧开路时

$$I_1 = \frac{U_1}{r_1 + j\omega L_1} \tag{3-50}$$

式（3-50）中，ω 为激励电压的角频率；U_1 为一次绕组激励电压；I_1 为一次绕组激励电流；r_1、L_1 为一次绕组损耗电阻和电感。

二次侧连通后，分 3 种情况进行分析。

（1）活动衔铁处于中间位置时

$$M_1 = M_2 = M$$

故 $U_2 = 0$

（2）活动衔铁向上移动时

$$M_1 = M + \Delta M \qquad M_2 = M - \Delta M$$

故 $U_2 = 2\omega\Delta M U_1 / [r_1^2 + (\omega L_1)^2]^{1/2}$，与 E_{2a} 同极性。

（3）活动衔铁向下移动时

$$M_1 = M - \Delta M \qquad M_2 = M + \Delta M$$

故 $U_2 = -2\omega\Delta M U_1 / [r_1^2 + (\omega L_1)^2]^{1/2}$，与 E_{2b} 同极性。

3.5.3　差动变压器式传感器测量电路

差动变压器输出的是交流电压，若用交流电压表测量，只能反映衔铁位移的大小，而不能反映移动方向。另外，其测量值中将包含零点残余电压。为了达到能辨别移动方向及消除零点残余电压的目的，实际测量时，常采用差动整流电路和相敏检波电路。

差动整流电路是把差动变压器的两个二次电压分别整流，然后将整流的电压或电流的差值作为输出，图 3-36 给出了几种典型电路形式。图 3-36a、图 3-36c 适用于高负载阻抗，图 3-36b、图 3-36d 适用于低负载阻抗，电阻 R_0 用于调整零点残余电压。

下面结合图 3-36c，分析差动整流工作原理。

从图 3-36c 电路结构可知，不论两个二次绕组的输出瞬时电压极性如何，流经电容 C_1 的电流方向从 2 到 4，流经电容 C_2 的电流方向从 6 到 8，故整流电路的输出电压为

$$U_2 = U_{24} - U_{68} \tag{3-51}$$

当衔铁在零位时，因为 $U_{24} = U_{68}$，所以 $U_2 = 0$；当衔铁在零位以上时，因为 $U_{24} > U_{68}$，则 $U_2 > 0$；而当衔铁在零位以下时，则有 $U_{24} < U_{68}$，则 $U_2 < 0$。

差动整流电路结构简单，不需要考虑相位调整和零点残余电压的影响，分布电容影响小，便于远距离传输等，因而获得广泛应用。

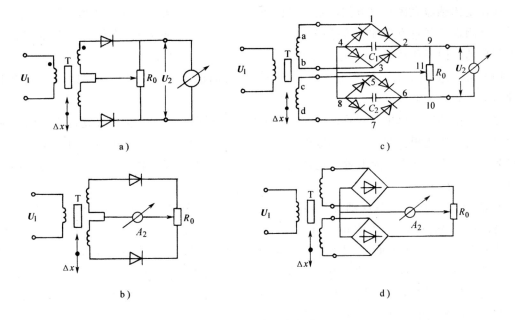

图 3-36 差动整流电路

a）半波电压输出　b）半波电流输出　c）全波电压输出　d）全波电流输出

3.6　加速度传感器

加速度传感器有多种型式，用电容传感器组成的加速度传感器物理结构组成如图 3-37 所示。

图 3-37　加速度传感器物理结构组成

a）结构组成　b）等效电路

由图 3-37a 可见，加速度传感器内部有两个测力单元（也称为重力传感器），为两个差动式结构的变极距电容传感器。其上下两块极板 a、b 为固定极板，与加速度传感器壳体固定成一体。中间极板 c 是活动的，与活动框连成一体，经弹簧锚定在壳体上。

若加速度传感器壳体水平方向固定在被测设备上，可以测被测设备的水平方向加速度；若竖直方向固定在被测设备上，可以测被测设备的竖直方向加速度（重力加速度以外增加或减少的加速度），或静止时的地球引力（重力）。

加速度传感器壳体竖直方向固定在被测设备上时，一个测力单元的等效电路如图 3-37b 所示。被测设备竖直方向加速度或静止时受到的地球引力（重力），会使活动框连带中间极板上下移动。向下移动时，C_2 电容量增大，C_1 减小；向上移动时，C_1 电容量增大，C_2 减小。用电桥电路测出 C_1、C_2 变化量，可计算竖直方向加速度（重力加速度以外）或静止时地球引力（重力）。

加速度传感器有单轴和双轴两种，单轴加速度传感器的两个测力单元是同方向的，两个测力单元电容变化相叠加，可增加输出信号强度。双轴加速度传感器的两个测力单元分别为 X 和 Y 方向，两个测力单元电容变化量相减，可以测出加速度或静止时地球引力的大小，还可以测出加速度方向。

例如 ADXL320 超小型双轴加速度传感器，为美国 ANALOG DEVICES 公司生产，长、宽、高尺寸为 4mm×4mm×1.45mm，最大测量加速度为 ±5g。

MMA1220D 为 Motorola 公司生产的单轴加速度传感器，由一个测力单元（重力传感器）和放大器、滤波器组成，灵敏度为 250mV/g，响应时间为 2ms，最大测量加速度为 11g。

加速度传感器可应用于环境监视、工程测振、地质勘探等仪器仪表中，也可以用于物体移动和倾倒的报警和保护。

新型手机配置有移动事件识别功能，用户点中屏幕菜单后，再摇晃或移动手机，就可以产生对事件的识别。新型手机还配置横竖屏幕显示转换功能。都是利用手机上的加速度计和陀螺仪采集手机摇晃、移动或手握方向变化信息，通知应用程序响应和处理。

3.7 力传感器应用实例

3.7.1 煤气灶电子点火器

煤气灶电子点火装置如图 3-38 所示，是让高压跳火来点燃气体。当使用者将开关往里压时，把气阀打开，同时旋转开关，则使弹簧往左压，此时，弹簧有一个很大的力撞击压电晶体，产生高压放电，导致燃烧盘点火。

3.7.2 压电式玻璃破碎报警器

BS-D2 压电式传感器是专门用于检测玻璃破碎的一种传感器，它利用压电元件对振动敏感的特性来感知玻璃撞击和破碎时产生的振动波。传感器把振动波转换成电压输出，输出电压经放大、滤波、比较等处理后提供给报警系统。

BS-D2 压电式玻璃破碎传感器的外形及内部电路如图 3-39 所示。传感器的最小输出电压为 100mV，内阻抗为 15~20kΩ。

压电式玻璃破碎报警器的电路框图如图 3-40 所示。使用时传感器用胶粘贴在玻璃上，然后通过电缆和报警电路相连。为了提高报警器的灵敏度，信号经放大后，需经带通滤波器进行滤波，要求它对选定的频谱通带内衰减要小，而带外衰减要尽量大。由于玻璃振动的波长在音频和超声波的范围内，为不受杂音干扰，就使带通滤波器成为电路中的关键器件。当传感器输出信号高于设定的阈值时，比较器才输出报警信号，驱动报警执行机构工作。

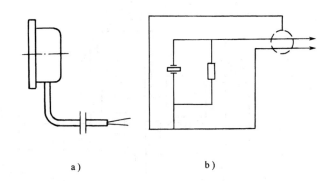

图 3-38 煤气灶电子点火装置
1—手动开关　2—燃烧盘　3—气阀
4—气源　5—压电晶体　6—高压线

图 3-39　BS-D2 压电式玻璃破碎传感器的外形及内部电路
a）外形　b）内部电路

图 3-40　压电式玻璃破碎报警器电路框图
1—传感器　2—玻璃

玻璃破碎报警器可广泛用于文物保管、贵重商品保管及其他商品柜台等场合。

3.7.3　2S5M 压力传感器电路

图 3-41 是采用 2S5M 传感器的压力测量电路。运算放大器 A_1 构成恒流电路，流入传感器电流为 40mA。这时，输出电压 V_s 为 12~39mV，因此，测量电路中运算放大器增益需要 77~250 倍。

2S5M 传感器的失调电压为 -7.8mV。可在 2S5M 的 1 与 6 脚间接 50Ω 电位器消除失调电压。如果失调电压偏到负侧（-10mV），在 6 脚再串接 10Ω 电阻即可。

3.7.4　指套式电子血压计

指套式电子血压计是利用放在指套上的压力传感器，把手指的血压变为电信号，由电子检测电路处理后直接显示出血压值的一种微型测量血压装置。图 3-42 是指套式电子血压计的外形图，它由指套、电子电路及压力源三部分组成。指套的外圈为硬性指环，中间为柔性气囊。它直接和压力源相连，旋动调节阀门时，柔性气囊便会被充入气体，使产生的压力作用到手指的动脉上。

指套式电子血压计的电路框图如图 3-43 所示。当手指套进指套进行血压测量时，将开关 S 闭合，压电传感器将感受到的血压脉动转换为脉冲电信号，经放大器放大变为等时间间

图 3-41　采用 2S5M 传感器的压力测量电路（恒流工作）

图 3-42　指套式电子血压计外形图

隔的采样电压，A-D 转换器将它们变为二进制代码后输入到幅度比较器和移位寄存器。移位寄存器由开关 S 激励的门控电路控制，随着门控脉冲的到来，移位寄存器存储采样电压值。接着，移位寄存器寄存的采样电压值又送回幅值比较器与紧接其后输入的采样电压值进行比较。它只将幅值大的采样电压值存储下来，也就是把测得的血压最大值（收缩压）存储下来，并通过 BCD 七段译码/驱动器在显示器上显示。

　　测量舒张压的过程与收缩压相似，只不过由另一路幅值比较器等电路来完成，将幅值小的一个采样电压值存储在移位寄存器中，这就是舒张压的采样电压值，最后由显示器显示出来。

3.7.5 CL-YZ-320 型力敏传感器

CL-YZ-320 型力敏传感器是以金属棒为弹性梁的测力传感器。在弹性梁的圆柱面上沿轴向均匀粘贴 4 只半导体应变计,两个对臂分别组成半桥,两个半桥分别用于每个轴向的分力测量。当外力作用于弹性梁的承载部位时,弹性梁将产生一个应变值,通过半导体应变计将此应变值转换成相应的电阻变化量,传感器随之输出相应的电信号。

该传感器采用力敏电阻作为敏感元件,体积小,灵敏度高,广泛用于飞机、坦克、机载等军事及民用领域中的手动操作部件的控制。CL-YZ-320 型力敏传感器的主要技术指标如表 3-1 所示。

图 3-43　指套式电子血压计电路框图

表 3-1　CL-YZ-320 型力敏传感器的主要技术指标

性能特性	量程	±1.5kg
	工作温度	−55～80℃
	供电电源	DC±6V
	随机振动	20～2000Hz;0.04g^2/Hz
电气特性	零电压电阻	350～5000Ω
	零电压电阻一致性	±10%
静态特征	零点电压输出	≤0.2V 或 ≥−0.2V
	满量程输出	+0.7V 或 −0.7V
	过载能力	≥120%
	零点漂移	≤0.2%F.S/h
	热零点漂移	≤0.1%F.S/℃
	非线性	≤1%
环境性能	高温、低温、随机振动、冲击、稳态湿热、加速器	执行 GJB 150—1986、GJB 360A—1996 中相关标准

CL-YZ-320 型力敏传感器的外形如图 3-44 所示,CL-YZ-320 型力敏传感器结构如图 3-45 所示,图中单位是 mm。

3.7.6　地震动传感器

在地表介质中,震源处的震动(扰动)引起介质质点在其平衡位置附近运动,并以地震波的形式向远处传播。按照介质质点运动的特点和波的传播规律,地震波可以分为体波和面波。体波又分为纵波(P 波)和横波(S 波)两种。纵波和横波在地球介质内独立传播,波前面为半球形面,遇到界面时会发生反射和透射。面波是体波在一定条件下形成干涉和叠加产生出的频率较低、能量较强的次生波,主要沿着地表介质表面传播,其能量随着深度的

图 3-44　CL-YZ-320 型力敏传感器外形

图 3-45　力敏传感器结构

增加按指数函数急剧衰减。面波有瑞雷面波和乐夫面波两种类型，瑞雷面波沿地球表面传播时，介质质点的垂直面运动轨迹呈逆时针椭圆，波速比横波略小。乐夫面波只有当表层介质的横波传播速度小于下层介质的横波传播速度时才能传播，介质质点的运动方向垂直于波的传播方向且平行于界面，乐夫面波与横波传播速度相差不大。

在离震源较远的观察点处应接收到一列地震波，先后到达的应该是 P 波、S 波、乐夫面波和瑞雷面波。瑞雷面波最具破坏性。

目前应用的地震动传感器主要是动圈方式的磁电感应式速度传感器，压电式加速度传感器、电容式微机电加速度传感器等新型传感器也有些应用。压电式加速度传感器不适用于地面地震波的探测，是因为地表面以上的空气不能产生显著的反压强的缘故。电容式微机电加速度传感器的接收灵敏度明显低于磁电感应式速度传感器，且其安置时，要求灵敏度轴对地面垂直度要好。磁电感应式速度传感器性能可靠，价格低廉，输出信号对后续电路要求不高。

小型地震动传感器如图 3-46 所示。当传感器受到震动后，外壳带动线圈一起运动，由于惯性，永磁体保持静止，永磁体与线圈之间产生相对运动，线圈切割磁力线产生感应电动势，感应电动势的强弱与震动幅度成正比关系。

外接电阻线
上盖
上弹簧
线圈与线圈架
外壳
永磁体
导磁片
下弹簧
下盖

图 3-46　小型地震动传感器

3.8　实训　应变片力传感器装调

1）查阅《传感器手册》，了解力传感器的种类，熟悉力传感器的性能技术指标及其表示的意义。

2）利用应变片组成的圆柱式、圆筒式力传感器如图 3-47 所示，应变片对称地粘贴在弹性体外壁应力分布均匀的中间部分，以减小使用时顶端载荷偏心和弯矩的影响。应变片贴在圆柱或圆筒面上的位置及其在电桥电路中的连接如图 3-47c、d 所示，R_1 和 R_3 串接，R_2 和 R_4 串接，并置于电桥电路对臂上以减小弯矩影响，横向贴片作温度补偿用。

制作印制电路板或利用面包板装调该力传感器及电路，过程如下：

① 准备电路板和元器件，认识元器件。

② 力传感器和电路装配。

③ 顶端加力前后电桥电路输出测量。

④ 记录实验过程和结果。

3）思考若用上题中的传感器和电路做成电子秤如何定标。

图 3-47　圆柱（筒）式力传感器

a）圆柱形　b）圆筒形　c）圆柱（筒）面展开图　d）电桥电路连接图

3.9　习题

1. 弹性敏感元件的作用是什么？有哪些弹性敏感元件？如何使用？

2. 电阻应变片是根据什么基本原理来测量应力的？简述图 3-9 所示不同类型应变片传感器的特点。

3. 图 3-11d 为应变片全桥测量电路，试推导其输出电压 U_o 表达式。

4. 利用图 3-12 分析石英晶体的压电效应。

5. 利用图 3-18a 等效电路分析该压电传感器电路为什么不能用于静态力的测量？

6. 如图 3-19 所示，压电陶瓷片 $d_{zz} = 5 \times 10^{-10} C/N$，反馈电容 $C_f = 0.01\mu F$，若输出电压 $U_o = 0.4V$，求压电传感器受力为多大？

7. 利用图 3-26 分析差动式电容传感器提高灵敏度的原理。

8. 闭磁路总磁阻由哪两部分组成？其中哪部分起主要作用？它对所绕线圈的电感量影响如何？

9. 差动变隙式电感传感器是如何工作的？差动变压器式传感器又是如何工作的？两种电感传感器工作原理有什么异同？

10. MPX4100A 型集成硅压力传感器由哪几部分电路组成？单晶硅压电传感器单元是如何工作的？为什么需要加温度补偿和放大电路？

11. 指套式电子血压计中采用了哪种传感器？如何实现血压测量？

第4章 光电式传感器

本章要点

- 光传感器是以光电效应为基础，将光信号转换为电信号的传感器；
- 光电传感器、红外线传感器、光纤传感器的工作原理；
- 应用光传感器的测量和控制电路。

4.1 光电效应

光电元件的理论基础是光电效应。光可以认为是由一定能量的粒子（光子）所形成，每个光子具有的能量 $h\gamma$ 正比于光的频率 γ（h 为普朗克常数）。光的频率越高，其光子的能量就越大。用光照射某一物体，可以看作物体受到一连串能量为 $h\gamma$ 的光子所轰击，组成该物体的材料吸收光子能量而发生相应电效应的物理现象称为光电效应。通常把光电效应分为3 类：外光电效应，内光电效应和光生伏打效应。根据这些光电效应可制成不同的光电转换器件（光电元件），如：光电管、光电倍增管、光敏电阻、光敏晶体管及光电池等。下面对3 种光电效应分别加以介绍，其制成的相应器件将在下一节中介绍。

4.1.1 外光电效应

光照射于某一物体上，使电子从这些物体表面逸出的现象称为外光电效应，也称为光电发射。逸出来的电子称为光电子。外光电效应可由爱因斯坦光电方程来描述为

$$\frac{1}{2}mv^2 = h\gamma - A \tag{4-1}$$

式中，m 为电子质量；v 为电子逸出物体表面时的初速度；h 为普朗克常数，$h = 6.626 \times 10^{-34} \text{J} \cdot \text{s}$；$\gamma$ 为入射光频率；A 为物体逸出功。

根据爱因斯坦假设：一个光子的能量只能给一个电子，因此一个单个的光子把全部能量传给物体中的一个自由电子，使自由电子能量增加 $h\gamma$，这些能量一部分用于克服逸出功 A，另一部分作为电子逸出时的初动能 $mv^2/2$。

由于逸出功与材料的性质有关，当材料选定后，要使物体表面有电子逸出，入射光的频率 γ 有一最低的限度，当 $h\gamma$ 小于 A 时，即使光通量很大，也不可能有电子逸出，这个最低限度的频率称为红限频率，相应的波长称为红限波长。在 $h\gamma$ 大于 A（入射光频率超过红限频率）的情况下，光通量越大，逸出的电子数目也越多，电路中光电流也越大。

4.1.2 内光电效应

光照射于某一物体上，使其导电能力发生变化，这种现象称为内光电效应，也称为光电

导效应。许多金属硫化物、硒化物及碲化物等半导体材料，如：硫化镉、硒化镉、硫化铅及硒化铅等在受到光照时均会出现电阻下降的现象。另外电路中反偏的 PN 结在受到光照时也会在该 PN 结附近产生光生载流子（电子—空穴对）从而对电路造成影响。利用上述现象可制成光敏电阻，光敏二极管，光敏晶体管，光敏晶闸管等光电转换器件。

4.1.3 光生伏打效应

在光线作用下，物体产生一定方向电动势的现象称为光生伏打效应。具有该效应的材料有硅、硒、氧化亚铜、硫化镉、砷化镓等。例如在一块 N 型硅上，用扩散的方法掺入一些 P 型杂质，而形成一个大面积的 PN 结，由于 P 层做得很薄，从而使光线能穿透到 PN 结上。当一定波长的光照射 PN 结时，就产生电子—空穴对，在 PN 结内电场的作用下，空穴移向 P 区，电子移向 N 区，从而使 P 区带正电，N 区带负电，于是 P 区和 N 区之间产生电压，即光生电动势。利用该效应可制成各类光电池。

4.2 光电传感器

利用上节所介绍的 3 种光电效应可制成各种光电转换器件，即光电式传感器。

4.2.1 光电管和光电倍增管

光电管和光电倍增管同属于用外光电效应制成的光电转换器件。

1. 光电管

光电管的外形如图 4-1 所示。金属阳极 A 和阴极 K 封装在一个玻璃壳内，当入射光照射在阴极时，光子的能量传递给阴极表面的电子，当电子获得的能量足够大时，就有可能克服金属表面对电子的束缚（称为逸出功）而逸出金属表面形成电子发射，这种电子称为光电子。在光照频率高于阴极材料红限频率的前提下，溢出电子数决定于光通量，光通量越大，则溢出电子越多。当光电管阳极与阴极间加适当正向电压（数十伏）时，从阴极表面溢出的电子被具有正向电压的阳极所吸引，在光电管中形成电流，称为光电流。光电流 I_Φ 正比于光电子数，而光电子数又正比于光通量。光电管的图形符号及测量电路如图 4-2 所示。

图 4-1 一种常见的光电管外形
1—阳极 A 2—阴极 K 3—玻璃外壳
4—管座 5—电极引脚 6—定位销

图 4-2 光电管的图形符号及测量电路

2. 光电倍增管

光电倍增管有放大光电流的作用，灵敏度非常高，信噪比大，线性好，多用于微光测量。如图 4-3 是光电倍增管结构及工作原理示意图。

从图 4-3 中可以看到光电倍增管也有一个阴极 K、一个阳极 A。与光电管不同的是，在它的阴极和阳极间设置许多二次发射电极 D_1、D_2、D_3……，它们又称为第一倍增极、第二倍增极……，相邻电极间通常加上 100V 左右的电压，其电位逐级升高，阴极电位最低，阳极电位最高，两者之差一般在 600~1200V 左右。

图 4-3 光电倍增管结构及工作原理示意图

当微光照射阴极 K 时，从阴极 K 上逸出的光电子被第一倍增极 D_1 所加速，以很高的速度轰击 D_1，入射光电子的能量传递给 D_1 表面的电子使它们由 D_1 表面逸出，这些电子称为二次电子，一个入射光电子可以产生多个二次电子。D_1 发射出来的二次电子被 D_1、D_2 间的电场加速，射向 D_2，并再次产生二次电子发射，得到更多的二次电子。这样逐级前进，一直到最后达到阳极 A 为止。若每级的二次电子发射倍增率为 δ，共有 n 级（通常可达 9~11 级），则光电倍增管阳极得到的光电流比普通光电管大 δ^n 倍，因此光电倍增管灵敏度极高。其光电特性基本上是一条直线。

4.2.2 光敏电阻

光敏电阻的工作原理是基于内光电效应。在半导体光敏材料两端装上电极引线，将其封装在带有透明窗的管壳里就构成了光敏电阻，如图 4-4a 所示。为了增加灵敏度，两电极常做成梳状，如图 4-4b 所示，图形符号如图 4-4c 所示。

a)　　　　　　　　　　b)　　　　　　　　　　c)

图 4-4 光敏电阻结构示意图及图形符号

a）原理图 b）外形图 c）图形符号

构成光敏电阻的材料有金属硫化物、硒化物、碲化物等半导体材料。例如，硫化镉（C_dS）、硒化镉（C_dS_e）等。半导体的导电能力完全取决于半导体内载流子数目的多少。当光敏电阻受到光照时，若光子能量 $h\gamma$ 大于该半导体材料的禁带宽度，则价带中的电子吸收一个光子能量后跃迁到导带，就产生一个电子—空穴对，使电阻率变小。光照越强，电阻值越低。入射光消失，电子—空穴对逐渐复合，电阻也逐渐恢复原值。光敏电阻无光照时的暗电阻一般大于1500kΩ，在有光照时，其亮电阻为几千欧，两者差别较大。

对可见光敏感的硫化镉光敏电阻是最有代表性的一种光敏电阻。

光敏电阻的光照响应速度较慢。例如：硫化镉光敏电阻的响应时间约为100ms，硒化镉光敏电阻的响应时间约为10ms。所以，光敏电阻通常都工作于直流或低频状态下。

4.2.3 光敏二极管和光敏晶体管

1. 光敏二极管

光敏二极管是一种利用PN结单向导电性的结型光电器件，与一般半导体二极管不同之处在于其PN结装在透明管壳的顶部，以便接受光照，如图4-5a所示。它在电路中处于反向偏置状态，如图4-5b所示。

在没有光照时由于二极管反向偏置所以反向电流很小，这时的电流称为暗电流。当光照射在二极管的PN结上时，在PN结附近产生电子—空穴对，并在外电场的作用下，漂移越过PN结，产生光电流。入射光的照度增强，光产生的电子—空穴对数量也随之增加，光电流也相应增大，光电流与光照度成正比。

图4-5　光敏二极管
a) 结构示意图及图形符号　b) 基本应用电路

目前还研制出一种雪崩式光敏二极管（APD）。由于APD利用了二极管PN结的雪崩效应（工作电压达100V左右），所以灵敏度极高，响应速度极快，可达数百兆赫兹，可用于光纤通信及微光测量。

2. 光敏晶体管

光敏晶体管有两个PN结，从而可以获得电流增益。它的结构、等效电路、图形符号及应用电路分别如图4-6a、图4-6b、图4-6c、图4-6d所示。光线通过透明窗口落在集电结

图4-6　光敏晶体管
a) 结构　b) 等效电路　c) 图形符号　d) 应用电路　e) 光敏型达林顿管

上，当电路按图 4-6d 连接时，集电结反偏，发射结正偏。与光敏二极管相似，入射光在集电结附近产生电子—空穴对，电子受集电结电场的吸引流向集电区，基区中留下的空穴构成"纯正电荷"，使基区电压升高，致使电子从发射区流向基区，由于基区很薄，所以只有一小部分从发射区来的电子与基区的空穴结合，而大部分的电子穿越基区流向集电区，这一段过程与普通晶体管的放大作用相似。集电极电流 I_c 是原始光电流的 β 倍，因此光敏晶体管比光敏二极管灵敏度高许多倍。有时生产厂家还将光敏晶体管与另一只普通晶体管制作在同一个管壳内，连接成复合管型式，如图 4-6e 所示，称为达林顿型光敏晶体管。它的灵敏度更大（$\beta = \beta_1\beta_2$）。但是达林顿光敏晶体管的漏电（暗电流）较大，频响较差，温漂也较大。

4.2.4 光电池

光电池的工作原理是基于光生伏打效应。当光照射在光电池上时，可以直接输出电动势及光电流。

图 4-7a 所示是光电池结构示意图。通常是在 N 型衬底上制造一薄层 P 型区作为光照敏感面。当入射光子的数量足够大时，P 型区每吸收一个光子就产生一对光生电子—空穴对，光生电子—空穴对的浓度从表面向内部迅速下降，形成由表及里扩散的自然趋势。PN 结的内电场使扩散到 PN 结附近的电子—空穴对分离，电子被拉到 N 型区，空穴被拉到 P 型区，故 N 型区带负电，P 型区带正电。如果光照是连续的，经短暂的时间（μs 数量级），新的平衡状态建立后，PN 结两侧就有一个稳定的光生电动势输出。

图 4-7 硅光电池
a）机构示意图 b）图形符号

光电池的种类很多，有硅、砷化镓、硒、氧化铜、锗及硫化镉光电池等。其中应用最广的是硅光电池，这是因为它有一系列优点：性能稳定、光谱范围宽、频率特性好、传递效率高和能耐高温辐射和价格便宜等。砷化镓光电池是光电池中的后起之秀，它在效率、光谱特性、稳定性、响应时间等多方面均有许多长处，今后会逐渐得到推广应用。

大面积的光电池组按功率和电压的要求进行串、并联，组成方阵，可以做成太阳电池电源，在宇宙开发、航空、通信、交通、家用电器等方面得到了广泛应用。

4.2.5 光电元件的特性

1. 光照特性

当光电元件上加上一定电压时，光电流 I 与光电元件上光照度 E 之间的对应关系，称为光照特性。一般可表示为

$$I = f(E) \tag{4-2}$$

对于光敏电阻，因其灵敏度高而光照特性呈非线性，一般用于自动控制中做开关元件。其光照特性见图 4-8a。

光电池的开路电压 U 与照度 E 呈对数关系，如图 4-8b 曲线所示，在 2000lx 的照度下趋

于饱和。因此，光电池用作测量元件时不宜作为电压源使用。在负载电阻远小于光电池内阻时，光电池输出的光电流称为短路电流 I_{sc}，它与照度呈线性关系，如图 4-8b 直线所示。光电池的内阻很大，只要用小负载电阻，光电流就可以与照度呈线性关系，所以，光电池作测量元件时多作为电流源使用。但要注意，光电池的内阻是随着照度的增加而减小的，所以在高照度时，要选用更小的负载电阻，以使光电流与照度保持线性关系。

光敏二极管的光照特性为线性，适于做检测元件，其特性如图 4-8c 所示。

光敏晶体管的光照特性呈非线性，如图 4-8d 所示。但由于其内部具有放大作用，故其灵敏度较高。

图 4-8　光照特性图

a）光敏电阻　b）光电池　c）光敏二极管　d）光敏晶体管

2. 光谱特性

光敏元件上加上一定的电压，这时如有一单色光照射到光敏元件上，如果入射光功率相同，光电流会随入射光波长的不同而变化。入射光波长与光敏器件相对灵敏度或相对光电流间的关系即为该元件的光谱特性。各种光敏元件的光谱特性图如图 4-9 所示。

由图 4-9 可见，元件材料不同，所能响应的峰值波长也不同。因此，应根据光谱特性来确定光源与光电器件的最佳匹配。在选择光敏元件时，应使最大灵敏度在需要测量的光谱范围内，才有可能获得最高灵敏度。

图 4-9 各种光敏元件的光谱特性图

a）光敏电阻　b）硅光敏二极管　c）光敏晶体管

目前已研制出的几种光敏材料光谱峰值波长示于表 4-1 中，而表 4-2 则列出了光的波长与颜色的关系。

表 4-1　几种光敏材料的光谱峰值波长

材　料　名　称	GaAsP	GaAs	Si	HgCdTe	Ge	GaInAsP	AlGaSb	GaInAs	InSb
峰值波长/μm	0.6	0.65	0.8	1~2	1.3	1.3	1.4	1.65	5.0

表 4-2　光的波长与颜色的关系

颜　色	紫外	紫	蓝	绿	黄	橙	红	红外
波长/μm	10^{-4}~0.39	0.39~0.46	0.46~0.49	0.49~0.58	0.58~0.60	0.60~0.62	0.62~0.76	0.76~1000

3. 伏安特性

在一定照度下，光电流 I 与光敏元件两端电压 V 的对应关系，称为伏安特性。各种光敏元件的伏安特性如图 4-10 所示。

同晶体管的伏安特性一样，光敏元件的伏安特性可以帮助我们确定光敏元件的负载电阻，设计应用电路。

图 4-10a 中的曲线 1 和 2 分别表示照度为零和某一照度时光敏电阻器的伏安特性。光敏电阻器的最高使用电压由它的耗散功率确定，而耗散功率又与光敏电阻器的面积、散热情况有关。图 4-10b 为不同负载电阻时 $1cm^2$ 受光面积的硅光电池伏安特性。

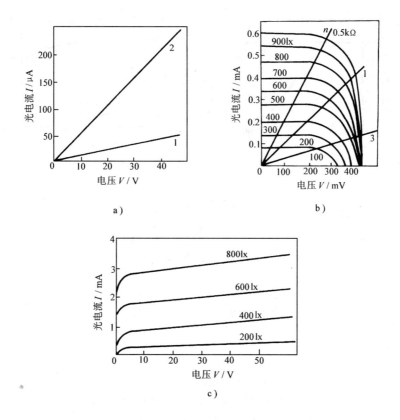

图 4-10   各种光敏元件的伏安特性

a）光敏电阻   b）光电池   c）光敏晶体管

光敏晶体管在不同照度下的伏安特性与一般晶体管在不同基极电流下的输出特性相似，如图 4-10c 所示。

4. 频率特性

在相同的电压和同样幅值的光照下，当入射光以不同频率的正弦频率调制时，光敏元件输出的光电流 I 和灵敏度 S 会随调制频率 f 而变化，它们的关系为

$$I = F_1(f) \tag{4-3}$$

或

$$S = F_2(f) \tag{4-4}$$

称为频率特性。以光生伏打效应原理工作的光敏元件频率特性较差，以内光电效应原理工作的光敏元件（如光敏电阻）频率特性更差。

从图 4-11 看出，光敏电阻器的频率特性较差，这是由于存在光电导的弛豫现象的缘故。

光电池的 PN 结面积大，又工作在零偏置状态，所以极间电容较大。由于响应速度与结电容和负载电阻的乘积有关，要想改善频率特性，可以减小负载电阻或减小结电容。

光敏二极管的频率特性是半导体光敏元件中最好的。由等效电路可以看出，光敏二极管结电容和杂散电容与负载电阻并联，工作频率越高，分流作用越强，频率特性越差。想要改善频率响应可采取减小负载电阻的办法，另外也可采用 PIN 光敏二极管。PIN 光敏二极管由于中间 I 层的电阻率很高，起到电容介质作用。当加上相同的反向偏压时，PIN 光敏二极管

图 4-11 各种光敏元件的频率响应

a）光敏电阻　b）光电池　c）光敏二极管

耗尽层比普通 PN 结光敏二极管宽很多，从而减少了结电容。

光敏晶体管由于集电极结电容较大，基区渡越时间长，它的频率特性比光敏二极管差。

5. 温度特性

部分光敏器件输出受温度影响较大。如光敏电阻，当温度上升时，暗电流增大，灵敏度下降，因此常常需要温度补偿。再如光敏晶体管，由于温度变化对暗电流影响非常大，并且是非线性的，给微光测量带来较大误差。由于硅管的暗电流比锗管小几个数量级，所以在微光测量中应采用硅管，并用差动的办法来减小温度的影响。

光电池受温度的影响主要表现在开路电压随温度增加而下降，短路电流随温度上升缓慢增加，其中，电压温度系数较大，电流温度系数较小。当光电池作为检测元件时，也应考虑温度漂移的影响，采取相应措施进行补偿。

6. 响应时间

不同光敏器件的响应时间有所不同，如光敏电阻较慢，约为 $10^{-3} \sim 10^{-1}$ s，一般不能用于要求快速响应的场合。工业用的硅光敏二极管的响应时间为 $10^{-7} \sim 10^{-5}$ s，光敏晶体管的响应时间比二极管约慢一个数量级，因此在要求快速响应或入射光、调制光频率较高时应选用硅光敏二极管。

4.2.6　光耦合器件

将发光器件与光敏元件集成在一起便可构成光耦合器件，图 4-12 所示为光耦合器件典型结构示意图。图4-12a为窄缝透射式，可用于片状遮挡物体的位置检测，或码盘、转速测量中；图4-12b为反射式，可用于反光体的位置检测，对被测物不限制厚度；图4-12c为全封闭式，用于电路的隔离。除第三种封装形式为不受环境光干扰的电子器件外，第一、二种本身就可作为传感器使用。若必须严格防止环境光干扰，透射式和反射式都可选红外波段的发光元件和光敏元件。

a)   b)   c)

图4-12 光耦合器件典型结构示意图

一般来说，目前常用的光耦合器里的发光元件多半是发光二极管，而光敏元件多为光敏二极管和光敏晶体管，少数采用光敏达林顿管或光敏晶闸管。

封装形式除双列直插式外，还有金属壳体封装及大尺寸的块状器件。

对于光耦合器的特性，应注意以下各项参数。

1. 电流传输比

在直流工作状态下，光耦合器的输出电流（若为光敏晶体管，输出电流就是 I_c）与发光二极管的输入电流 I_F 之比，称为电流传输比，用符号 β 表示。

必须提醒注意的是，光耦合器的输出端若不是达林顿管或晶闸管的话，一般其 β 总是小于1，它的任务并不在于放大电流而在于隔离，这和普通晶体管不一样。

通常在0℃以下时，β 值随环境温度升高而增大，但在0℃以上时，β 值随环境温度升高而减小。

2. 输入输出间的绝缘电阻

光耦合器在电子电路中常用于隔离，因而也有光隔离器之称，显然发光和光敏两电路之间的绝缘电阻是十分重要的指标。

一般这一绝缘电阻在 $10^9 \sim 10^{18}\Omega$，它比普通小功率变压器的一次侧和二次侧间的电阻大得多，所以隔离效果较好。此外，光耦合器还比变压器体积小、损耗小、频率范围宽，对外无交变磁场干扰。

3. 输入输出间的耐压

在通常的电子电路里并无高电压，但在特殊情况下要求输入输出两电路间承受高压，这就必须把发光元件和光敏元件间的距离加大，但是这往往会使电流传输比 β 下降。

4. 输入输出间的寄生电容

在高频电路里，希望这一电容尽可能小，尤其是为了抑制共模干扰而用光电隔离时。倘若这一寄生电容过大，就起不到隔离作用。

一般光耦合器，输入输出间的寄生电容只有几个微微法，中频以下不会有明显影响。

5. 最高工作频率

在恒定幅值的输入电压之下改变频率，当频率提高时，输出幅值会逐渐下降，当下降到原值的 0.707 时，所对应的频率就称为光耦合器的最高工作频率（或称为截止频率）。

当负载电阻减小时，截止频率增高。而且截止频率的大小与光敏元件上反向电压的高低有关，与输出电路的接法有关，一般可达数百千赫。

6. 脉冲上升时间和下降时间

输入方波脉冲时，光耦合器的输出波形总会有些失真，其脉冲前沿自 0 升高到稳定值的 90% 所经历的时间为上升时间，用 t_r 表示。脉冲后沿自 100% 降到 10% 的时间为下降时间，用 t_f 表示。一般 $t_r > t_f$。

由于光耦合器的 t_r 和 t_f 都不可能为零，经过光隔离以后的电脉冲相位滞后于输入波形，而且波形变差，这是必须注意的。

4.3 红外线传感器

4.3.1 概述

凡是存在于自然界的物体，例如：人体、火焰甚至于冰都会放射出红外线，只是其发射的红外线的波长不同而已。人体的温度为 $36 \sim 37℃$，所放射的红外线波长为 $9 \sim 10\mu m$（属于远红外线区），加热到 $400 \sim 700℃$ 的物体，其放射出的红外线波长为 $3 \sim 5\mu m$（属于中红外线区）。红外线传感器可以检测到这些物体发射出的红外线，用于测量、成像或控制。

用红外线作为检测媒介，来测量某些非电量，比可见光作为媒介的检测方法要好。其优越性表现在以下几方面。

1. 可昼夜测量

红外线（指中、远红外线）不受周围可见光的影响，故可在昼夜进行测量。$0.5 \sim 3\mu m$ 波长的近红外线，接近可见光，易受周围可见光影响，使用较少。

2. 不必设光源

由于待测对象发射出红外线，故不必设光源。

3. 适用于遥感技术

大气对某些特定波长范围的红外线吸收甚少（$2 \sim 2.6\mu m$，$3 \sim 5\mu m$，$8 \sim 14\mu m$ 三个波段称为"大气窗口"），故适用于遥感技术。

红外线检测技术广泛应用于工业、农业、水产、医学、土木建筑、海洋、气象、航空、宇航等各个领域。红外线应用技术从无源传感发展到有源传感（利用红外激光器）。红外图像技术，从以宇宙为观察对象的卫星红外遥感技术，到观察很小的物体（如半导体器件）的红外显微镜，应用非常广泛。

红外线传感器按其工作原理可分为两类：量子型及热型。

热型红外线光敏元件的特点是：灵敏度较低、响应速度较慢、响应的红外线波长范围较宽，价格比较便宜、能在室温下工作。量子型红外线光敏元件的特性则与热型正好相反，一般必须在冷却（77K）条件下使用。这里仅介绍热型中的热释电型的应用，它是目前用得最广的红外线传感器，也称为被动式红外探测器。

4.3.2 热释电型红外传感器

1. 热释电效应

若使某些强介电常数物质的表面温度发生变化，随着温度的上升或下降，在这些物质表面上就会产生电荷的变化，这种现象称为热释电效应，是热电效应的一种。这种现象在钛酸钡一类的强介电常数物质材料上表现得特别显著。

在钛酸钡一类的晶体上，上下表面设置电极，在上表面加以黑色膜。若有红外线间歇地照射，其表面温度上升 ΔT，其晶体内部的原子排列将产生变化，引起自发极化电荷 ΔQ。设元件的电容为 C，则在元件两电极上产生的电压为

$$U = \frac{\Delta Q}{C} \tag{4-5}$$

另外要指出的是，热释电效应产生的电荷不是永存的，只要它出现，很快便被空气中的各种离子所结合。因此，用热释电效应制成传感器，往往在它的元件前面加机械式的周期性遮光装置，以使此电荷周期性地出现。只有当测移动物体时才可不用该周期性遮光装置。

2. 热释电红外线光敏元件的材料

热释电红外线光敏元件的材料较多，其中以陶瓷氧化物及压电晶体用得最多。例如：$PbTiO_3$（钛酸铅）陶瓷材料性能较好，用它制成的红外传感器已用于人造卫星地平线检测及红外辐射温度检测。钽酸锂（$LiTaO_3$）、硫酸三甘肽（LATGS）及钛锆酸铅（PZT）制成的热释电型红外传感器目前用得极广。

近年来开发的具有热释电性能的高分子薄膜聚偏二氟乙烯（PVF_2），已用于红外成像器件、火灾报警传感器等。

3. 热释电红外传感器（压电陶瓷及陶瓷氧化物）

热释电红外传感器的结构及电路如图 4-13 和图 4-14 所示。传感器的敏感元件是 PZT（或其他材料），在上下两面做上电极，并在表面上加一层黑色氧化膜以提高其转换效率。它的等效电路是一个在负载电阻上并联一个电容的电流发生器，其输出阻抗极高，而且输出电压信号又极其微弱，故在管内附有场效应晶体管 FET 放大器（即图 4-14 中的 VF）及厚膜电阻，以达到阻抗变换的目的。在顶部设有滤光镜（TO-5 封装），而树脂封装的滤光镜则设在侧面。

图 4-13　热释电红外传感器基本结构

1—内接线　2—氧化膜　3—PZT 元件

4—铝件　5—接脚　6—场效应晶体管 FET　7—空洞

图 4-14　热释电红外传感器等效电路

注：R_S 为负载电阻，有的传感器内无 R_s（需外接）

4. PVF₂ 热释电红外传感器

PVF_2 是聚偏二氟乙烯的缩写，是一种经过特殊加工的塑料薄膜。它具有压电效应，同时也具有热释电效应，是一种新型传感器材料。它的热释电系数虽然比钽酸锂、硫酸三甘肽等要低，但它具有不吸湿、化学性质稳定、柔软、易加工及成本低的特点，是制造红外线监测报警装置的好材料。

5. 菲涅耳透镜

菲涅耳透镜是一种由塑料制成的特殊设计的光学透镜，它用来配合热释电红外线传感器，以达到提高接收灵敏度的目的。由实验证明，传感器不加菲涅耳透镜，其检测距离仅 2m（检测人体走过）左右，而加菲涅耳透镜后，其检测距离增加到 10m 以上，甚至更远。

透镜的工作原理是移动物体或人发射的红外线进入透镜，产生一个交替的"盲区"和"高灵敏区"，这样就产生了光脉冲。透镜由很多"盲区"和"高灵敏区"组成，则物体或人体的移动就会产生一系列的光脉冲进入传感器，从而提高了接收灵敏度。物体或人体移动的速度越快，灵敏度就越高。目前一般配上透镜可检测 10m 左右，而采用新设计的双重反射型，则其检测距离可达 20m 以上。

菲涅耳透镜呈圆弧状，其透镜的焦距正好对准传感器的敏感元件中心，如图 4-15 所示。

图 4-15　菲涅耳透镜的应用

6. 热释电红外探测模块

热释电红外探测模块由菲涅尔透镜、热释电红外传感器、放大器、基准电压源、比较器、驱动放大电路、继电器或晶闸管组成，如图 4-16 所示。

图 4-16　热释电红外探测模块结构

热释电红外传感器产生的微弱电信号经放大器放大，然后与预置的基准电压信号比较，若大于基准电压信号，则输出高电平，经驱动放大后，控制继电器动作。其中放大器、基准电压源、比较器等电路已有专用集成电路，型号有 BISS0001、HT7600、CS9803GP、KC778B、TWH9511、TWH9512、TWH9601 等。

通常将热释电红外传感器和全部电路安装在一个小印制电路板上，然后将其装入一个带有菲涅尔透镜的 ABS 工程塑料外壳内，做成一个组件，对外仅有电源接线和两根信号引线，使用很方便。表 4-3 为几种热释电红外传感器组件的功能和主要参数，其中 GH608 型具有 315MHz 高频无线电发射输出功能，发射持续时间为 3s，间隔为 8s，作用距离为 100m，可用于远距离探测设备。

表 4-3 几种热释电红外传感器组件的功能和主要参数

型 号	工作电压	延迟时间	探测角度	探测距离	输出方式
BH9402	DC5V	2~5s	120°	5m	高电平
TWH9241A	DC12V	10s	80°	7m	继电器
GH608	DC9V	3s	110°	12m	315MHz 信号
HT807	AC220V	50s	110°	5m	晶闸管

4.3.3 核辐射传感器

核辐射传感器的检测原理是基于放射性同位素核辐射粒子的电离作用。核辐射传感器包括放射源、探测器和信号转换电路。放射源一般为圆盘状（β 放射源）或丝状、圆柱状、圆片状（γ 放射源）。例如 T1204（铊）镀在铜片上，上面覆盖云母片，然后装入铝或不锈钢壳内，最后用环氧树脂密封成为放射源。探测器源于放射线照射下，材料发光闪烁效应和气体电离效应。常用的探测器有电离室、盖格计数管和闪烁计数管，半导体探测器也已使用。图 4-17 所示为盖格计数管结构组成，金属圆筒的阴极，钨丝或钼丝的阳极，充以氩、氦气体。放射线照射气体电离，在 1MΩ 电阻上产生几伏到几十伏的电压，由信号转换电路转换为数字显示。

探测器可以单独使用，查看天然本底计数（太阳辐射和宇宙辐射），检查局部辐射污染，检查石材、瓷器、珠宝的有害放射性。探测器与放射源、信号转换电路组合，可进行多种物理量的检测。α 粒子能量大，电离作用最强，常用于气体成分分析和压力检测。β 粒子在气体中的射程可达 20m，易于散射、行程弯曲，

图 4-17 盖格计数管结构组成

可测量材料厚度、密度。γ 射线在气体中的射程可达几百米，能穿透几十厘米厚的固体物质，常用于金属探伤和厚度、密度、速度和物位测量。

4.4 色彩传感器

色彩传感器是由单晶硅和非单晶态硅制成的半导体器件。它应用于生产自动化检测装

置、图像处理领域，也逐渐发展到用于医疗及家用电器设备。色彩传感器在工业生产中（制造业、印刷业、涂料业及化妆品业等），主要用于色差管理、颜色识别、调整及测定。在家用电器上用于彩色电视机的色彩调整及磁带录像摄像机的白色平衡器。

物体的颜色是由照射物体的光源和物体本身的光谱反射率决定的。在光源一定的条件下，物体的颜色取决于反射的光谱（波长），能测定物体反射光的波长，就可以测定物体的颜色。

目前较成熟的半导体色彩传感器有两种：双 PN 结光敏二极管（简称为双结型）及非晶态集成色彩传感器。

1. 双结型色彩传感器

在一块单晶硅基片上做了两个 PN 结的三层结构，如图 4-18a 所示，其等效电路如图 4-18b所示。这三层 PNP 形成的两个光敏二极管 VD_1 及 VD_2 反相连接。

光敏二极管的光谱特性与 PN 结的厚薄有很大关系。PN 结的面做得薄一点对蓝光的灵敏度就会提高。VD_1 与 VD_2 的厚薄不同所以光谱特性也不同，如图 4-19 所示。

由图 4-18 可知 VD_1 接近表面，所以对蓝光（波长 430～460nm）、绿光（波长 490～570nm）有较高的灵敏度，而 VD_2 则对红光（波长 650～760nm）及红外线有较高的灵敏度。如果，分别测 VD_1 及 VD_2 的短路电流，I_{Sc1}、I_{Sc2}，并求出其比值 I_{Sc2}/I_{Sc1}，则可得出图 4-20 所示的特性。

图 4-18 双结型色彩传感器的
结构与等效电路

根据色彩传感器检测的短路电流比，按照图 4-20 的特性可以求出对应的波长，即可分辨出不同的颜色。并且由图 4-20 可以知道在不同的温度下，其特性有所变动，因此在做精密测量时要在电路上加温度补偿，或者在计算机中用软件进行补偿。

图 4-19 双结型色彩传感器的光谱特性　　　　图 4-20 短路电流比与波长特性

2. 非晶态集成色彩传感器

在非晶态的硅的基片上，并排做了三个光敏二极管，并在各个光敏二极管上分别加上红（R）、绿（G）、蓝（B）滤色镜，将来自物体的反射光分解为三种颜色。根据 R、G、B 的短路电流输出大小，通过电子电路及计算机，可以识别 12 种以上的颜色。传感器的结构原理如图 4-21a 所示，其等效电路如图 4-21b 所示。

AM3301 系列集成色彩传感器的三色相对灵敏度与波长特性如图 4-22 所示。

图 4-21 非晶态集成色彩传感器
1—树脂 2—引线 3—非晶态硅
4—导电膜 5—玻璃板 6—滤色镜

图 4-22 相对灵敏度与波长特性

当传感器上有入射光，输出端若连接小负载电阻，则所取出的电流称为短路电流；当输出端开路时，其两端间的电压为开路电压。通常色彩传感器是以短路电流的大小来识别的。

非晶态色彩传感器的入射光照度与输出电压的关系如图 4-23 所示。在负载电阻为 100kΩ 时，其照度与输出电压取用对数刻度时具有良好的线性度，并且其斜率几乎为 1。若将负载电阻接成 1MΩ 以上时，电压几乎成开路状态，其输出呈非线性，并进入饱和状态。因此传感器上有时并联一个 100kΩ 电阻，以保证良好的线性度。非晶态传感器放大电路如图 4-24 所示，其短路输出电流与并联电阻 100kΩ 时输出电流几乎无差别。

图 4-23 非晶态色彩传感器的入射
光照度与输出电压关系

图 4-24 非晶态传感器
放大电路（仅一路）

4.5　紫外火焰传感器

CZG-GD-500 系列紫外火焰传感器的敏感元件为紫外光电管，它由管壳、充入的气体、阳极和光阴极组成。在火焰中的远紫外线的照射下，光阴极中的电子吸收了入射的远紫外光子的能量而逸出光阴极表面，在电场的作用下向阳极运动，产生电信号输出，从而达到检测火焰的目的。

该传感器具有灵敏度高、抗干扰能力强、监视范围广、功耗低、寿命长等特点，主要用于易燃易爆场所检测火焰的产生，实现火灾自动报警。该传感器还可用于发动机、锅炉、窑炉等的火焰报警系统。该传感器的主要技术指标如表4-4所示。

表4-4　CZG-GD-500系列紫外火焰传感器技术指标

型号	CZG-GD-501A	CZG-GD-501B	CZG-GD-502
光谱范围	185~260nm		
灵敏度	一级		
工作电压	DC 5~30V		
工作电流	<2mA		
监视范围	120°圆锥夹角		
信号输出	高低电平或按用户要求输出电流信号		
工作温度	0~60℃	−20~60℃	−20~125℃
工作湿度	<98%RH(40℃±2℃)		
防爆标志	iaⅡCT5		

紫外火焰传感器的外形如图4-25所示，安装尺寸最大处为圆盘，直径为80mm。

图4-25　紫外火焰传感器外形

该传感器通过三芯电缆与外界连接，红线接电源，黑线接电源地，黄线接信号输出。

4.6　光纤传感器

光纤传感器是近年来异军突起的一项新技术。光纤传感器具有一系列传统传感器无可比拟的优点，如：灵敏度高、响应速度快、抗电磁干扰、耐腐蚀、电绝缘性好、防燃防爆、适于远距离传输、便于与计算机连接以及与光纤传输系统组成遥测网等。目前已研制出测量位移、速度、压力、液位、流量及温度等各种物理量的传感器。光纤传感器按照光纤的使用方式可分为功能型传感器和非功能型传感器。功能型传感器是利用光纤本身的特性随被测量发生变化。例如，将光纤置于声场中，则光纤纤芯的折射率在声场作用下发生变化，将这种折射率的变化作为光纤中光的相位变化检测出来，就可以知道声场的强度。由于功能型传感器是利用光纤作为敏感元件，所以又称为传感型光纤传感器。非功能型传感器是利用其他敏感元件来感受被测量变化，光纤仅作为光的传输介质。因此也称为传光型光纤传感器或称混合型光纤传感器。

4.6.1　光纤传感元件

光导纤维是用比头发丝还细的石英玻璃制成的，每根光纤由一个圆柱形的纤芯和包层组成。纤芯的折射率略大于包层的折射率。

众所周知，空中光是直线传播的。然而入射到光纤中的光线却能限制在光纤中，而且随着光纤的弯曲而走弯曲的路线，并能传送到很远的地方去。当光纤的直径比光的波长大很多时，可以用几何光学的方法来说明光在光纤中的传播。当光从光密物质射向光疏物质，而入射角大于临界角时，光线产生全反射，即光不再离开光密介质。光纤由于其圆柱形纤芯的折射率 n_1 大于包层的折射率 n_2，因此如图 4-26 所示，在角 2θ 之间的入射光，除了在玻璃中吸收和散射之外，大部分在界面上产生多次反射，而以锯齿形的线路在光纤中传播。在光纤的末端以入射角相等的出射角射出光纤。

图 4-26　光导纤维中光的传输特性

光纤的主要参数和类型如下。

1. 数值孔径

数值孔径反映纤芯吸收光量的多少，是标志光纤接受性能的重要参数。其意义是：无论光源发射功率有多大，只有 2θ 张角之内的光功率能被光纤接收。角 2θ 与光纤内心和包层材料的折射率有关，我们将 θ 的正弦定义为光纤的数值孔径（NA）

$$NA = \sin\theta = (n_1^2 - n_2^2)^{1/2} \tag{4-6}$$

一般希望有大的数值孔径，以利于耦合效率的提高，但数值孔径越大，光信号畸变就越严重，所以要适当选择。

2. 光纤模式

光纤模式简单地说就是光波沿光纤传播的途径和方式。在光纤中传播的模式很多，这对信息的传播是不利的，因为同一光信号采用很多模式传播，就会使这一光信号分裂为不同时间到达接收端的多个小信号，从而导致合成信号畸变。因此希望模式数量越少越好，尽可能在单模方式下工作。阶跃型的圆筒波导（光纤）内传播的模式数量可简单表示为

$$v = \frac{\pi d (n_1^2 - n_2^2)^{1/2}}{\lambda_0} \tag{4-7}$$

式（4-7）中，d 为纤芯直径；λ_0 为真空中入射光的波长。希望 v 小，d 则不能太大，一般取几微米；另外 n_1 和 n_2 之差要很小，不大于 1%。

3. 传播损耗

由于光纤纤芯材料的吸收、散射以及光纤弯曲处的辐射损耗等影响，光信号在光纤中的传输不可避免地会有损耗。

假设从纤芯左端输入一个光脉冲，其峰值强度（光功率）为 I_0，当它通过光纤时，其强度通常按指数式下降，即光纤中任一点处的光强度为

$$I(L) = I_0 e^{-\alpha L} \tag{4-8}$$

式（4-8）中，I_0 为光进入纤芯始端的初始光强度；L 为光沿光纤的纵向长度；α 为强度衰减系数。

4. 光纤类型

光导纤维按折射率变化可分为阶跃型光纤和渐变型光纤。阶跃型光纤的纤芯与包层间的折射率是突变的，渐变型光纤在横截面中心处折射率 n_1 最大，其值逐步由中心向外变小，到纤芯边界时，变为外层折射率 n_2。通常折射率变化为抛物线形式，即在中心轴附近有更陡的折射率梯度，而在接近边缘处折射率减小得非常缓慢，保证传递的光束集中在光纤轴附近前进，因为这类光纤有聚焦作用，所以也称为自聚焦光纤。

光纤按其传输模式多少分为单模光纤与多模光纤。单模光纤通常是指阶跃光纤中纤芯尺寸很小，因而光纤传播的模式很少，原则上只能传递一种模式的光纤。这类光纤传输性能好，频带很宽，制成的传感器有更好的线性、灵敏度及动态范围。但由于纤芯直径太小，给制造带来困难。多模光纤通常是指阶跃光纤中，纤芯尺寸较大，光在其中传输时传输模式不只一种的光纤。这类光纤性能较差，带宽较窄，但制造工艺容易。

4.6.2 常用光纤传感器

光纤传感器的种类很多，工作原理也各不相同，但都离不开光的调制和解调两个环节。光调制就是把某一被测信息加载到传输光波上，这种承载了被测量信息的调制光再经光探测系统解调，便可获得所需检测的信息。原则上说，只要能找到一种途径，把被测信息叠加到光波上并能解调出来，就可构成一种光纤传感器。

常用的光调制有强度调制、相位调制、频率调制及偏振调制等几种。

1. 光纤压力传感器

光纤传感器中光强度调制的基本原理可简述为以被测对象所引起的光强度变化，来实现对被测对象的检测。

图 4-27 为一种按光强度调制原理制成的光纤压力传感器结构。这种压力传感器的工作原理是：

1）被测力作用于膜片，膜片感受到被测力向内弯曲，使光纤与膜片间的气隙减小，使棱镜与光吸收层之间的气隙发生改变。

2）气隙发生改变引起棱镜界面上全内反射的局部破坏，造成一部分光离开棱镜的上界面，进入吸收层并被吸收，致使反射回接收光纤的光强减小。

3）接收光纤内反射光强度的改变可由桥式光接收器检测出来。

图 4-27 光纤压力传感器结构
1—膜片 2—光吸收层 3—垫圈
4—光导纤维 5—桥式光接收线路
6—发光二极管 7—壳体
8—棱镜 9—上盖

4）桥式光接收器输出信号的大小只与光纤和膜片间的距离和膜片的形状有关。

光纤压力传感器的响应频率相当高，如直径为 2mm，厚度为 0.65mm 的不锈钢膜片，其固有频率可达 128kHz。因此在动态压力测量中也是比较理想的传感器。

光纤压力传感器在工业中具有广泛的应用前景。它与其他类型的压力传感器相比，除不受电磁干扰、响应速度快、尺寸小、质量轻及耐热性好等优点外，由于没有导电元件，特别适合于防爆要求的场合使用。

2. 光纤血流传感器

这种传感器是利用频率调制原理，也就是利用光学的多普勒效应，即由于观察者和目标的相对运动，观察者接收到的光波频率要发生变化。在这里光纤只起传输作用。按照这种原理制成的光纤血流传感器如图 4-28 所示。其中激光器发出的光波频率为 f，激光束由分束器分为两束，一束作为测量光束，通过光纤探针进到被测血液中，经过血流的散射，一部分光按原路返回，得到多普勒频移信号 $f+\Delta f$；另一束作为参考光进入频移器，在此得到频移的新参考光信号 $f-f_b$。将新参考光信号与多普勒频移信号进行混频后得到测量的光信号，再利用光敏二极管接收该混频光信号，并变换成光电流送入频率分析器，最后在记录仪上得到对应于血流速度的多普勒频移谱。

在多普勒频移谱图中，如图 4-29 所示，I 表示输出的光电流；f_0 表示最大频移；Δf 的符号由血流方向确定。

图 4-28 光纤血流传感器
1—光纤探针 2—频移器 3—分束器
4—托座 5—光敏二极管 6—动脉血管

图 4-29 多普勒频移谱

在很多工业控制和监测系统中，人们发现，有时很难用或根本不能用以电为基础的传统传感器。如在易爆场合，是不可能用任何可能产生电火花的仪表设备的；在强磁电干扰环境中，也很难以传统的电传感器精确测量弱电磁信号。光纤传感器避开了电信号的转换，以其特有性能出现在传感器家族中。

4.6.3 光纤传感器水源检测设备

光纤传感器水源检测设备如图 4-30 所示，由光纤传感器、聚光镜、CCD 图像传感器以及计算机组成。利用载体将对重金属离子特别敏感的试剂覆膜于光纤的一端形成探头，探头放置于监测水源中。照进水源的太阳光线经探头进入光纤，被探头覆膜颜色调制的光线由光纤传输至高清晰度 CCD 图像传感器成像，再由计算机与参照图像对比，判定重金属种类和含量。

例如，识别水源中的 Hg（Ⅱ）（2 价汞离子），是利用硅烷醇将一种对 Hg（Ⅱ）特别敏感的试剂——二苯卡巴腙涂膜于光纤一端，形成 Hg（Ⅱ）识别光纤探头。该光纤探头放置于监测水源中，其功能膜中的二苯卡巴腙与水源中的 Hg（Ⅱ）发生配合反应，在膜中生成蓝色配合物。膜颜色的变化及程度迅速通过光纤传至 CCD 图像传感器生成彩膜图像。彩膜图像传输至计算机，通过与原来存储在计算机中标准样本图像对比，判明 Hg（Ⅱ）的存在与否及含量。

利用集束光纤可同时检测水源中多种重金属种类和含量。即用载体分别将对各重金属离子特别敏感的各种试剂覆膜于集束光纤的各个单支光纤一端形成探头，集束光纤的另一端传输至高清晰度 CCD 成像，再由计算机处理成可对比图像，通过与原来存储在计算机中标准样本的对比，即可同时判明水源中多种重金属的种类和含量。

图 4-30　光纤传感器水源检测设备

4.7　光传感器应用实例

4.7.1　自动照明灯

这种自动照明灯适用于医院、学生宿舍及公共场所。它白天不会亮而晚上自动亮，自动照明灯电路如图 4-31 所示。VD 为触发二极管，触发电压约为 30V 左右。在白天，光敏电阻的阻值低，其分压低于 30V（A 点），触发二极管截止，双向晶闸管无触发电流，呈断开状态。晚上天黑，光敏电阻阻值增加，A 点电压大于 30V，触发极 G 导通，双向晶闸管呈导通状态，电灯亮。R_1、C_1 为保护双向晶闸管的电路。

图 4-31　自动照明灯电路

4.7.2　光电式数字转速表

图 4-32 是光电式数字转速表的工作原理图。图 4-32a 是在电动机的转轴上涂上黑白相间的两色条纹，当电动机轴转动时，反光与不反光交替出现，所以光敏元件间断的接收光的反射信号，输出电脉冲。再经过放大整形电路，输出整齐的方波信号，由数字频率计测出电动机的转速。图 4-32b 是在电动机轴上固定一个调制盘，当电动机转轴转动时将发光二极管发出的恒

a)　　　　　　　　　　　　　　　b)

图 4-32　光电式数字转速表工作原理图

定光调制成随时间变化的调制光。同样经光敏元件接收，放大整形电路整形，输出整齐的脉冲信号，转速可由该脉冲信号的频率来测定。

每分钟的转速 n 与频率 f 的关系为

$$n = \frac{60f}{N} \tag{4-9}$$

式中，N 为孔数或黑白条纹数目。

4.7.3　物体长度及运动速度的检测

工业生产中，经常需要检测工件的运动速度。图 4-33 所示是利用光敏元件检测运动物体速度的示意图和电路简图。

图 4-33　利用光敏元件检测运动物体的速度（长度）示意图和电路简图
1—光源 A　2—光敏元件 VD_A　3—运动物体　4—光源 B　5—光敏元件 VD_B
6—RS 触发器　7—高频脉冲信号源　8—计数器　9—显示器

当物体自左向右运动时，首先遮断光源 A 的光线，光敏元件 VD_A 输出低电平，触发 RS 触发器，使其置"1"，与非门打开，高频脉冲可以通过，计数器开始计数。当物体经过设定的 S_0 距离而遮挡光源 B 时，光敏元件 VD_B 输出低电平，RS 触发器置"0"，与非门关闭，计数器停止计数。设高频脉冲的频率 $f = 1\text{MHz}$，周期 $T = 1\mu s$，计数器所计脉冲数为 n，则可判断出物体通过已知距离 S_0 所经历的时间为 $t_v = nT = n$（单位为 μs），则运动物体的平均速度为

$$\bar{v} = \frac{S_0}{t_v} = \frac{S_0}{nT} = \frac{S_0}{n} \tag{4-10}$$

应用上述原理，还可以测量出运动物体的长度 L，请读者自行分析。

4.7.4　红外线自动水龙头

红外线自动水龙头属无接触式自动水龙头，在公共场所使用，起到节约用水的作用，还

可以避免人群中病菌的交叉传播。红外线自动水龙头电路如图 4-34 所示。

图 4-34　红外线自动水龙头电路

音调解码器 LM567 的振荡信号频率由 5、6 脚外接的 R_2、C_1 确定。

$$f = 1/(1.1 R_2 C_1)$$

产生的振荡信号，由 5 脚输出，经运算放大器 A_1 和 VT_1 放大，驱动红外发光二极管 VL_1 发光向外发射。红外光线经人手反射，由红外光敏二极管 VD_2 接收，经运算放大器 A_2 放大后，由 3 脚输入到 LM567 音调解码器。音调解码器把输入信号与内部振荡信号比较，两者频率相等，8 脚输出低电平。型号为 8550 的晶体管 VT_2 饱和导通，集电极变为高电平，使晶闸管 BT139 导通，接通电磁阀 R_L 的电源。电磁阀打开，放出水来。

没有人手的反射，红外光敏二极管 VD_2 没有接收信号，LM567 音调解码器 3 脚没有输入信号，8 脚输出为高电平。VT_2 截止，集电极变为低电平，晶闸管不导通，电磁阀关闭，没有水流出来。

图中运算放大器 A_1 和 A_2 包含在集成电路 IC1 中，型号为 LM324。

晶闸管 BT139 导通后若接通的是电热风机电源，则可改为红外自动干手器电路。

4.7.5　手指光反射测量心率方法

手指光反射测量心率方法示意图如图 4-35 所示，光发生器向手指发射光，光检测器放在手指的同一边，接收手指反射的光。医学研究表明，当脉搏跳动时，血流流经血管，人体生物组织的血液量会发生变化，该变化会引起生物组织传输和反射光的性能发生变化。由于手指反射的光的强度及其变化会随血液脉搏的变化而变化，由光检测器检测到手指反射的光，并对其强度变化速率进行记数，即可测得被测人的心率。

手指光反射测量心率电路组成如图 4-36 所示。光发生器采用超亮度 LED 管，光检测器使用

图 4-35　手指光反射测量心率方法示意图

光敏电阻。它们安装在一个小长条的绝缘板上，两元件相距 10.5mm 组成光传感器。当食指前端接触光传感器时，从光传感器输出可得到约 $100\mu V$ 的电压变化，该信号经电容器 C 加到放大器的输入端，经放大、信号变换处理，便可从显示器上直接看到心率的测量结果。

图 4-36　手指光反射测量心率电路组成图

4.7.6　条形码与扫描笔

条形码是由一组规则排列的条、空组成的编码。"条"指对光线反射率较低的深色（最好是黑色）部分，"空"指对光线反射率较高的浅色（最好是白色）部分，不同的条和空宽度表示不同的数字信息，能够用扫描笔识读。

扫描笔的前方为光电读入头，它由一个发光二极管和一个光敏晶体管组成，条形码扫描笔笔头结构如图 4-37 所示。当扫描笔头在条形码上移动时，若遇到黑色线条，发光二极管发出的光线将被黑线吸收，光敏晶体管接受不到反射光，呈现高阻抗，处于截止状态。当遇到白色间隔时，发光二极管所发出的光线，被反射到光敏晶体管的基极，光敏晶体管产生光电流而导通。

图 4-37　条形码扫描笔笔头结构

整个条形码被扫描笔扫过之后，光敏晶体管将条形码变成了一个个电脉冲信号，该信号经放大、整形后便形成了脉冲列，脉冲列的宽窄与条形码线的宽窄及间隔成对应关系，扫描笔输出的脉冲列如图 4-38 所示。

为了人工直接识读或通过键盘向计算机输入使用，在条形码的下方，标有对应的阿拉伯数字字符。计算机数据库建立有条形码与物品信息的对应关系，当条形码数据传到计算机上时，由计算机应用程序对物品信息进行操作处理。

世界上常用的条形码制式有 EAN 条形码、UPC 条形码、二五条形码、交叉二五条形码、库德巴条形码、三九条形码和 128 条形码等，商品上最常使用的是 EAN 商品条形码。EAN 商品条形码也称通用商品条形码，分为 EAN—13（标准版）和 EAN—8（缩短版）两种。

图 4-38　扫描笔输出的脉冲列

EAN—13 共 13 位，从左到右由前缀码（1~3 位）、制造厂商代码（4~8 位）、商品代码（9~12 位）和校验码（13 位）组成，为了扫描识读定位需要，还有左空白区、左起始符、中心分隔符、右终止符和右空白区，EAN—13（标准版）商品条形码如图 4-39 所示。

前缀码是用来标识国家或地区的代码，赋码权在国际物品编码协会，例如 00~09 代表美国、加拿大，30~37 代表法国，45、49 代表日本，46 代表俄罗斯，50 代表英国，69 代表中国大陆，880 代表韩国，955 代表马来西亚。

图书和期刊作为特殊的商品也采用 EAN—13 码，EAN—13（标准版）图书和期刊条形码如图 4-40 所示。前缀码 978 用于图书号 ISBN，977 用于期刊号 ISSN。

图 4-39　EAN—13（标准版）商品条形码

ISBN 978-7-111-30269-8

图 4-40　EAN—13（标准版）图书和期刊条形码

制造厂商代码的赋权在各个国家或地区的物品编码组织，中国由国家物品编码中心赋予制造厂商代码。

商品代码是用来标识商品的代码，赋码权由产品生产企业自己行使。

商品条形码最后 1 位为校验码，用来校验条形码第 1~12 数字识读的正确性。校验由计算机或微处理器完成，方法为：

1）把 13 位条形码从右往左依次编序号为"1，2，3，4，…"。

2）从序号 2 开始把所有偶数序号的数相加求和。

3）用求出的和乘以 3。

4）从序号 3 开始把所有奇数序号的数相加求和。

5）把第 4 步所得数与第 3 步所得数相加求和。

6）用 10 减去这个和的个位数，得到的数的个位数与校验码相同，则条形码数字正确无误。

EAN—13 商品条形码的每位数字，分别用 7 个二进制的"1"和"0"编码，由两个条和两个空组成。

条形码应用很广，包括物流、仓储、图书馆、银行、POS 收银机、医疗卫生用品、商品、服装、食品以及高科技电子产品。

企业生产的商品需要条码，可到所在地的编码分支机构办理申请注册手续，完成审批程序。商品代码一经分配，就不再更改，并且是终身的。

4.7.7 插卡式电源开关

插卡式电源开关主要用于宾馆和集体宿舍，可以起到安全和节约用电的作用。插卡式电源开关电路如图 4-41 所示。

图 4-41 插卡式电源开关

当住宿人员回到房间时，把住宿卡插入该电源开关，房间总电源接通，然后才能打开房间内的所有电气设备开关。住宿人员外出，取走住宿卡，房间总电源切断，房间内的所有电气设备都打不开。

7812 为三端直流稳压集成电路，输出电压+12V，作为插卡式电源开关的工作电源。光断路器由光耦合器担任，光耦合器由发光二极管和光敏晶体管组成。住宿卡插入光断路器的凹槽内，正好挡住光线，光敏晶体管截止，光断路器输出高电平，使 VT_1 和 VT_2 导通，继电器 K 工作，接通房间内的总电源。

住宿人员外出，取走住宿卡，光线无阻挡，光敏晶体管导通，光断路器输出低电平，使 VT_1 截止。但 VT_2 截止要等 C_3 上充的电放完以后，正好起了延时的作用，延时时间取决于 C_3 值的大小。C_3 上充的电放完后，VT_2 截止，继电器 K 断开，切断房间总电源。

4.7.8 虚拟现实三维空间跟踪球

虚拟现实（Virtual Reality，VR）技术又称为灵境技术，是从真实存在的现实社会环境中，用照相、录像、绘画等方法，采集必要的数据，输入计算机，经过计算机的计算补插处理，模拟生成三维虚拟环境。使用者通过传感器技术手段和计算机 3D 软件，感触和融入该虚拟环境，对虚拟世界对象，例如：园林、建筑、设备、零件、人物、服饰、医疗及游戏等，进行可视化操作，实现人机交互，获得设计模拟和仿真。头戴 VR 显示器就是虚拟现实技术的一个应用。

对计算机或头戴 VR 显示器中虚拟世界对象进行可视化操作的传感器有光电、电磁波、超声波及机械力等多种类型，其中虚拟现实三维空间跟踪球是一种可以提供 6 自由度控制的光电传感器，是一种简单实用、应用较多的桌面控制设备。

虚拟现实三维空间跟踪球如图 4-42 所示，跟踪球被安装在一个小型平台上，可以扭转、挤压、下按、上拉及摇摆。球的中心是固定的，球面与半球形凹洞之间留有间隙，半球形凹洞均匀装有 6 个发光二极管，球面相对位置安装有 6 个光敏传感器。当使用者以不同方式施加外力作用于跟踪球时，6 个光敏传感器接收光的强度不同，产生不同强度的电信号，通过无线或 USB 接口送入计算机。计算机根据这 6 个不同的电信号计算出虚拟对象平移和旋转运动的量值，根据这些量值改变屏幕上显示的虚拟对象的运动状态。

图 4-42　虚拟现实三维空间跟踪球

4.8　实训　测光文具盒电路装调

1）在众多的光传感器中，最为成熟且应用最广的是可见光和近红外光传感器，如 CdS、Si、Ge、InGaAs 光传感器，已广泛应用于工业电子设备的光电子控制系统、光纤通信系统、雷达系统、仪器仪表、电影电视及摄影曝光等方面提供光信号检测、自然光检测、光量检测和光位检测之用。随着光纤技术的开发，近红外光传感器（包括 Si、Ge、InGaAs 光探测器）已成为重点开发的传感器，这类传感器有 PIN 和 APD 两大结构型。PIN 具有低噪声和高速的优点，但内部无放大功能，往往需与前置放大器配合使用，从而形成 PIN+FET 光传感器系列。APD 光传感器的最大优点是具有内部放大功能，这对简化光接收机的设计十分有利。高速、高探测能力和集成化的光传感器是这类传感器的发展趋势。

由于光敏元件品种较多，且性能差异较大，为方便选用列出下表以供参考。

熟悉表 4-5 所列光敏元件性能技术指标及其表示的意义。

表 4-5　光敏元件特性比较

类　别	灵敏度	暗电流	频率特性	光谱特性	线性	稳定性	分散度	测量范围	主要用途	价格
光敏电阻器	很高	大	差	窄	差	差	大	中	测开关量	低
光电池	低	小	中	宽	好	好	小	宽	测模拟量	高
光敏二极管	较高	大	好	宽	好	好	小	中	测模拟量	高
光敏晶体管	高	大	差	较窄	差	好	小	窄	测开关量	中

2）测光文具盒电路如图 4-43 所示。学生在学习时，如果不注意学习环境光线的强弱，很容易损坏视力。测光文具盒是在文具盒上加装测光电路组成的，它不但有文具盒的功能，又能显示光线的强弱，可指导学生在合适的光线下学习，以保护视力。

测光文具盒电路中采用 2CR11 硅光电池作为测光传感器，它被安装在文具盒的表面，直接感受光的强弱，采用两个发光二极管作为光照强弱的指示。当光照度小于100lx较暗时，光电池产生的电压较低，晶体管 VT 压降较大或处于截止状态，两个发光二极管都不亮。当光照度在 100～200lx 之间时，发光二极管 VL$_2$ 点亮，表示光照度适中。当光照度大于200lx 时，光电池产生的电压较高，晶体管 VT 压降较小，VD$_3$ 导通，此时两个发光二极管均点亮，表示光照太强了，为了

图 4-43　测光文具盒电路

保护视力，应减弱光照。调试时可借助测光表的读数，调电路中的电位器 RP 和电阻 R 使电路满足上述要求。

制作印制电路板或利用面包板装调该电路，过程如下：
① 准备电路板和元器件，认识元器件。
② 电路装配调试。
③ 电路各点电压测量。
④ 记录测光实验过程和结果。
⑤ 调电位器 RP 和电阻 R 再进行电路各点电压测量和测光实验结果分析比较。
3）思考该电路的扩展用途。

4.9　习题

1. 光电效应有哪几种？与之对应的光电元件有哪些？请简述其特点。
2. 光电传感器可分为哪几类？请分别举出几个例子加以说明。
3. 某光电开关电路如图 4-44a 所示，施密特触发反向器 CD40106 的输出特性如图 4-44b 所示。

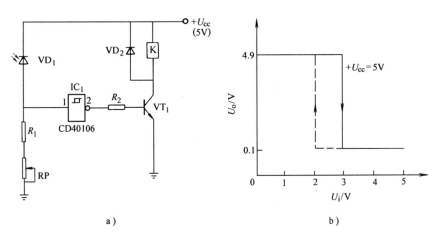

图 4-44　光电开关电路及特性

a）电路　b）CD40106 的输出特性

1）请分析该电路的工作原理。

2）列表说明各元器件的作用。

3）光照从小到大逐渐增加时，继电器 K 的状态如何改变？反之当光照由大变小时继电器的状态如何改变？

4. 某光敏晶体管在强光照时的光电流为 2.5mA，选用的继电器吸合电流为 50mA，直流电阻为 200Ω。现欲设计两个简单的光电开关，其中一个是有强光照时继电器吸合，另一个相反，是有强光照时继电器释放。请分别画出两个光电开关的电路图（只允许采用普通晶体管放大光电流），并标出电源极性及选用的电压值。

5. 造纸工业中经常需要测量纸张的"白度"以提高产品质量，请你设计一个自动检测纸张"白度"的测量仪，要求：

1）画出传感器简图。

2）画出测量电路简图。

3）简要说明其工作原理。

6. 在物理学中，与重力加速度 g 有关的公式为 $S = v_0 t + g t^2 / 2$，式中 v_0 为落体初速度，t 为落体经设定距离 S 所花的时间。请根据上式，设计一台测量重力加速度 g 的教学仪器，要求同第 5 题（提示：v_0 可用落体通过一小段路程 S_0 的平均速度 v_0' 代替）。

7. 标准化考试，学生用 2B 铅笔填涂答题卡，由机器阅卷评分。答题卡机器光电头首先将正确答题卡填涂信息录入到答题卡机器软件系统，然后将需要阅读的答题卡用光电头录入，与正确答题卡填涂信息对比，给出得分。试用学过的光电式传感器知识，设计一答题卡机器方案，画出框图。

8. 光耦合器有哪几种结构？具有哪些用途？光耦合器在插卡式电源开关中起什么作用？

9. 简单叙述热释电红外传感器工作原理和电路组成。

10. 光纤传感器有哪两种类型？简单叙述光纤传感器水源检测设备工作原理。

11. 试画出条形码识读设备电路组成粗框图。

第 5 章　图像传感器

本章要点

- CCD 固态图像传感器由 MOS 电容器阵列组成；
- CMOS 固态图像传感器由 MOS 场效应晶体管阵列组成；
- CCD 和 CMOS 固态图像传感器在物体检测、字符阅读、图像识别、传真及摄像等方面得到广泛的应用。

图像传感器是利用光传感器的光—电转换功能，将其感光面上的光信号图像转换为与之成比例关系的电信号图像的一种功能器件。摄像机、数字照相机、智能手机上使用的固态图像传感器，为 CCD 图像传感器或 CMOS 图像传感器，是两种在单晶硅衬底上布设若干光敏单元与移位寄存器，集成制造的功能化的光电转换器件，其中光敏单元也称为像素。它们的光谱响应范围是可见光及近红外光范围。

5.1　CCD 图像传感器

CCD（Charge Coupled Device）图像传感器由 CCD 电荷耦合器件制成，是固态图像传感器的一种，是贝尔实验室的 W. S. Boyle 和 G. E. Smith 于 1970 年发明的新型半导体传感器。它是在 MOS 集成电路基础上发展起来的，能进行图像信息光电转换、存储、延时和按顺序传送，能实现视觉功能的扩展，能给出直观真实、多层次的内容丰富的可视图像信息。它的集成度高、功耗小、结构简单、耐冲击、寿命长及性能稳定，因而被广泛应用于军事、天文、医疗、广播、电视、传真、通信以及工业检测和自动控制等领域。

5.1.1　CCD 电荷耦合器件

CCD 电荷耦合器件是按一定规律排列的 MOS（金属—氧化物—半导体）电容器组成的阵列，其构造如图 5-1 所示。在 P 型或 N 型硅衬底上生长一层很薄（约 1200Å）的二氧化硅，再在二氧化硅薄层上依次沉积金属或掺杂多晶硅形成电极，称为栅极。该栅极和 P 型或 N 型硅衬底就形成了规则的 MOS 电容器阵列，再加上两端的输入及输出二极管就构成了 CCD 电荷耦合器件芯片。

MOS 电容器和一般电容器不同的是，其下极板不是一般导体而是半导体。假定该半导体是 P 型硅，其中多数载流子是空穴，少数载流子是电子。若在栅极上加正电压，衬底接地，则带正电的空穴被排斥离开硅—二氧化硅界面，带负电的电子被吸引到紧靠硅—二氧化硅界面。当栅极电压高到一定值，硅—二氧化硅界面就形成了对电子而言的陷阱，电子一旦进入就不能离开。栅极电压越高，产生的陷阱越深。可见 MOS 电容器具有存储电荷的功能。

图 5-1 CCD 电荷耦合器件

如果衬底是 N 型硅，则在栅极上加负电压，可达到同样目的。

每一个 MOS 电容器实际上就是一个光敏元件，假定半导体衬底是 P 型硅，当光照射到 MOS 电容器的 P 型硅衬底上时，会产生电子空穴对（光生电荷），电子被栅极吸引存储在陷阱中。入射光强，则光生电荷多，入射光弱，则光生电荷少。无光照的 MOS 电容器则无光生电荷。这样把光的强弱变成与其成比例的电荷的多少，实现了光电转换。若停止光照，由于陷阱的作用，电荷在一定时间内也不会消失，可实现对光照的记忆。一个个的 MOS 电容器可以被设计排列成一条直线，称为线阵；也可以排列成二维平面，称为面阵。一维的线阵接收一条光线的照射，二维的面阵接收一个平面的光线的照射。CCD 摄像机、照相机就是通过透镜把外界的景象投射到二维 MOS 电容器面阵上，产生 MOS 电容器面阵的光电转换和记忆，如图 5-2 所示。

图 5-2 MOS 电容器面阵的光电转换和记忆

线阵或面阵 MOS 电容器上记忆的电荷信号的输出是采用转移栅极的办法来实现的。在图 5-1 中可以看到，每一个光敏元件（像素）对应有三个相邻的栅电极 1、2、3，所有栅电极彼此之间离得很近，所有的 1 电极相连加以时钟脉冲 ϕ_1，所有的 2 电极相连加以时钟脉冲 ϕ_2，所有的 3 电极相连加以时钟脉冲 ϕ_3，三种时钟脉冲时序彼此交叠。若是一维的 MOS 电容器线阵，在时序脉冲的作用下，三个相邻的栅电极依次为高电平，将电极 1 下的电荷依次吸引转移到电极 3 下。再从电极 3 下吸引转移到下一组栅电极的电极 1。这样持续下去，就完成了电荷的定向转移，直到传送完整个一行的各像素，在 CCD 的末端就能依次接收到原存储在各个 MOS 电容器中的电荷。完成一行像素传送后，可再进行光照，再传送新的一行像素的信息。如果是二维的 MOS 电容器面阵，完成一行像素传送后，可开始面阵上第二行像素的传送，直到传送完整个面阵上所有行的 MOS 电容器中的电荷为止，也就完成了一帧像素的传送。完成一帧像素传送后，可再进行光照，再传送新的一帧像素的信息。这种利用三相时序脉冲转移输出的结构称为三相驱动（串行输出）结构，还有两相、四相等其他驱动结构。

输出电荷经由放大器放大变成一连串模拟脉冲信号。每一个脉冲反映一个光敏元件的受光情况，脉冲幅度反映该光敏元件受光的强弱，脉冲的顺序可以反映光敏元件的位置即光点的位置。这就起到了光图像转换为电图像的图像传感器的作用。

CCD 电荷耦合器件的集成度很高，在一块硅片上制造了紧密排列的许多 MOS 电容器光敏元件。线阵的光敏元件数目从 256 个到 4096 个或更多。而面阵的光敏元件的数目可以是 500×500 个（25 万个），甚至 2048×2048 个（约 400 万个）以上。当被测景物的一幅图像由透镜成像在 CCD 面阵上时，被图像照亮的光敏元件接收光子的能量产生电荷，电荷被存储在光敏元件下面的陷阱中。电荷数量在 CCD 面阵上的分布反映了图像的模样。在 CCD 芯片上同时集成有扫描电路，它们能在外加时钟脉冲的控制下，产生三相时序脉冲信号，由左到右，由上到下，将存储在整个面阵的光敏元件下面的电荷逐位、逐行快速地以串行模拟脉冲信号输出。输出的模拟脉冲信号可以转换为数字信号存储，也可以输入视频显示器显示出原始的图像。

5.1.2 CCD 图像传感器

MOS 电容器在光照下产生光生电荷，经三相时序脉冲控制转移输出的结构实质上是一种光敏元件与移位寄存器合而为一的结构，称为光积蓄式结构。这种结构最简单，但是因光生电荷的积蓄时间比转移时间长得多，所以再生图像往往产生"拖尾"，图像容易模糊不清。另外，直接采用 MOS 电容器感光虽然有不少优点，但它对蓝光的透过率差，灵敏度较低。

现在更多地在 CCD 图像传感器上使用的是光敏元件与移位寄存器分离式的结构，如图 5-3 所示。

图 5-3 光敏元件与移位寄存器分离式结构

a）单读式 b）双读式

这种结构采用光敏二极管阵列作为感光元件，光敏二极管在受到光照时，便产生相应于入射光量的电荷，再经过电注入法将这些电荷引入 CCD 电容器阵列的陷阱中，便成为用光敏二极管感光的 CCD 图像传感器。它的灵敏度极高，在低照度下也能获得清晰的图像，在强光下也不会烧伤感光面。CCD 电容器阵列陷阱中的电荷，仍然采用时序脉冲控制转移输出。CCD 电容器阵列在这里只起移位寄存器的作用。

图 5-4 给出了分离式的 2048 位 MOS 电容器线阵 CCD 电荷耦合器件示意图。图中移位寄存器被分别配置在光敏元件线阵的两侧，奇偶数号位的光敏元件分别与两侧的移位寄存器的相应小单元对应。这种结构为双读式结构，它与长度相同的单读式相比较，可以获得高出两倍的分辨率。同时，又因为 CCD 移位寄存器的级数仅为光敏单元数的一半，可以使 CCD 特有的电荷转移损失大为减少，较好地解决了因转移损失造成的分辨率降低的问题。在同一效果情况下，双读式可以缩短器件尺寸。由于这些优点，双读式已经发展成为线阵固态图像传感器的主要结构形式。

图 5-4　线阵 CCD 内部框图

面阵固态图像传感器由双读式结构线阵构成，它有多种类型。常见的有行转移（LT）、帧转移（FT）和行间转移（ILT）方式。

帧转移（FT）方式是在光敏元件和移位寄存器组成的光敏区外另设信号电荷暂存区，光敏区的光生电荷积蓄到一定数量后，在极短的时间内迅速送到有光屏蔽的暂存区。这时，光敏区又开始下一帧信号电荷的生成与积蓄过程，而暂存区利用这个时间将上一帧信号电荷，一行一行地移往读出寄存器读出。当暂存区的信号电荷全部读出后，在时钟脉冲的控制下，又开始下一帧信号电荷的由光敏区向暂存区的迅速转移。

行转移（LT）和行间转移（ILT）也有各自独特的转移方式。

5.1.3　CCD 图像传感器的应用

CCD 电荷耦合器件单位面积的光敏元件位数很多，一个光敏元件形成一个像素，因而用 CCD 电荷耦合器件做成的图像传感器具有成像分辨率高、信噪比大、动态范围大的优点，可以在微光下工作。

光敏二极管产生的光生电荷只与光的强度有关，而与光的颜色无关。彩色图像传感器则采用三个光敏二极管组成一个像素的方法。在 CCD 图像传感器的光敏二极管阵列的前方，加上彩色矩阵滤光片，被测景物的图像的每一个光点由彩色矩阵滤光片分解为红、绿、蓝三个光点，分别照射到每一个像素的三个光敏二极管上，各自产生的光生电荷分别代表该像素红、绿、蓝三个光点的亮度。每一个像素的红、绿、蓝三个光点的光生电荷经输出和传输后，可在显示器上重新组合，显示出每一个像素的原始彩色。这就构成了彩色图像传感器。CCD 彩色图像传感器具有高灵敏度和好的彩色还原性。

CCD 图像传感器输出信号具有如下特点：

1）与景象的实时位置相对应，即能输出景象时间系列信号，也就是"所见即所得"。

2）串行的各个脉冲可以表示不同信号，即能输出景象亮暗点阵分布模拟信号。

3）能够精确反映焦点面信息，即能输出焦点面景象精确信号。

将不同的光源或光学透镜、光导纤维、滤光片及反射镜等光学元件灵活地与这三个特点相组合，就可以获得 CCD 图像传感器的各个用途，如图 5-5 所示。

CCD 图像传感器进行非电量测量是以光为媒介的光电变换。因此，可以实现危险地点或人、机械不可到达场所的测量与控制。

由图 5-5 可见，它能够测试的非电量和主要用途大致为：

1）组成测试仪器，可测量物位、尺寸、工件损伤等。

2）作为光学信息处理装置的输入环节，可用于传真技术、光学文字识别技术以及图像识别技术、传真、摄像等方面。

3）作为自动流水线装置中的敏感器件，可用于机床、自动售货机、自动搬运车以及自动监视装置等方面。

4）作为机器人的视觉，监控机器人的运行。

图 5-5　CCD 图像传感器的用途
1—滤光片　2—光导纤维
3—平行光　4—透镜

5.2　CMOS 图像传感器

与 CCD 图像传感器是 MOS 电容器组成的阵列不同，CMOS 图像传感器是按一定规律排列的互补型金属—氧化物—半导体场效应晶体管（MOSFET）组成的阵列。

5.2.1　CMOS 型光电转换器件

场效应晶体管是利用半导体表面的电场效应进行工作的，也称为表面场效应器件。由于它的栅极处于不导电（绝缘）状态，所以输入电阻很高，最高可达 $10^{15}\Omega$。绝缘栅型场效应晶体管目前应用较多的是以二氧化硅为绝缘层的金属—氧化物—半导体场效应晶体管，简称为 MOSFET。MOSFET 有增强型和耗尽型两类，其中每一类又有 N 沟道和 P 沟道之分。增强型是指栅源电压 $u_{GS}=0$ 时，FET 内部不存在导电沟道，即使漏源间加上电压 u_{DS}，也没有漏源电流产生，即 $i_D=0$。对于 N 沟道增强型，只有当 $u_{GS}>0$ 且高于开启电压时，才开始有 i_D。对于 P 沟道增强型，只有当 $u_{GS}<0$ 且低于开启电压时，才开始有 i_D。耗尽型是指当栅源电压 $u_{GS}=0$ 时，FET 内部已有导电沟道存在，若在漏源间加上电压 u_{DS}（对于 N 沟道耗尽型，$u_{DS}>0$，对于 P 沟道耗尽型，$u_{DS}<0$），就有漏源电流产生。增强型称为 E 型，耗尽型也称为 D 型。

NMOS 管和 PMOS 管可以组成共源、共栅、共漏三种组态的单级放大器，也可以组成镜像电流源电路和比例电流源电路。以 E 型 NMOS 场效应晶体管 V_1 作为共源放大管，以 E 型 PMOS 场效应晶体管 V_2、V_3 构成的镜像电流源作为有源负载，就构成了 CMOS 型放大器，如图 5-6 所示。可见，CMOS 型放大器是由 NMOS 场效应晶体管和 PMOS 场效应晶体管组合而成的互补放大电路。由于与放大管 V_1 互补的有源负载具有很高的输出阻抗，因而电压增益很高。

  CMOS 型图像传感器就是把 CMOS 型放大器作为光电变换器件的传感器。CMOS 型光电变换器件的工作原理如图 5-7 所示，它是把与 CMOS 型放大器源极相连的 P 型半导体衬底充当光电变换器的感光部分。

图 5-6　CMOS 型放大器　　　　图 5-7　CMOS 型光电变换器件的工作原理

  当 CMOS 型放大器的栅源电压 $u_{GS} = 0$ 时，CMOS 型放大器处于关闭状态，即 $i_D = 0$，CMOS 型放大器的 P 型衬底受光信号照射产生并积蓄光生电荷，可见，CMOS 型光电变换器件同样有存储电荷的功能。当积蓄过程结束，栅源之间加上开启电压时，源极通过漏极负载电阻对外接电容充电形成电流，即为光信号转换为电信号的输出。

5.2.2　CMOS 图像传感器

  利用 CMOS 型光电变换器件可以做成 CMOS 图像传感器，但采用 CMOS 衬底直接受光信号照射产生并积蓄光生电荷的方式很少被采用，现在 CMOS 图像传感器上使用的多是光敏元件与 CMOS 型放大器分离式的结构。CMOS 线型图像传感器结构如图 5-8 所示。

  由图 5-8 可见，CMOS 线型图像传感器由光敏二极管和 CMOS 型放大器阵列以及扫描电路集成在一块芯片上制成。一个光敏二极管和一个 CMOS 型放大器组成一个像素。光敏二极管阵列在受到光照时，便产生相应于入射光量的电荷，扫描电路实际上是移位寄存器。CMOS 型光电变换器件只有光生电荷产生和积蓄功能，而无电荷转移功能。为了从图像传感器输出图像的电信

图 5-8　CMOS 线型图像传感器结构

号，必须另外设置"选址"作用的扫描电路。扫描电路以时钟脉冲的时间间隔轮流给 CMOS 型放大器阵列的各个栅极加上电压，CMOS 型放大器轮流进入放大状态，将光敏二极管阵列产生的光生电荷放大输出，输出端就可以得到一串反映光敏二极管受光照情况的模拟脉冲信号。

  CMOS 面型图像传感器则是由光敏二极管和 CMOS 型放大器组成的二维像素矩阵，并分

别设有 X—Y 水平与垂直选址扫描电路。水平与垂直选址扫描电路发出的扫描脉冲电压，由左到右，由上到下，分别使各个像素的 CMOS 型放大器处于放大状态，二维像素矩阵面上各个像素的光敏二极管光生和积蓄的电荷依次放大输出。

CMOS 图像传感器的最大缺点是 MOSFET 的栅漏区之间的耦合电容会把扫描电路的时钟脉冲也耦合为漏入信号，造成图像的"脉冲噪声"。还有，由于 MOSFET 的漏区与光敏二极管相近，一旦信号光照射到漏区，也会产生光生电荷向各处扩散，形成漏电流，再生图像时会出现纵线状拖影。不过，可以通过配置一套特别的信号处理电路消除这些干扰。

5.2.3　CMOS 图像传感器的应用

CMOS 图像传感器与 CCD 图像传感器一样，可用于自动控制、自动测量、摄影摄像及图像识别等各个领域，也可以用 CCD 图像传感器类似的方法做成 CMOS 彩色图像传感器。

CMOS 图像传感器制造成本较 CCD 图像传感器低，功耗也低得多。CCD 的 MOS 电容器有静态电量消耗，而 CMOS 放大器在静态时是截止状态，几乎没有静态电量消耗，只有在有光照电路接通时才有电量的消耗。CMOS 的耗电量只有普通 CCD 的 1/3 左右。

CMOS 与 CCD 的图像数据扫描方法有很大的差别。例如，若分辨率为 800 万像素，那么 CCD 传感器要连续扫描 800 万个电荷，并且在最后一个数据扫描完成之后才能将信号放大。CMOS 传感器的每个像素都有一个将电荷转化为电子信号的放大器，可以在每个像素基础上进行信号放大输出。因此可节省任何无效的传输操作，只需少量能量消耗就可以进行快速率数据扫描，同时噪声也有所降低。

CMOS 图像传感器主要问题是在处理快速变化的影像时，由于电流变化过于频繁而过热。暗电流抑制得好就问题不大，如果调高感光度（ISO），暗电流抑制不好，就会出现噪点。所以 CMOS 图像传感器对光源的要求要高一些，分辨率也没有 CCD 高。

新型背照式 CMOS 是将传统 CMOS 表面的电子电路布线层移到感光面的背部，使感光面前移接近微型透镜，能获得约两倍于传统正照式 CMOS 的光通量，从而使 CMOS 传感器可在低光照环境下、夜视环境下使用，低光照对焦能力也大大提高。

5.3　CCD 和 CMOS 图像传感器应用实例

5.3.1　月票自动发售机

用 CCD 图像传感器可以做成月票自动发售机，其结构如图 5-9 所示。

顾客按照固定的格式填写好申请单，送入月票自动发售机。在传送的过程中，CCD 线型图像传感器将申请单以图像的方式转换为电信号，放大后送自动誊写机，打印出月票。日本的许多地铁售票处都用这种装置发售月票，所用的 CCD 线型图像传感器是日本产的 OPA128 线型固态图像传感器。

5.3.2　数字摄像机

现在在市场上数字摄像机的品种已经很多了，它大多是用 CCD 彩色图像传感器制成的，可以是线型图像传感器，也可以是面型图像传感器。数字摄像机基本结构如图 5-10 所示。

图 5-9　月票自动发售机结构组成

图 5-10　数字摄像机基本结构

我们知道，对变化的外界景物连续拍摄图片，只要拍摄速度超过 24 幅/s，再按同样的速度播放这些图片，可以重现变化的外界景物，这是利用了人眼的视觉暂留原理。外界景物通过镜头照射到 CCD 彩色图像传感器上，CCD 彩色图像传感器在扫描电路的控制下，可将变化的外界景物以 25 幅/s 图像的速度转换为串行模拟脉冲信号输出。该串行模拟脉冲信号经 A-D 转换器转换为数字信号，由于信号量很大，所以还要进行信号数据压缩。压缩后的信号数据可存储在存储卡上，日本松下最新推出的 P2 存储卡容量可达 64GB，也可以存储在专用的数码录像磁带上。数字摄像机使用 2/3in 57 万像素（摄像区域为 33 万像素）的高精度 CCD 彩色图像传感器芯片。高档数字摄像机使用 3 片 CCD（3 基色），具有 100 万像素。

使用 CMOS 彩色图像传感器的数字摄像机也已经投入了市场，其明显的特征是耗电少。

5.3.3　数字照相机

数字照相机的结构与数字摄像机相似，只不过数字照相机拍摄的是静止图像。数字照相机的基本结构如图 5-11 所示。

变化的外界景物通过镜头照射到 CCD 彩色图像传感器上，当使用者感到图像满意时，可由取景器电路发出信号锁定，再由 CCD 彩色图像传感器转换为串行模拟脉冲信号输出。该串行模拟脉冲信号由放大器放大，再由 A-D 转换器转换为数字信号，存储在 PCMCIA 卡（个人计算机存储卡国际接口标准）上。该存储卡上的图像数据可送微型计算机显示和保存，A-D 转换器输出的数字图像信号也可由串行口直接送微型计算机显示和保存。

图 5-11　数字照相机基本结构

数字照相机通常被划分为高端（400万像素以上）、中端（330万像素、210万像素）与低端（百万像素以下）三种产品。

中端数字照相机使用1/2in 330万像素（有效像素为2048×1536）的CCD彩色图像传感器，芯片面积为35mm胶片的1/5.35。高端数字照相机采用2/3英寸CCD芯片830万像素（有效像素为3264×2448），可输出300dpi（每英寸点数）的10.88英寸×8.16英寸幅面的相片，对一般照相而言，清晰度已足够。现在已有1200万以上像素的数字照相机，使用CCD摄像头或背照式CMOS摄像头，相片清晰度很高，但存储数据量太大。

数字照相机功能也属于手机的基本配置。手机大多有两个摄像头，一个在前面，与液晶屏幕同一方向，用于上网视频聊天和视频通话，也可以进行拍照片；另一个在背面用于拍照片，这时液晶屏幕作为取景显示。

手机的摄像头一般都采用CMOS彩色图像传感器，前面的摄像头的像素一般为120万~200万。背面的摄像头的像素为800万以上，采用背照式CMOS摄像头。

5.3.4　二维码与识读设备

一维条形码表示的信息有限。二维码（dimensional barcode）是在一维条形码的基础上扩展出的可表示更多资讯的条码。在现代商业活动中应用十分广泛，如广告推送、网站链接、商品交易及电子凭证等。

二维码有两种，一种是堆叠式二维码，是在一维码基础上堆叠3~90行而成的二维码，如图5-12所示。堆叠式二维码印刷和识读设备与一维码技术兼容，每一行有一个起始部分、数据部分、终止部分，识读需要对行进行判定，译码算法不同于一维码。堆叠式二维码典型的码制有Code 16K、Code 49、PDF417等。

图 5-12　堆叠式二维码

图 5-13　矩阵式二维码

另一种是矩阵式二维码，又称为棋盘式二维码，如图 5-13 所示。它是在一个矩形空间通过黑、白像素的不同分布进行编码。在矩阵元素位置上，用点的出现表示二进制"1"，点的不出现表示二进制"0"，可以是方点、圆点或其他形状点。不同"1"和"0"的组合，表示不同的字符，实现资讯编码。

矩阵式二维码是建立在计算机图形处理技术、组合编码原理等基础上的一种图形符号自动识读处理码制，采用面阵式 CCD 或 CMOS 摄像头将二维码图像摄取后，交由计算机图形处理程序进行分析和解码。矩阵式二维码有很多种，常用的码制有 Code One、Data Matrix、MaxiCode、QR Code 等，每种码制有特定的字符集，每个字符占有一定的二进制位数。

QR 码是常见的一种二维码，1994 年由日本公司发明。QR 来自英文 Quick Response 的缩写，即快速反应的意思。QR 码呈正方形，只有黑白两色。矩阵元素符号规格从 21×21 模块（版本 1）到 177×177 模块（版本 40），共 40 个版本，每高一规格每边增加 4 个模块。最高版本 40-L 可表示数字字符 7089 个，或汉字字符 1817 个，编码信息量最大。L 为纠错等级。QR 码有 L、M、Q、H 共 4 个纠错等级，分别具有 7%、15%、25%、30% 的字码纠错能力。

在矩阵的 3 个角落有像"回"字的正方图案，连接左、右两个"回"字最下边一横和上、下两个"回"字最右边一竖，为黑、白元素相间的两条模块。它们都是帮助解码软件寻像和定位用的。从而，不同行的信息能自动识别，能应对图形旋转变化。使用者不需要对准，无论以任何角度摄取，资料仍可正确被读取。

其他模块为数据码和校验码。纠错等级高的校验码占有模块要多一些。

QR 码属于开放式的标准，规格公开，很多网站提供有为用户编制二维码的服务。用户只要点开网页，输入所需文本和数据内容，单击生成二维码，就可以获得编好的二维码，尺寸大小可选，还可以在二维码中间位置嵌入 Logo（标识）。

5.3.5　光纤内窥镜

工业生产的某些过程中，需要检查设备内部结构情况，而这种设备由于各种原因不能打开进行观察。在医院里，有时需要了解病人肠胃器官的病变情况，以便对症下药进行治疗。还有一些部门有时也需要进行盲区检测。这些都需要用到光纤内窥镜。光纤内窥镜设备由光源、传光束、物镜、传像束、目镜或 CCD 图像显示器等组成，如图 5-14 所示。

图 5-14　光纤内窥镜设备结构框图

使用时，将检测探头放入系统内部或病人肠胃器官内，光源发出的光由传光光纤束传输，照亮被测对象，由物镜成像到传像束的物镜端，传像束把被测对象的像素传送到目镜端。传像束由玻璃光纤按阵列排列而成，一根传像束一般由几万到几十万条直径为 $10\sim20\mu m$ 的光纤组成，每一条光纤传送一个像素的信息。

传送到传像束目镜端的像素可以通过目镜成像，供人观察，或通过 CCD 或 CMOS 图像传感器将像素信息转换为电信号，经扫描电路，送显示器显示。

医用内窥镜的传光束是包围在传像束的外围，组合成一个柔软的细管。目镜旁边有手柄可控制检测探头偏转，便于观察。

5.4 实训 汽车倒车后视和提醒电路装调

汽车倒车后视和提醒电路如图 5-15 所示。司机要倒车时，接通语音集成电路和摄像头电源，发出提醒声并在显示屏上显示后视物体图像。

1）备齐元件，在多功能电路板上装配、调试该电路。

2）摄像头和显示器可以选用专用设备，也可以用计算机摄像头和笔记本式计算机代用。

3）试验该电路性能。

图 5-15 汽车倒车后视和提醒电路

5.5 习题

1. CCD 电荷耦合器件的 MOS 电容器阵列是如何将光照射转换为电信号并转移输出的？

2. CCD 图像传感器上使用光敏元件与移位寄存器分离式的结构有什么优点？

3. 举例说明 CCD 图像传感器的用途。

4. CMOS 图像传感器与 CCD 图像传感器有什么不同？各有什么优缺点？

5. 数字照明机是如何工作的？使用低档、中档和高档数字照相机拍摄相片有什么不同效果？为什么？

6. 在光线偏暗时，用手机拍摄的相片效果不好，清晰度不高，为什么？

7. 二维码如何寻像和定位？

8. 光纤内窥镜如何工作？

第6章 霍尔传感器及其他磁传感器

本章要点

- 磁可以通过电磁感应转换成电进行测量；
- 磁阻元件、磁敏二极管、磁敏晶体管的工作原理和用途；
- 霍尔元件的主要特性和霍尔集成传感器的应用。

霍尔传感器是利用半导体材料的霍尔效应进行测量的一种传感器。它可以直接测量磁场及微小位移量，也可以间接测量液位、压力等工业生产过程参数。目前，霍尔传感器已从分立元件发展到了集成电路的阶段，正越来越受到人们的重视，应用日益广泛。利用磁阻效应和磁敏特性做成的磁阻、磁敏传感器也广泛应用于各个测量与控制技术领域。

6.1 霍尔传感器工作原理

6.1.1 霍尔效应

在置于磁场中的导体或半导体内通入电流，若电流与磁场垂直，则在与磁场和电流都垂直的方向上会出现一个电动势差，这种现象称为霍尔效应。利用霍尔效应制成的元件称为霍尔元件。

霍尔效应与霍尔元件如图 6-1 所示，在长、宽、高分别为 L、W、H 的半导体薄片的相

图 6-1 霍尔效应与霍尔元件
a）霍尔效应 b）霍尔元件结构 c）图形符号 d）外形

对两侧 a、b 通以控制电流，在薄片垂直方向加以磁场 B。设图中的材料是 N 型半导体，导电的载流子是电子。在图示方向磁场的作用下，电子将受到一个由 c 侧指向 d 侧方向力的作用，这个力就是洛仑兹力。洛仑兹力用 F_L 表示，大小为

$$F_L = qvB \tag{6-1}$$

式(6-1)中，q 为载流子电荷；v 为载流子的运动速度；B 为磁感应强度。

在洛仑兹力的作用下，电子向 d 侧偏转，使该侧形成负电荷的积累，c 侧则形成正电荷的积累。这样，c、d 两端面因电荷积累而建立了一个电场 E_H，称为霍尔电场。该电场对电子的作用力与洛仑兹力的方向相反，即阻止电荷的继续积累。当电场力与洛仑兹力相等时，达到动态平衡。这时有

$$qE_H = qvB$$

霍尔电场的强度为

$$E_H = vB \tag{6-2}$$

在 c 与 d 两侧面间建立的电动势差称为霍尔电压，用 U_H 表示

$$U_H = E_H W \quad 或 \quad U_H = vBW \tag{6-3}$$

当材料中的电子浓度为 n 时，$v = I/(nqHW)$，代入式(6-3)得

$$U_H = \frac{IB}{nqH} \tag{6-4}$$

设 $R_H = 1/nq$，得

$$U_H = \frac{R_H IB}{H} \tag{6-5}$$

设 $K_H = R_H/H$，得

$$U_H = K_H IB \tag{6-6}$$

式（6-6）中，R_H 为霍尔系数，它反映材料霍尔效应的强弱；K_H 为霍尔灵敏度，它表示一个霍尔元件在单位控制电流和单位磁感应强度时产生的霍尔电压的大小。

通过以上分析，可以看出

1）霍尔电压 U_H 大小与材料的性质有关。一般来说，金属材料 n 较大，导致 R_H 和 K_H 变小，故不宜做霍尔元件。霍尔元件一般采用 N 型半导体材料。

2）霍尔电压 U_H 与元件的尺寸关系很大，生产元件时要考虑到以下几点：

① 根据式（6-3），H 越小，K_H 越大，霍尔灵敏度越高，所以霍尔元件的厚度都比较薄。但 H 太小，会使元件的输入、输出电阻增加，因此，也不宜太薄。

② 元件的长宽比对 U_H 也有影响。L/W 加大时，控制电极对霍尔电压影响减小。但如果 L/W 过大，载流子在偏转过程中的损失将加大，使 U_H 下降，通常要对式（6-6）加以形状效应修正：

$$U_H = K_H IBf\left(\frac{L}{W}\right) \tag{6-7}$$

式（6-7）中，$f(L/W)$ 为形状效应系数，其修正值如表 6-1 所示。

表 6-1　形状效应系数修正值

L/W	0.5	1.0	1.5	2.0	2.5	3.0	4.0
$f(L/W)$	0.370	0.675	0.841	0.923	0.967	0.984	0.996

通常取 $L/W=2$。

3）霍尔电压 U_H 与控制电流及磁场强度有关。根据式（6-4），U_H 正比于 I 及 B。当控制电流恒定时，B 越大，U_H 越大。当磁场改变方向时，U_H 也改变方向。同样，当霍尔灵敏度 K_H 及磁感应强度 B 恒定时，增加控制 I，也可以提高霍尔电压的输出。但电流不宜过大，否则，会烧坏霍尔元件。

6.1.2　霍尔元件的主要技术参数

1. 输入电阻 R_{in} 和输出电阻 R_{out}

输入电阻指 a、b 两侧控制电极间的电阻，输出电阻指 c、d 两侧霍尔元件电极间的电阻，可以在无磁场即 $B=0$ 时，用欧姆表等测量。

2. 额定控制电流 I_c

给霍尔元件通以电流，能使霍尔元件在空气中产生 10℃ 温升的电流值，称为额定控制电流 I_c。

3. 不等位电动势 U_0

霍尔元件在额定控制电流作用下，若元件不加外磁场，输出的霍尔电压的理想值应为零，但由于存在着电极的不对称、材料电阻率不均衡等因素，霍尔元件会输出电压，该电压称为不等位电动势或不平衡电动势 U_0，其值与输入电压、电流成正比。U_0 一般很小，不大于 1mV。

4. 霍尔电压 U_H

将霍尔元件置于 $B=0.1T$ 的磁场中，再加上一定输入电压，此时霍尔元件的输出电压就是霍尔电压 U_H。

5. 霍尔电压的温度特性

当温度升高时，霍尔电压减小，呈现负温度特性。在实际使用中采用电阻偏置进行温度补偿。

目前国内外生产的霍尔元件种类很多，表 6-2 列出了部分国产霍尔元件的有关参数，供选用时参考。

表 6-2　常用霍尔元件的参数

参数名称	符号	单位	HZ-1 型	HZ-2 型	HZ-3 型	HZ-4 型	HT-1 型	HT-2 型	HS-1 型
			材　料（N 型）						
			Ge(111)	Ge(111)	Ge(111)	Ge(100)	InSb	InSb	InAs
电阻率	ρ	$\Omega \cdot cm$	0.8~1.2	0.8~1.2	0.8~1.2	0.4~0.5	0.003~0.01	0.003~0.05	—
几何尺寸	lwh	mm^3	8×4×0.2	4×2×0.2	8×4×0.2	8×4×0.2	6×3×0.2	8×4×0.2	8×4×0.2
输入电阻	R_{io}	Ω	110(1±20%)	110(1±20%)	110(1±20%)	45(1±20%)	0.8(1±20%)	0.8(1±20%)	1.2(1±20%)
输出电阻	R_{vo}	Ω	100(1±20%)	100(1±20%)	100(1±20%)	40(1±20%)	0.5(1±20%)	0.5(1±20%)	1±20%

（续）

参数名称	符号	单位	HZ-1 型	HZ-2 型	HZ-3 型	HZ-4 型	HT-1 型	HT-2 型	HS-1 型
			材　料（N 型）						
			Ge(111)	Ge(111)	Ge(111)	Ge(100)	InSb	InSb	InAs
灵敏度	K_h	mV/ (mA·T)	>12	>12	>12	>4	1.8(1±20%)	1.8(1±20%)	1±20%
不等位电阻	R_1	Ω	<0.07	<0.05	<0.07	<0.02	<0.005	<0.005	<0.003
寄生直流电压	U_l	μV	<150	<200	<150	<100	—	—	—
额定控制电流	I_c	mA	20	15	25	50	250	300	200
霍尔电压温度系数	α	1/℃	0.04%	0.04%	0.04%	0.03%	−1.5%	−1.5%	—
内阻温度系数	β	1/℃	0.5%	0.5%	0.5%	0.3%	−0.5%	−0.5%	—
热阻	R_q	℃/mW	0.4	0.25	0.2	0.1	—	—	—
工作温度	T	℃	−40~45	−40~45	−40~45	−40~75	0~40	0~40	−40~60

6.2　霍尔传感器

6.2.1　霍尔开关集成传感器

　　霍尔开关集成传感器是利用霍尔元件与集成电路技术制成的一种磁敏传感器，它能感知一切与磁信息有关的物理量，并以开关信号形式输出。霍尔开关集成传感器具有使用寿命长，无触点磨损，无火花干扰，无转换抖动，工作频率高，温度特性好，能适应恶劣环境等优点。

　　图 6-2 是霍尔开关集成传感器的内部框图。它主要由稳压电路、霍尔元件（注意电路符号）、放大器、整形电路及开关输出 5 部分组成。稳压电路可使传感器在较宽的电源电压范围内工作，开关输出可使该电路方便地与各种逻辑电路连接。

　　当有磁场作用在霍尔开关集成传感器上时，根据霍尔效应原理，霍尔元件输出霍尔电压 U_H，该电压经放大器放大后，送至施密特整形电路。当放大后的霍尔电压大于"开启"阈值时，施密特电路翻转，输出高电平，使晶体管 VT 导通，并具有拉流的作用，整个电路处于开状态。当磁场减弱时，霍尔元件输出的 U_H电压很小，经放大器放大后其值还小于施密特的"关闭"阈值时，施密特整形器又翻转，输出低电平，使晶体管 VT 截止，电路处于关状态。这样，一次磁场强度的变化，就使传感器完成了一次开关动作。

图 6-2　霍尔开关集成传感器内部框图

霍尔开关集成传感器常用于点火系统、保安系统、转速测量、里程测量、机械设备限位开关、按钮开关、电流的测量和控制及位置和角度的检测等。常见霍尔开关集成传感器型号有 UGN—3020、UGN—3030、UGN—3075 等。

6.2.2 霍尔线性集成传感器

霍尔线性集成传感器的输出电压与外加磁场强度呈线性比例关系。这类传感器一般由霍尔元件和放大器组成，当外加磁场时，霍尔元件产生与磁场成线性比例变化的霍尔电压，经放大器放大后输出。

霍尔线性集成传感器有单端输出型和双端输出型两种，典型产品分别为 SL3501T 和 SL3501M 两种，如图 6-3 和图 6-4 所示。单端输出型是一个三端器件。双端输出型是一个 8 脚双列直插封装器件，可提供差动跟随输出，图 6-4 中的电位器为失调调整。

图 6-3　单端输出传感器的电路结构　　　图 6-4　双端输出传感器的电路结构

霍尔线性集成传感器常用于位置、力、重量、厚度、速度、磁场、电流等的测量和控制。

6.3　其他磁传感器

6.3.1　磁阻元件

当霍尔元件受到与电流方向垂直的磁场作用时，不仅会出现霍尔效应，而且还会出现半导体电阻率增大的现象，这种现象称为磁阻效应。利用磁阻效应做成的电路元件，叫作磁阻元件。

1. 基本工作原理

在没有外加磁场时，磁阻元件的电流密度矢量，如图 6-5a 所示。当磁场垂直作用在磁阻元件表面上时，由于霍尔效应，使得电流密度矢量偏移电场方向某个霍尔角 θ，如图 6-5b 所示。这使电流流通的途径变长，导致元件两端金属电极间的电阻值增大。电极间的距离越长，电阻的增长比例就越大，所以在磁阻元件的结构中，大多数是把基片切成薄片，然后用光刻的方法插入金属电极和金属边界。

图 6-5　磁阻元件工作原理示意图
a）在无磁场时　b）有磁场作用时

2. 磁阻元件的基本特性

1）B-R 特性。磁阻元件的 B-R 特性，用无磁场时的电阻 R_0 和磁感应强度为 B 时的电阻 R_B 来表示。R_0 随元件的形状不同而异，约为数十欧至数千欧。R_B 随磁感应强度的变化而成倍变化。

2）灵敏度 K。磁阻元件的灵敏度 K，可由下式表示，即

$$K = \frac{R_3}{R_0}$$

式中，R_3 为当磁感应强度为 0.3T 时的 R_B；R_0 为无磁场时的电阻。

一般来说，磁阻元件的灵敏度 $K \geqslant 2.7$。

3）温度系数。磁阻元件的温度系数约为-2%/℃，是比较大的。为了补偿磁敏电阻的温度特性，可以采用两个磁敏元件串联起来，采用分压输出，可以大大改善元件的温度特性。

3. 磁阻元件的应用

由于磁阻元件具有阻抗低、阻值随磁场变化率大、非接触式测量、频率响应好、动态范围广及噪声小等特点，可广泛应用于无触点开关、压力开关、旋转编码器、角度传感器以及转速传感器等场合。

6.3.2 磁敏二极管

磁敏二极管是一种磁电转换元件，可以将磁信息转换成电信号，具有体积小、灵敏度高、响应快、无触点、输出功率大及性能稳定等特点。它可广泛应用于磁场的检测、磁力探伤、转速测量、位移测量、电流测量、无触点开关和无刷直流电动机等许多领域。

1. 磁敏二极管的基本结构及工作原理

磁敏二极管的结构如图 6-6 所示。它是平面 P^+-i-N^+ 型结构的二极管。在高纯度半导体锗的两端掺高杂 P 型区和 N 型区。i 区是高纯空间电荷区，i 区的长度远远大于载流子扩散的长度。在 i 区的一个侧面上，再做一个高复合区 r，在 r 区域载流子的复合速率较大。

在电路连接时，P^+ 区接正电压，N^+ 区接负电压，即在给磁敏二极管加电压时，P^+ 区向 i 区注入空穴，N^+ 区向 i 区注入电子。在没有外加磁场情况下，大部分的空穴和电子分别流入 N 区和 P 区而产生电流，只有很少部分载流子在 r 区复合，如图 6-7a 所示。此时 i 区有恒定的阻值，器件呈稳定状态。若给磁敏二极管外加一个磁场 B，在正向磁场的作用下，空穴和电子受洛仑兹力的作用偏向 r 区，如图 6-7b 所示。由于空穴和电子在 r 区

图 6-6　磁敏二极管的结构

的复合速率大，因此载流子复合掉的数量比在没有磁场时大得多，从而使 i 区中的载流子数量减少，i 区电阻增大，i 区的电压降也增加。这又使 P^+ 与 N^+ 结的结压降减小，导致注入 i 区的载流子的数目减少，其结果使 i 区的电阻继续增大，其压降也继续增大，形成正反馈过

程，直到进入某一动平衡状态为止。当在磁敏二极管上加一个反向磁场 B 时，载流子在洛仑磁力的作用下，均偏离复合区 r，如图 6-7c 所示。其偏离 r 区的结果与加正向磁场时的情况恰好相反，此时磁敏二极管正向电流增大，电阻减小。

由此可见，磁敏二极管是采用电子与空穴双重注入效应及复合效应原理工作的。在磁场作用下，两效应是相乘的，再加上正反馈的作用，磁敏二极管有着很高的灵敏度。由于磁敏二极管在正负磁场作用下输出信号增量方向不同，因此，利用它可以判别磁场方向。

图 6-7 三种情况
a) 无磁场 b) 加正向磁场 c) 加反向磁场

2. 磁敏二极管的主要技术参数和特性

1) 灵敏度。当外加磁感应强度 B 为 ± 0.1T 时，输出端电压增量与电流增量之比称为灵敏度。

2) 工作电压 U_0 和工作电流 I_0。在零磁场时加在磁敏二极管两端的电压、电流值。

3) 磁电特性。磁电特性为在给定条件下，磁敏二极管输出电压变化与外加磁场的关系。在弱磁场及一定的工作电流下，输出电压与磁感应强度的关系为线性关系。在强磁场下则成非线性关系。

4) 伏安特性。伏安特性为在不同方向和强度的磁感应强度 B 作用下，磁敏二极管正向偏压和通过其上电流的关系。在负向磁场作用下，磁敏二极管电阻小，电流大；在正向磁场作用下，磁敏二极管电阻大，电流小，如图 6-8 所示。

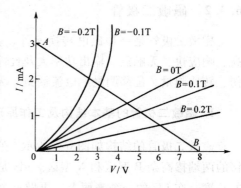

图 6-8 磁敏二极管的伏安特性

6.3.3 磁敏晶体管

磁敏晶体管是一种新型的磁电转换器件，该器件的灵敏度比霍尔元件高得多同样具有无触点、输出功率大、响应快、成本低等优点。其在磁力探测、无损探伤、位移测量及转速测量等领域有广泛的应用。

1. 磁敏晶体管的基本结构及工作原理

图 6-9 是磁敏晶体管工作原理示意图。图 6-9a 是无外磁场作用情况。从发射极 e 注入 i 区的电子由于 i 区较长，在横向电场 U_{be} 的作用下，大部分与 i 区中的空穴复合形成基极电流，少部分电子到集电极形成集电极电流。显然这时基极电流大于集电极电流。图 6-9b 是

有外部磁场 B_+ 作用的情况。从发射极注入 i 区的电子，除受横向电场 U_{be} 作用外，还受磁场洛仑兹力的作用，使其向复合区 r 方向偏转。结果使注入集电极的电子数和流入基区电子数的比例发生变化，原来进入集电极的部分电子改为进入基区，使基极电流增加，而集电极电流减少。根据磁敏二极管的工作原理，由于流入基区的电子要经过高复合区 r，载流子大量地复合，使 i 区载流子浓度大大减少而成为高阻区。高阻区的存在又使发射结上电压减小，从而使注入 i 区的电子数大量减少，使集电极电流进一步减少。流入基区的电子数，开始由于洛仑兹力的作用引起增加，后又因发射结电压下降而引起减少，总的结果是基极电流基本不变。图 6-9c 是有外部反向磁场 B_- 作用的情况。其工作过程正好和加上正向电场 B_+ 的情况相反，集电极电流增加，而基极电流仍基本上保持不变。

图 6-9　磁敏晶体管工作原理示意图

　　由此可以看出，磁敏晶体管工作原理与磁敏二极管完全相同。无外界磁场作用时，由于 i 区较长，在横向电场作用下，发射极电流大部分形成基极电流，小部分形成集电极电流。在正向或反向磁场作用下，会引起集电极电流的减少或增加。因此，可以用磁场方向控制集电极电流的增加或减少，用磁场的强弱控制集电极电流增加或减少的变化量。

2. 磁敏晶体管的主要技术特性

1）磁灵敏度 $h_\pm$。磁敏晶体管的磁灵敏度是指当基极电流恒定，外加磁感应强度 $B = 0$ 时的集电极电流 I_{co} 与外加磁感应强度 $B = \pm0.1\text{T}$ 时的集电极电流 $I_{c\pm}$ 相对变化值，即

$$h_\pm = \frac{|I_{c\pm} - I_{co}|}{I_{co}0.1\text{T}} \times 100\%$$

2）磁电特性。磁敏晶体管的磁电特性为在基极电流恒定时，集电极电流与外加磁场的关系。在弱磁场作用下，特性接近线性。

3）温度特性。磁敏晶体管的基区宽度比载流子扩散长度大，基区输送的电流主要是漂移电流，所以磁敏晶体管集电极电流的温度特性具有负的温度系数，即随着温度的升高，集电极电流下降。磁敏晶体管对温度较敏感，实际使用时应进行温度补偿。

6.3.4　磁电感应式传感器

　　磁电感应式传感器是利用电磁感应原理，将被测量（如振动、位移、转速等）转换成电信号的一种传感器。其组成的主要部件是永久磁铁和线圈，结构简单，不需要辅助电源，且输出功率大，性能稳定，具有一定的工作带宽（10～1000Hz），被广泛采用。

　　图 6-10 所示为动圈式振动速度传感器结构。钢制圆形外壳，铝支架将圆柱形永久磁铁

与外壳固定成一体，芯轴穿过永久磁铁中心孔，架在弹簧片中央，弹簧片与外壳相连。芯轴两端通过阻尼环固定线圈，线圈与永久磁铁间有小间隙。

图6-10　动圈式振动速度传感器结构
1—芯轴　2—外壳　3—弹簧片　4—铝支架
5—永久磁铁　6—线圈　7—阻尼环　8—引线

　　工作时，钢制外壳固定在被测物体上，被测物体振动时，外壳、铝支架和永久磁铁随之振动，芯轴、阻尼环和线圈由于惯性则不随之振动。线圈切割磁力线，产生与振动速度成比例的感应电动势。通过引线将感应电动势输出到显示设备，可显示振动速度。将该数据对时间积分可获得位移值。将该数据对时间微分可获得加速度值。

6.4　霍尔传感器及其他磁传感器应用实例

6.4.1　霍尔汽车无触点点火器

　　传统的汽车汽缸点火装置使用机械式的分电器，存在着点火时间不准确、触点易磨损等缺点。采用霍尔开关无触点晶体管点火装置可以克服上述缺点，提高燃烧效率。四汽缸汽车点火装置如图6-11所示，图中的磁轮鼓代替了传统的凸轮及白金触点。发动机主轴带动磁轮鼓转动时，霍尔器件感受的磁场极性交替改变，输出一连串与汽缸活塞运动同步的脉冲信号去触发晶体管功率开关，点火线圈两端产生很高的感应电压，使火花塞产生火花放电，完成汽缸点火过程。

图6-11　霍尔点火装置示意图
1—磁轮鼓　2—开关型霍尔集成电路　3—晶体管功率开关　4—点火线圈　5—火花塞

6.4.2　磁卡与磁卡阅读器

　　磁卡（包括带磁条的银行存折）一般作为识别卡用。所谓识别卡，是指一种标识其持卡人和发行者的卡。

　　磁条贴在磁卡的背面，可读表面厚度为$0 \sim 0.038mm$。磁条中有3条编码磁道，磁道之间有间隔。离磁卡边最近的是1磁道。各磁道的编码信息有主账号、国家、持卡人姓名、失效日期、服务范围、货币类型、可用金额指数、允许输错次数以及校验码等。一般应用的磁卡可只使用1磁道，性能和密级高的磁卡使用3条磁道。

刷卡的速度为 10~120cm/s，由 3 个带磁心的自感或互感传感器组成的磁头，感应磁条上磁性（磁阻）的变化来读取数据，相当灵敏，准确度很高。

自动柜员机（ATM）的基本组成框图如图 6-12 所示。读卡设备和用户键盘将刷卡和按键输入的用户账号和密码等信息送入 ATM 机的专用计算机中，专用计算机通过网络交换中心与发卡银行主机联系，检查账号的合法性，是否超过有效期，验证密码，按发卡银行主机回答码对用户的操作进行响应，通过专用计算机接口驱动点钞系统、打印系统进行点钞输出和打印输出。

图 6-12　自动柜员机（ATM）基本组成框图

商户使用的销售终端（POS）机没有点钞部分，专用计算机被放置在会计室，只有读卡设备、用户键盘和打印系统，体积要小得多，使用过程与 ATM 一样。

6.4.3　自动供水装置

自动供水装置的电路原理图，如图 6-13 所示。它主要由磁传感器装置单稳态电路、固态继电器、电源电路及电磁阀等组成。磁传感装置由磁铁及 SL3020 霍尔开关集成传感器构成。平时，SL3020 传感器因空气隙的存在受磁铁磁场的作用较小，其输出为低电平，晶体管 VT_1 处于截止状态，由 IC_1 组成的单稳态电路复位，IC_1 的输出端 3 脚输出低电平，固态继电器 SSR 由于无控制电流而处于常开状态，电磁阀 Y 断电而关闭，水龙头无水流出。单稳态电路在复位状态时，IC_1 内部将电容 C_2 短路。

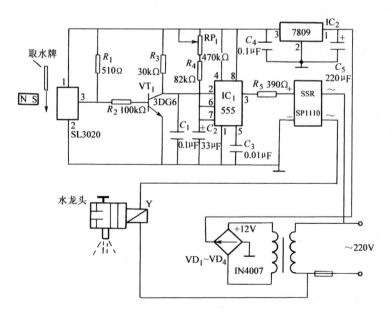

图 6-13　自动供水装置电路原理图

取水者投入铁制的取水牌，取水牌沿滑槽迅速下滑，在通过磁传感装置时，铁制取水牌将磁铁的磁力线短路，SL3020 传感器受较强磁场的作用输出为高电平脉冲，经晶体管 VT_1 反相后触发单稳态电路翻转进入暂稳状态。此时 IC_1 的 3 脚输出为高电平，使固态继电器 SSR 有电流流通而闭合，电磁阀 Y 通电工作自动开阀放水。单稳态翻转后，IC_1 内部电路将 C_2 原短路状态释放，C_2 通过 RP_1 和 R_4 开始充电。当 C_2 上的电位充电到 IC_1 的阈值电压时，触发单稳态电路又翻转复位，IC_1 输出端第 3 脚又恢复到低电平，固态继电器 SSR 断开，电磁阀 Y 断电关闭，水龙头自行停止出水，电路又恢复到平时状态。

单稳态电路每次由稳态翻转进入暂稳态状态的时间长短，也就是每次供水的时间长短，该时间取决于 C_2、R_4、RP_1 的时间常数，调节 RP_1 可在 $3 \sim 20s$ 范围内改变这一时间。C_1 和 C_3 为旁路电容器，主要用来消除各种杂波的干扰。

6.4.4 干簧管开门播放音乐电路

干簧管是最简单的磁控机械开关，由带磁性和不带磁性的两个触点构成，在没有强磁场作用时，这两个触点通常是断开的（常开型干簧管），或接通的（常闭型干簧管）。在强磁场作用下，干簧管的开关断开（常闭型干簧管），或闭合（常开型干簧管）。

图 6-14 所示为干簧管门开播放音乐电路，常闭型干簧管及其电路安装在门框上，磁铁安装在门上，拉开房门，磁铁磁场离开，常闭型干簧管的两个触点闭合，电源接通，音乐集成电路工作，输出音乐信号，经晶体管 9013 放大后，驱动扬声器播放音乐。

图 6-14 干簧管开门播放音乐电路

6.5 实训 磁感应强度测量仪装调

1）查阅《传感器手册》，熟悉磁传感器的性能技术指标及其表示的意义。

2）磁感应强度测量仪的电路如图 6-15 所示。磁传感器采用 SL3501M 霍尔线性集成传感器，其差动输出电压，在磁感应强度为 0.1T 时是 1.4V。该测量仪的线性测量范围的上限为 0.3T。电位器 RP_1 用来调整表头量程，而 RP_2 则用来调零。电容器 C_1 是为防止电路之间的杂散交连而设置的低通滤波器。为防止电路引起自激振荡，电位器的引线不宜过长。使用时，只要使传感器的正面面对磁场，便可测得磁场的磁感应强度。

制作印制电路板或利用面包板装调该磁感应强度测量仪电路，并用该磁感应强度测量仪测量电线中流过的直流电流，过程如下：

① 准备电路板、SL3501M 霍尔线性集成传感器和其他元器件，认识元器件。

② 电路装配调试。

③ 将 SL3501M 霍尔线性集成传感器靠近直流通电电线，测量电线周围的磁场强度。

④ 同时用电流表测电流值，对测量所得的磁场强度与电流值的对应关系进行定标。

⑤ 记录实验过程和结果。

⑥ 思考若用该磁感应强度测量仪测交流电流应添加什么电路和设备。

图 6-15　磁感应强度测量仪电路

6.6　习题

1. 什么是霍尔效应？霍尔电动势与哪些因素有关？

2. 霍尔元件由什么材料构成？为什么用这些材料？

3. 霍尔元件有哪些指标？使用时应注意什么？

4. 什么是磁阻效应，产生的原因是什么？

5. 阐述磁敏二极管的工作原理。

6. 新型的磁传感器有哪些？工作原理如何？

7. 分析图 6-16 所示霍尔计数装置的工作原理。

8. 霍尔元件在地磁场中会产生霍尔电压，其大小正比于霍尔元件正面法线与磁子午线所成角度的余弦值，连接指示仪表后可做成航海罗盘。试画出霍尔罗盘组成框图，解释罗盘使用方法。

9. 将图 6-13 所示自动供水电路改为楼道照明灯来人自动亮灯电路。

图 6-16　霍尔计数装置的工作示意及电路

a）工作示意图　b）电路图

1—钢球　2—绝缘板　3—磁铁　4—霍尔开关传感器

第7章　位移传感器

本章要点

- 位移传感器的用途；
- 几种位移传感器的工作原理和电路形式；
- 测量物体的运动速度所用的传感器的工作原理和使用方法。

7.1　机械位移传感器

机械位移传感器是用来测量位移、距离、位置、尺寸、角度和角位移等几何学量的一种传感器。根据传感器的信号输出形式，可以分为模拟式和数字式两大类，如图7-1所示。根据被测物体的运动形式，可细分为线性位移传感器和角位移传感器。

机械位移传感器是应用最多的传感器之一，品种繁多，本节主要介绍电位器式、电容式、螺线管电感式、涡流式机械位移传感器。

7.1.1　电位器式位移传感器

1. 电位器的基本概念

电位器是人们常用到的一种电子元件，它作为传感器可以将机械位移或其他形式的能转换为位移的非电量，转换为与其有一定函数关系的电阻值的变化，从而引起电路中输出电压的变化。所以说，电位器也是一个传感器。

图 7-1　机械位移传感器的分类

图7-2是电位器的结构图，它由电阻体、电刷、转轴、滑动臂及焊片等组成，电阻体的两端和焊片 A、C 相连，因此 AC 端的电阻值就是电阻体的总阻值。转轴是和滑动臂相连的，调节转轴时滑动臂随之转动。在滑动臂的一端装有电刷，它靠滑动臂的弹性压在电阻体上并与之紧密接触，滑动臂的另一端与焊片 B 相连。

图7-3是电位器电路图。电位器转轴上的电刷将电阻体电阻 R_0 分为 R_{12} 和 R_{23} 两部分，输出电压为 U_{12}。改变电刷的接触位置，电阻 R_{12} 亦随之改变，输出电压 U_{12} 也随之变化。由于电刷和电位器的转轴是连在一起的，用机械运动调节电位器的转轴，便可使电位器的输出电压发生相应的变化，这就是用电位器测量机械位移的基本原理。

图 7-2　电位器的结构图
1—电刷　2—转轴
3—电阻体　4—滑动臂

图 7-3　电位器电路图

常见用于传感器的电位器有绕线式电位器、合成膜电位器、金属膜电位器、导电塑料电位器、导电玻璃釉电位器以及光电电位器。

2. 电位器的主要技术参数

表征电位器的技术参数很多，其中许多和电阻器相同。下面仅介绍电位器特有的一些技术参数。

1）最大阻值和最小阻值。指电位器阻值变化能达到的最大值和最小值。

2）电阻值变化规律。指电位器阻值变化的规律，例如对数式、指数式、直线式等。

3）线性电位器的线性度。指阻值直线式变化的电位器的非线性误差。

4）滑动噪声。指调电位器阻值时，滑动接触点打火产生的噪声电压的大小。

7.1.2　电容式位移传感器

将机械位移量转换为电容量变化的传感器称为电容式位移传感器。变极距式电容传感器可进行线位移的测量，变面积式电容传感器可进行角位移的测量。

图 7-4 是变极距式电容传感器用于轧制板材厚度自动控制的工作原理图。在被轧制板材的上、下两侧各置一块面积相等、与板材距离相等的金属极板，极板与板材形成两个电容器 C_1、C_2。两块极板连接为一个电极，板材为另一个电极，则总电容为两个电容器并联，$C_X = C_1 + C_2$。总电容 C_X 和调节电容 C_0、变压器次级 L_1、L_2 构成交流电桥。音频信号发生器提供的音频信号从变压器初级输入，经变压器耦合到次级，作为交流电桥的输入信号 U_{in}。电桥输出信号为

$$U_{out} = \left(\frac{1}{1+\dfrac{L_2}{L_1}} - \frac{1}{1+\dfrac{Z_x}{Z_o}} \right) U_{in} \qquad (7-1)$$

式中，Z_x 为 C_X 与电阻 R 的并联阻抗，Z_o 为 C_0 与电阻 R 的并联阻抗。

当轧制板材的厚度为要求值时，$Z_x / Z_o = L_2 / L_1$，交流电桥平衡，无输出信号。

当被轧制板材的厚度相对于要求值发生变化时，则 C_X 变化。若 C_X 增大，表明板材厚度变厚，若 C_X 减小，表明板材变薄。C_X 变化，则 Z_x 变化，电桥失去平衡，输出和 C_X 变化成比例的信号。该信号经耦合电容 C 耦合输出，由运算放大器放大，经整流和滤波，成

为直流信号，再经差动放大器放大后，由显示器显示变化的板材厚度。

同时，通过反馈回路将该直流信号送到压力调节设备，调节轧辊与板材间的距离，使轧制的板材的厚度向要求值变化，保持在要求值的允许误差范围之内。

图 7-4　自动控制轧制板材设备工作原理图

变极距式电容传感器的特性曲线如图 7-5 所示。

7.1.3　螺线管式电感位移传感器

螺线管式电感位移传感器主要由螺线管和铁心组成，铁心插入螺线管中并可来回移动。当铁心发生位移时，将引起螺线管电感的变化。螺线管的电感量与铁心插入螺线管的长度 l 有如下的关系，即

$$L=\frac{4\pi N^2\mu A}{l}\times10^{-7} \tag{7-2}$$

式（7-2）中 L 单位为亨（H）；μ 为导磁体的磁导率（H/m）；l 为铁心插入螺线管内的长度（m）；N 为螺线管的匝数；A 为螺线管的横截面积（m^2）。

这种传感器的活动铁心随被测物体一起移动，导致线圈电感量发生变化，起到反映位移量的作用。这种传感器的测量范围大，其检测位移量可从数毫米到数百毫米。缺点是灵敏度低。它广泛用于测量大量程直线位移。

7.1.4　差动变压器

差动变压器的结构原理图如图 7-6 所示，它由 3 个螺线管组成。

图 7-5　变极距式电容传感器的特性曲线

图 7-6　差动变压器结构原理图

1——次绕组　2—铁心　3—二次绕组

当一次绕组 L_1 加交流励磁电压 U_{in} 时，在二次绕组上由于电磁感应而产生感应电压。由于两个二次绕组相反极性串接，所以两个二次绕组中的感应电压 U_{out1} 和 U_{out2} 的相位相反，其相加的结果在输出端就产生了电位差 U_{out}。当铁心处于中心对称位置时，则 U_{out1} = U_{out2}，所以 U_{out} = 0；当铁心向两端位移时，U_{out1} 大于或小于 U_{out2}，使 U_{out} 不等于零，其值与铁心的位移成正比。这就是差动变压器将机械位移量转换成电压信号输出的转换原理。

差动变压器具有结构简单、灵敏度高、线性度好和测量范围宽的特点。缺点是存在零点残余电动势。可采用相敏检波电路等措施进行补偿。

7.2 光栅位移传感器

7.2.1 莫尔条纹

由大量等宽等间距的平行狭缝组成的光学器件称为光栅，如图 7-7 所示。用玻璃制成的光栅称为透射光栅，它是在透明玻璃上刻出大量等宽等间距的平行刻痕，每条刻痕处是不透光的，而两刻痕之间是透光的。光栅的刻痕密度一般为每厘米 10、25、50、100 线。刻痕之间的距离为栅距 W。如果把两块栅距 W 相等的光栅面平行安装，且让它们的刻痕之间有较小的夹角 θ 时，这时光栅上会出现若干条明暗相间的条纹，这种条纹称莫尔条纹，如图 7-8 所示。莫尔条纹是光栅非重合部分光线透过而形成的亮带，它由一系列四棱形图案组成，如图 7-8 中 d-d 线区所示。f-f 线区则是由于光栅的遮光效应形成的。

图 7-7 光栅结构放大图

图 7-8 莫尔条纹

莫尔条纹有两个重要的特性：

1）当指示光栅不动，主光栅左右平移时，莫尔条纹将沿着指示栅线的方向上下移动，查看莫尔条纹的上下移动方向，即可确定主光栅左右移动方向。

2）莫尔条纹有位移的放大作用。当主光栅沿与刻线垂直方向移动一个栅距 W 时，莫尔条纹移动一个条纹间距 B。当两个等距光栅的栅间夹角 θ 较小时，主光栅移动一个栅距 W，莫尔条纹移动 KW 距离，K 为莫尔条纹的放大系数，可由下式确定，即

$$K = \frac{B}{W} \approx \frac{1}{\theta} \qquad (7\text{-}3)$$

式 (7-3) 中条纹间距与栅距的关系为

$$B = \frac{W}{\theta} \qquad (7\text{-}4)$$

由上式可以看出，当 θ 角较小时，例如 $\theta = 30'$，则 $K = 115$，表明莫尔条纹的放大倍数相当大。这样，就可把肉眼看不见的光栅位移变成为清晰可见的莫尔条纹移动，可以用测量条纹的移动来检测光栅的位移，从而实现高灵敏的位移测量。

7.2.2 光栅位移传感器的结构及工作原理

光栅位移传感器的结构原理图，如图 7-9 所示。它主要由主光栅、指示光栅、光源和光电器件等组成，其中主光栅和被测物体相连，它随被测物体的直线位移而产生移动。当主光栅产生位移时，莫尔条纹便随着产生位移，若用光电器件记录莫尔条纹通过某点的数目，便可知主光栅移动的距离，也就测得了被测物体的位移量。利用上述原理，通过多个光敏器件对莫尔条纹信号的内插细分，便可检测出比光栅距还小的位移量，及被测物体的移动方向。

图 7-9 光栅位移传感器的结构原理图
1—主光栅 2—指示光栅 3—光
敏器件 4—聚光镜 5—光源

7.2.3 光栅位移传感器的应用

由于光栅位移传感器测量精度高（分辨率为 $0.1\mu m$）、动态测量范围广（$0 \sim 1000mm$），可进行无接触测量，而且容易实现系统的自动化和数字化，因而在机械工业中得到了广泛的应用，特别是在量具、数控机床的闭环反馈控制、工作主机的坐标测量等方面，光栅位移传感器都起着重要的作用。

7.3 磁栅位移传感器

磁栅是一种有磁化信息的标尺，它是在非磁性体的平整表面上镀一层约 0.02mm 厚的 Ni-Co-P 磁性薄膜，并用录音磁头沿长度方向按一定的激光波长 λ 录上磁性刻度线而构成的，因此又把磁栅称为磁尺。

图 7-10 磁栅的基本结构
1—非磁性材料磷青铜 2—Ni-Co-P 磁性薄膜 3—录制后形成的小磁铁

录制磁信息时，要使磁尺固定，磁头根据来自激光波长的基准信号，以一定的速度在其长度方向上边运行边流过一定频率的相等电流，这样，就在磁尺上录上了相等节距的磁化信息而形成磁栅。磁栅录制后的磁化结构相当于一个个小磁铁按 NS、SN、NS……的状态排列起来，磁栅的基本结构如图 7-10 所示。因此在磁栅上的磁场强度呈周期性地变化，并在N-N或 S-S 相接处为最大。

磁栅的种类可分为单面型直线磁栅、同轴型直线磁栅和旋转型磁栅等。磁栅主要用于大型机床和精密机床作为位置或位移量的检测元件。磁栅和其他类型的位移传感器相比，具有结构简单、使用方便、动态范围大（1~20m）和磁信号可以重新录制等优点。其缺点是需要屏蔽和防尘。

磁栅位移传感器的结构示意图如图 7-11 所示。它由磁尺（磁栅）、磁头和检测电路组成。磁尺是检测位移的基准尺，磁头用来读取磁尺上的记录信号。按读取方式不同，磁头分为动态磁头和静态磁头两种。动态磁头上只有一个输出绕组，只有当磁头和磁尺相对运动时才有信号输出，因此又称动态磁头为速度响应磁头。静态磁头是一种调制式磁头，磁头上有两个绕组，一个是激励绕组，加以激励电源电压，另一个是输出绕组。即使在磁头与磁尺之间处于相对静止时，也会因为有交变激励信号使输出绕组有感应电压信号输出。当静态磁头和磁尺之间有相对运动时，输出绕组产生一个新的感应电压信号输出，它作为包络，调制在原感应电压信号幅度上。这提高了测量精度。检测电路主要用来供给磁头激励电压和把磁头检测到的信号转换为脉冲信号输出。

当磁尺与磁头之间产生相对位移时，磁头的铁心使磁尺的磁通有效地通过输出绕组，在绕组中产生感应电压，该电压随磁尺磁场强度周期的变化而变化，从而将位移量转换成电信号输出。图 7-12 所示是磁信号与静态磁头输出信号波形图。磁头输出信号经检测电路转换成电脉冲信号并以数字形式显示出来。

图 7-11　磁栅位移传感器的结构示意图
1—磁尺　2—磁头　3—激励绕组
4—铁心　5—输出绕组

图 7-12　磁信号与静态磁头输出信号波形图

磁栅位移传感器允许最高工作速度为 12m/min，系统的精度可达 0.01mm/m，最小指示值 0.001mm，使用范围为 0~40℃，是一种测量大位移的传感器。

7.4 接近传感器

接近传感器是一种具有感知物体接近能力的器件。它利用位移传感器对所接近的物体具有的敏感特性来识别物体的接近，并输出相应开关信号。因此，通常又把接近传感器称为接近开关。

常见的接近传感器有电容式、涡流式、霍尔效应式、光电式、热释电式、多普勒式、电磁感应式及微波式、超声波式等。下面对热释电红外接近传感器作一简单介绍。

用热释电传感器探测人体发出的红外线的接近电路，用于防盗、报警、来客告知及非接触开关等设备中。图 7-13 所示为热释电红外报警器的电路原理。

图 7-13　热释电红外报警器电路原理

该装置的电路工作原理简述如下：它由热释电传感器、滤波器、输出转换器、比较器、驱动器和报警电路组成。人体以 0.1～10Hz 的动作频率在热释电传感器 TTS—210Z 前移动时，人体所释放出的红外线被热释电传感器接收，产生脉动电压信号。该电压信号通过电容器 C_1 耦合输入由运算放大器 IC_1 TL082 构成的低噪声、高增益放大器放大。放大后的信号再通过 R_6、C_3 输入到由运算放大 IC_2 构成的带通放大器进行带通放大。IC_2 输出的交变信号的负半周低电平，使晶体管 VT_1 导通。VT_1 导通时所产生的脉冲信号经 C_6 耦合，VD_2 整流，被输送到由晶体管 VT_2 构成的比较电路中去。与此同时，IC_2 输出的交变信号的正半周由电容器 C_5 耦合，VD_1 整流，同样被输送到 VT_2 构成的比较电路中进行比较放大。R_{13} 和 RP 构成对该输入信号的分压器，通过 RP 可以调节其动作灵敏度。当 VT_2 基极的这两个输入电压大于 VT_2 的导通电压（0.7V）时，VT_2 便导通。VT_2 导通后，VT_3 亦正偏导通，此时报警指示器 LED 点亮，并使得由晶体管 VT_4、VT_5 构成的达林顿驱动器饱和导通，继电器 KM 励磁吸合。KM 吸合后，其常开触点 KM_{1-1} 闭合，自锁继电器

触点 KM_{1-2} 闭合接通了报警器电源，于是报警器工作发出报警声。一经触发，即使来人已离开监视区，报警声仍持续不止，待值班人员赶到，关断电源开关 S 后再开启，继电器释放，报警器又恢复守候状态。

7.5 转速传感器

转速传感器的种类很多，有磁电式转速传感器、光电式转速传感器、光断续器式转速传感器、离心式转速传感器、电涡流式转速传感器及霍尔式转速传感器、直流测速发电机式转速传感器等等。

7.5.1 磁电式转速传感器

磁电式转速传感器的结构示意图，如图 7-14 所示。它由永久磁铁、感应线圈、磁轮等组成。在磁轮上加工有齿形凸起，磁轮装在被测转轴上，与转轴一起旋转。当转轴旋转时，磁轮的凸凹齿形将引起磁轮与永久磁铁间气隙大小的变化，从而使永久磁铁组成的磁路中磁通量随之发生变化。磁路通过感应线圈，当磁通量发生突变时，感应线圈会感应出一定幅度的脉冲电势，其频率为

$$f = Zn \qquad (7-5)$$

式（7-5）中，Z 为磁轮的齿数；n 为磁轮的转数。

根据测定的脉冲频率，即可得知被测物体的转速。如果磁电式转速传感器配接上数字电路，便可组成数字式转速测量仪，可直接读出被测物体的转速。这种传感器可以利用导磁材料制作的齿轮、叶轮、带孔的圆盘等直接对转速进行测量。

当传感器的感应线圈匝数、气隙大小和磁场强度恒定时，传感器输出脉冲电动势的幅值仅取决于切割磁力线的速度，该速度与被测转速成一定的比例。当被测转速很低时，输出脉冲电势的幅值很小，以致无法测量出来。所以，这种传感器不适合测量过低的转速，其测量转速下限一般为 50r/s（转/秒）左右，上限可达数十万转/秒。

图 7-14　磁电式转速
传感器结构示意图
1—磁轮（软钢）　2—转轴
3—转速传感器　4—线圈
5—永久磁铁

7.5.2 光电式转速传感器

图 7-15 所示为直射式光电转速传感器结构原理。它是由装在输入轴上的开孔盘、光源、光敏元件以及缝隙板所组成，输入轴与被测轴相连接。从光源发射的光，通过开孔盘和缝隙照射到光敏元件上，使光敏元件感光。开孔盘上开有一定数量的小孔，当开孔盘转动一周，光敏元件感光的次数与盘的小孔数相等，因此产生相应数量的电脉冲信号。

光电式转速传感器的电脉冲变换电路原理图如图 7-16 所示，VT_1 为光敏晶体管，当有光照时，光电流 I 增加使 VT_2 导通，从而使由 VT_3 和 VT_4 组成的射极耦合触发器

输出 U_o 为高电位。反之，U_o 为低电位。如此交变产生脉冲信号。脉冲信号 U_o 被送至测量电路进行计数。

图 7-15　直射式光电转速传感器结构原理
1—光敏元件　2—缝隙板　3—开孔圆盘
4—输入轴　5—光源

图 7-16　光电式转速传感器
的电脉冲变换电路原理图

7.6　液位传感器

测量液位的目的一种是为了液体储藏量的管理，一种是为了液位的安全或自动化控制，有时需要精确的液位数据，有时只需液位升降的信息。液位传感器按测定原理可分为浮子式液位传感器、平衡浮筒式液位传感器、压差式液位传感器、电容式液位传感器、导电式液位传感器及超声波式液位传感器和放射线式液位传感器等。

7.6.1　导电式水位传感器

图 7-17 是一种实用的导电式水位检测器的电路原理图。电路主要由两个运算放大器组成，IC_{1a} 运算放大器及外围元件组成方波发生器，通过电容器 C_1 与检知电极相接。IC_{1b} 运算放大器与外围元件组成比较器，以识别仪表水位的电信号状态。采用发光二极管作为水位的指示。由于水有一定的等效电阻 R_0，当水位上升到和检知电极接触时，方波发生器产生的矩形波信号被旁路。相当于加在比较器反相输入端的信号为直流低电平，比较器输出端输出高电平，发光二极管处于熄灭状态。当水位低于检知电极时，电极与水呈绝缘状态，方波发生器产生正常的矩形波信号，此时比较器输出为低电平，发光二极管闪烁发光，告知水箱缺水。如要对水位进行控制，可以设置多个电极，以电极不同的高度来控制水位的高低。

导电式水位传感器，在日常工作和生活中应用很广泛，它在抽水及储水设备、工业水箱、汽车水箱等方面均被采用。

7.6.2　压差式液位传感器

压差式液位传感器是根据液面的高度与液压成比例的原理制成的。

密封型储液罐液面的高度如图 7-18 所示，其压力关系如下：

高压侧的压力 P_1 为

图 7-17 导电式水位检测器电路原理图

a) 电路原理图 b) 等效电路及输出波形

$$P_1 = P_0 + \rho\ (h_1 + h_2) \tag{7-6}$$

低压侧的压力 P_2 为

$$P_2 = P_0 + \rho_0\ (h_3 + h_2) \tag{7-7}$$

压力差 ΔP 为

$$\begin{aligned}
\Delta P &= P_1 - P_2 \\
&= \rho(h_1 + h_2) - \rho_0(h_3 + h_2) \\
&= \rho h_1 - (\rho_0 h_3 - \rho h_2 + \rho_0 h_2) \tag{7-8}
\end{aligned}$$

式 (7-6) 至 (7-8) 中，ρ 为液体的密度；h_1 为所控最高液面与最低液面之间的高度；h_2 为最小控制液面距测量基准面的高度；ρ_0 为填充液体密度；P_0 为罐内压力；h_3 为填充液面距最小液位的高度。

式 (7-8) 中括号里的量是已知量，其余部分，压力差 ΔP 与液面高度 h_1 成正比，测得压力差 ΔP 就可以计算出液面高度 h_1。

图 7-19 是压差式液位传感器的结构原理图。它由压差传感器和电路两部分组成。压差传感器实际上是一个差动电容式压力传感器，它由动电极感压膜片、固定电极、隔液膜片等组成。当被测的压力差加在高压侧和低压侧的输入口时，该压力差经隔液膜片的传递作用于感压膜片上，感压膜片便产生位移，从而使动电极与固定电极之间的电容量发生变化。用电路将这种变化进行转换及放大，便可获得与压力差成比例的直流电压输出。

这种传感器具有可靠性高、性能稳定、体积小和重量轻等特点，因此，广泛应用于工业生产中的液面测量及液面自动控制。

图 7-18 密封罐测压示意图

图 7-19 压差式液位传感器结构原理图
1—感压膜片（动电极）
2—隔液膜片 3—固定电极

7.7 流量及流速传感器

流量及流速传感器的种类有电磁式流量传感器、涡流式流量传感器、超声波式流量传感器、热导式流速传感器、激光式流速传感器、光纤式流速传感器、浮子式流量传感器及涡轮式流量传感器和空间滤波器式流量传感器等。

7.7.1 电磁式流量传感器

导电性的液体在流动时切割磁力线，也会产生感应电动势。因此可应用电磁感应定律来测定流速，电磁流量计就是根据这一原理制成的。

图 7-20 所示为电磁式流量传感器的工作原理图。在励磁线圈加上励磁电压后，绝缘导管便处于磁力线密度为 B 的均匀磁场中，当平均流速为 $\bar{v}$ 的导电性液体流经绝缘导管时，在导管内径为 D 的管道壁上所设置的一对与液体接触的金属电极中，便会产生电动势 e 为

电极部件剖面图

图 7-20 电磁式流量传感器的工作原理图
1—铁心 2—电极 3—励磁线圈 4—绝缘导管 5—液体

$$e = B\bar{v}D \tag{7-9}$$

式（7-9）中，$\bar{v}$ 为液体的平均流速（m/s）；B 为磁场的磁通密度（T）；D 为导管的内径（m）。

管道内液体流动的容积流量为

$$Q = \frac{\pi D^2}{4}\bar{v} = \frac{\pi De}{4B} \tag{7-10}$$

根据上式可以看出，容积流量 Q 与电动势 e 成正比，单位为 m³/s。如果我们事先知道导管内径和磁场的磁通密度 B，那么就可以通过对电动势的测定，求出容积流量。

电磁式流量计可以广泛应用于自来水、工业用水、农业用水、海水、污水、污泥、化学药液、流质食品和矿浆等流量的检测。测量范围宽，为 0.005～190000m³/h。测量精度高，可达±0.5%。

7.7.2　涡轮式流速传感器

涡轮式流速传感器是利用放在流体中的叶轮的转速进行流量测试的一种传感器。当叶轮置于流体中时，由于叶轮的迎流面和背流面流速不同，因此在流向方向形成压差，所产生的推力使叶轮转动。如果选择摩擦力小的轴承来支承叶轮，且叶轮采用轻型材料制作，那么可使流速和转速的关系接近线性，只要测得叶轮的转速，便可得知流体的流速。

叶轮转速的测量一般采用图 7-21 所示的方法，叶轮的叶片可以用导磁材料制作，然后由永久磁铁、铁心及线圈与叶片形成磁路。当叶片旋转时，磁阻将发生周期性的变化，从而使线圈中感应出脉冲电压信号。该信号经放大、整形后，便可输出作为供检测转速用的脉冲信号。

图 7-21　涡轮流速传感器结构原理图

1—永久磁铁　2—线圈　3—铁心　4—叶轮　5—轴承　6—管道

还有一种利用叶轮旋转引起流体电阻变化来检测流量的传感器，它是在叶轮的框架内固定嵌镶有一对不锈钢电极，电极间在流体中存在一定的电阻。当塑料制成的叶片尾部遮挡电极时，电极间的电阻增大。因此，叶轮旋转一周，电极间的电阻周期性地变化一次，电阻的变化经检测电路转换成随叶轮转速成比例的脉冲信号。这样便可通过脉冲信号检测出叶轮的转速，也就测出了流体的流速。

7.8 实训 太阳能热水器水位报警器装调

1）查阅《传感器手册》，熟悉各种位移传感器性能技术指标及其用途。

2）太阳能热水器水位报警器。

太阳能热水器一般都设在室外房屋的高处，热水器的水位在使用时不易观测。使用水位报警器后，则可实现水箱中缺水或加水过多时自动发出声光报警。

太阳能热水器水位报警器的电路如图7-22所示。导电式水位传感器的三个探知电极分别和VT_1、VT_3的基极及地端相连，电路的电源由市电经变压器降压、整流器整流提供，发光二极管VL_5为电源指示灯。报警声由音乐集成电路9300产生，R_8及VD_{10}产生的3.6V直流电压供9300使用，VT_4、VT_5组成音频功放级，将IC输出的信号放大后，推动扬声器发出报警声。

图7-22 太阳能热水器水位报警器的电路

当水位在电极1、2之间正常情况下，电极1悬空，VT_1截止，高水位指示灯VL_8为熄灭状态。由于电极2、3处在水中，由于水电阻的原因，使VT_3导通，VT_2截止，低水位指示灯VL_9也处于熄灭状态。整个报警器系统处于非报警状态。

当热水器水箱中的水位下降低于电极2时，VT_3截止，VT_2导通，低水位指示灯VL_9点亮。由C_3及R_4组成的微分电路在VT_2由截止到导通的跳变过程中产生的正向脉冲，将触发音乐集成IC工作，扬声器发出30s的报警声。告知使用者水箱将要缺水了。

同理，当水箱中的水超出电极1时，VT_1导通，高水位指示灯VL_8点亮，同时C_2和R_4微分电路产生的正向脉冲触发音乐集成电路IC工作，使扬声器发出报警声，告知主人水箱中的水快溢出来了。

制作印制电路板装调该太阳能热水器水位报警器电路，并用一个水盆作为热水器的水箱，在水盆的不同水位高度安置三个探知电极，进行水位报警实验，过程如下：

1）准备电路板、晶体管、电极以及报警器等元器件，认识元器件。

2）装配水位报警器电路。

3）将三个探知电极安置于水盆的不同水位高度，接通水位报警器电路，给水盆中慢慢加水。

4）在正常水位、缺水水位、超高水位对电路的报警效果进行电路调整。

5）进行正常水位、缺水水位、超高水位时电路的报警实验。

6）记录实验过程和结果。

7.9　习题

1. 用作位移测量的电位器传感器是如何工作的？它的主要技术参数有哪些？

2. 作图分析光栅位移传感器莫尔条纹放大作用原理，并讨论数量关系。

3. 简单分析磁电式转速传感器工作原理。

4. 光电式转速传感器可以在哪些工程和设备中获得使用？

5. 解释导电式水位检测器工作原理。

6. 试设计一个多电极多水位控制系统。

7. 电磁式流量计是如何工作的？可以用于哪些液体流量检测？

8. 什么是热释电传感器？热释电红外报警器是如何工作的？如果将该报警器改为自动门开关，电路上应做哪些改动？

9. 接近传感器有哪几种类型？各种类型接近传感器的工作原理有什么不同？哪一种接近传感器工作最稳定可靠？

10. 压差式液位传感器是利用什么原理测得液面高度的？如何利用压差式液位传感器进行液面高度自动控制？

11. 差动变压器位移传感器的差动工作方式有什么优点？

第8章 气体和湿度传感器

本章要点

- 气体传感器的种类、工作原理和特点；
- 湿敏元件的种类，存在的问题，湿度传感器的研究和发展；
- 气体传感器和湿度传感器的应用。

8.1 气体传感器

气体传感器是一种把气体（多数为空气）中的特定成分检测出来，并将它转换为电信号的器件，以便提供有关待测气体的存在及浓度大小的信息。

气体传感器最早用于可燃性气体泄露报警，用于防灾，保证生产安全。以后逐渐推广应用，用于有毒气体的检测、容器或管道的检漏、环境监测（防止公害）、锅炉及汽车的燃烧检测与控制（可以节省燃料，并且可以减少有害气体的排放）、工业过程的检测与自动控制（测量分析生产过程中某一种气体的含量或浓度）。近年来，在医疗诊断、矿井安全、空气净化、家用燃气灶和热水器等方面，气敏传感器得到了普遍的应用。

表8-1列出了气敏传感器主要检测对象及其应用场所。

表8-1 气敏传感器主要检测对象及其应用场所

分 类	检测对象气体	应 用 场 合
易燃易爆气体	液化石油气、焦炉煤气、发生炉煤气、天然气	家庭
	甲烷	煤矿
	氢气	冶金、试验室
有毒气体	一氧化碳(不完全燃烧的煤气)	煤气灶等
	硫化氢、含硫的有机化合物	石油工业、制药厂
	卤素、卤化物和氨气等	冶炼厂、化肥厂
环境气体	氧气(缺氧)	地下工程、家庭
	水蒸气(调节湿度,防止结露)	电子设备、汽车和温室等
	大气污染(SO_x,NO_x,Cl_2等)	工业区
工业气体	燃烧过程气体控制,调节燃/空比	内燃机、锅炉
	一氧化碳(防止不完全燃烧)	内燃机、冶炼厂
	水蒸气(食品加工)	电子灶
其他用途	烟雾、司机呼出的酒精	火灾预报、事故预报

气体传感器的性能必须满足下列条件：

1）能够检测易爆炸气体的允许浓度、有害气体的允许浓度和其他基准设定浓度，并能及时给出报警、显示与控制信号。

2）对被测气体以外的共存气体或物质不敏感。

3）性能长期稳定性、重复性好。

4）动态特性好、响应迅速。

5）使用、维护方便，价格便宜等。

气体传感器种类较多，下面简单介绍几种类型。

8.1.1 半导体气体传感器

半导体气体传感器是利用半导体气敏元件同气体接触，造成半导体性质变化，来检测气体的成分或浓度的气体传感器。半导体气体传感器大体可分为电阻式和非电阻式两大类。电阻式半导体气体传感器是用氧化锡、氧化锌等金属氧化物材料制作的敏感元件，利用其阻值的变化来检测气体的浓度。气敏元件有多孔质烧结体、厚膜以及目前正在研制的薄膜等。非电阻式半导体气体传感器是一种半导体器件，它们与气体接触后，如肖特基二极管的伏安特性或场效应晶体管的阈值电压等将会发生变化，根据这些变化来测定气体的成分或浓度。几种电阻式和非电阻式半导体气体传感器，如表 8-2 所示。

表 8-2 半导体气体传感器的分类

类型	主要的物理特性	传感器举例	工作温度	代表性被测气体
电阻式	表面控制型	氧化锡、氧化锌	室温~450℃	可燃性气体
	体控制型	LaI- xSrxCoO₃，FeO 氧化钛、氧化钴、氧化镁、氧化锡	300~450℃ 700℃ 以上	酒精、可燃性气体、氧气
非电阻式	表面电位	氧化银	室温	乙醇
	二极管整流特性	铂/硫化镉、铂/氧化钛	室温~200℃	氢气、一氧化碳、酒精
	晶体管特性	铂栅 MOS 场效应晶体管	150℃	氢气、硫化氢

1. 表面控制型气体传感器

半导体器件表面原来吸附的气体与半导体材料之间会有电子施受发生。以 N 型半导体器件为例，通常器件置于空气中，吸附了空气中的氧这样的电子复合量大的气体以后，半导体表面会失去电子，被吸附的氧所俘获，为负电荷吸附。其结果表现为 N 型半导体器件表面电子数减少，器件处于高电阻状态。一旦器件与被测气体接触，被测气体会与吸附的氧起反应，被氧俘获的电子释放出来，器件表面电子数增加，器件电阻减小。

这类传感器多数是以可燃性气体为检测对象，但如果吸附能力力强，即使是非可燃性气体也能作为检测对象。其具有检测灵敏度高，响应速度快，实用价值大等优点。目前常用的半导体材料为氧化锡、氧化锌等较难还原的氧化物，也有用有机半导体材料的，一般均掺有少量贵金属（如 Pt 等）作为激活剂。

2. 体电阻控制型气体传感器

体电阻控制型气体传感器是利用体电阻的变化来检测气体的半导体器件。很多氧化物半导体由于化学计量比偏离，即组成原子数偏离整数比的情况，如 $Fe_{1-x}O$、$Cu_{2-x}O$ 等，或 SnO_{2-x}、ZnO_{1-x}、TiO_{2-x} 等。前者为缺金属型氧化物，后者为缺氧型氧化物，统称为非化学计量化合物。它们是不同价态金属的氧化物构成的固溶体，其中 x 值由温度和气相氧分压决定，由于氧的进出使晶体中晶格缺陷（结构组成）发生变化，电导率随之发生变化。缺金属型为生成阳离子空位的 P 型半导体，氧分压越高，电导率越大。与此相反，缺氧型氧化物为生成晶格间隙阳离子或生成氧离子缺位的 N 型半导体，氧分压越高，电导率越小。

体电阻控制型气敏器件，因须与外界氧分压保持平衡，或受还原性气体的还原作用，致使晶体中的结构缺陷发生变化，体电阻也随之变化。这种变化是可逆的，当待测气体脱离后气敏器件又恢复原状。这类传感器以 $\alpha\text{-}Fe_2O$、$\gamma\text{-}Fe_2O_3$、TiO_2 传感器为代表。其检测对象主要有：液化石油气（主要是丙烷）、煤气（主要是 CO、H_2）、天然气（主要是甲烷）。

电阻型半导体气体传感器的优点是：价格便宜、使用方便、对气体浓度变化响应快、灵敏度高。其缺点是：稳定性差、老化快、对气体识别能力不强、特性的分散性大等。

3. 非电阻型气体传感器

非电阻型气体传感器是正在研究、开发的气体传感器。目前主要有二极管、场效应晶体管 FET 及电容型几种。

二极管气体传感器是利用一些气体被金属与半导体的界面吸收，对半导体禁带宽度或金属的功函数的影响，而使二极管整流电流随气体浓度变化而制成。如 Pd/Ti、Pd/ZnO 之类二极管可用于对 H_2 的检测。

FET 型气体传感器是将 MOS-FET 或 MIS-FET 管中的金属栅采用 Pd 等金属膜，根据域值电压的变化来检测未知气体。初期的 FET 型气体传感器以测 H_2 为主，近年来已制成 H_2S、NH_3、CO、乙醇等 FET 气体传感器。最近又发展了 ZrO_2、LaF 固体电解质膜及锑酸质子导电体厚膜型的 FET 气体传感器。

人们发现 CaO—$BaTiO_3$ 等复合氧化物随 CO_2 浓度变化，其静电容量有很大变化。当该元件加热到 419℃ 时，可测定 CO_2 浓度范围为 0.05%~2%。其优点是选择性好，很少受 CO、CH_4、H_2 等气体干扰，不受湿度干扰，具有良好的应用前景。

8.1.2 固体电解质式气体传感器

这类传感器内部不是依赖电子传导，而是靠阴离子或阳离子进行传导，因此，把利用这种传导性能好的材料制成的传感器称为固体电解质传感器。

8.1.3 接触燃烧式气体传感器

一般将在空气中达到一定浓度、触及火种可引起燃烧的气体称为可燃性气体。如甲烷、乙炔、甲醇、乙醇、乙醚、一氧化碳及氢气等均为可燃性气体。

接触燃烧式气体传感器是将白金等金属线圈埋设在氧化催化剂中构成。使用时对金属线圈通以电流，使之保持在 300~600℃ 的高温状态，同时将元件接入电桥电路中的一个桥臂，调节桥路使其平衡。一旦有可燃性气体与传感器表面接触，燃烧热量进一步使金属丝升温，造成器件阻值增大，从而破坏了电桥的平衡。其输出的不平衡电流或电压与可燃气体浓度成比例，检测出这种电流和电压就可测得可燃气体的浓度。

接触燃烧式气体传感器的优点是对气体选择性好，线性好，受温度、湿度影响小，响应快。其缺点是对低浓度可燃气体灵敏度低，敏感元件受到催化剂侵害后其特性锐减，金属丝易断。

8.1.4　电化学式气体传感器

电化学式气体传感器包括离子电极型、定电位型和珈伐尼电池型等。

1. 离子电极型气体传感器

由电解液、固定参照电极和pH电极组成。通过透气膜使被测气体溶于电解液，在电解液中达到如下化学平衡（以被测气体为CO_2为例）。

$$CO_2+H_2O=H^++HCO_3^-$$

根据质量作用法则，HCO_3^-的浓度一定和在设定的范围内H^+浓度和CO_2分压成比例，根据pH值就能知道CO_2的浓度。适当的组合电解液和电极，可以检测多种气体。如NH_3、SO_2、NO_2（pH电极）、HCN（氰氢酸毒气，Ag电极）、卤素（卤化物电极）等传感器已实用化。

2. 珈伐尼电池式气体传感器

以氧传感器为例。这种传感器由隔离膜、铅电极（阳）、电解液和白金电极（阴）组成一个珈伐尼电池。当被测氧气通过聚四氟乙烯隔膜溶解在电解液中扩散到达负极表面时，即可发生还原反应。在白金电极上被还原成OH^-离子，正极上铅被氧化成$Pb(OH)_2$，溶液中产生电流。这时流过外电路的电流和透过聚四氟乙烯膜的氧的速度成比例，负极上氧分压几乎为零，氧透过的速度和外部的被测氧分压成比例。

3. 定位电解法气体传感器

定位电解法气体传感器又称为控制电位电解法气体传感器。它由工作电极（也称为敏感电极）、辅助电极、参比电极以及用聚四氟乙烯材料制成的透气隔离膜组成。工作电极与辅助电极、参比电极间充以电解液，被测气体通过透气隔离膜扩散到电解液中。

定位电解法气体传感器一氧化碳气体浓度测试电路如图8-1所示。图中，NAP—505为日本生产的小型、低功耗一氧化碳传感器。一氧化碳通过透气膜进入电解液到达工作电极（W）表面，工作电极表面发生电化学反应（氧化反应）：

$$CO+H_2O\longrightarrow CO_2+2H^++2e^-$$

产生的电子在工作电极上，产生的氢离子在工作电极旁的电解液中。电子使工作电极产生负电压，电子由外电路向辅助电极（C）流动。氢离子在电解液中向辅助电极流动，接收辅助电极上的电子和电极旁的氧气，发生还原反应：

$$2H^++O_2/2+2e^-\longrightarrow H_2O$$

参比电极的作用是给工作电极提供固定电压。参比电极（R）表面同样发生氧化反应，产生的电子使参比电极产生负电压，该电压由运算放大器IC_2组成的积分电路积分，积分输出电压（经由地、10Ω电阻、IC_1的输入端及10Ω电阻）加在工作电极和辅助电极之间，以保持工作电极电压稳定，不随电子流出而下降。

工作电极流出的电流（电子）与一氧化碳浓度成比例。电流在 10Ω 电阻上产生电压，由运算放大器 IC_1 放大输出。输出电压 U_0 与一氧化碳浓度成比例，由测量 U_0 值可知一氧化碳浓度。

参比电极给工作电极提供的固定电压也可以由外部电源供给，不同气体会在不同固定电压下发生电解，由不同固定电压和测得电流大小，可测得气体类别和浓度。

图中 NTC 热敏电阻用于温度补偿。温度升高，氧化和还原反应加速，输出电压增加。温度升高使 NTC 热敏电阻阻值降低，运算放大器负反馈增加，放大量减小，输出电压减小，达到补偿目的。NTC 热敏电阻 B 为 3435K，阻值 $10k\Omega$。运算放大器 OP27 用 $\pm9V$ 双电源供电。

图 8-1 定位电解法气体传感器—氧化碳气体浓度测试电路

8.1.5 集成型气体传感器

这种传感器有两类：一类是把敏感部分、加热部分和控制部分集成在同一基底上，以提高器件的性能；另一类是把多个具有选择性的元件，用厚膜或薄膜的方法制在一个衬底上，用微机处理和信号识别的方法对被测气体进行有选择性的测定，提高检测灵敏度。

8.1.6 气体传感器的应用

1. 可燃性气体泄露报警器

为防止常用气体燃料如煤气（H_2、CO 等）、天然气（CH_4 等）、液化石油气（C_3H_8、C_4H_{10} 等）及 CO 等气体泄漏引起中毒、燃烧或爆炸，可以应用可燃性气体传感器配上适当电路制成报警器。目前在该报警器上大都使用 SnO_2 气体传感器。但在湿度较大的场合例如厨房等，宜使用 $\alpha\text{-}Fe_2O_3$ 气体传感器为核心的报警器，因为此类传感器对湿度敏感性小，稳定性较好。

2. 在汽车中应用的气体传感器

汽车为了节约能源，防止环境污染和保持一个良好的车内环境，需要配备各种气体传感器。控制燃/空比，需用氧传感器；控制污染，检测排放气体，需用 CO、NO_x、HCl、O_2 等传感器；内部空调，需用 CO、烟、湿度等传感器。在控制燃/空比中使用的传感器最好选用固体电解质的经稳定化处理的 ZrO_2 传感器。

3. 在工业中应用的气体传感器

在 Fe 和 Cu 等矿物冶炼过程中常使用氧传感器，在半导体工业中需用多种气体传感器，在食品工业中也常用氧传感器。

例如高炉用的氧传感器。在铁矿精炼时，使用的传感器必须满足 600℃ 以上的高温，耐热冲击性好，与熔融金属不发生反应，耐腐蚀，电阻小。因此常用经稳定化处理的 ZrO_2 体电阻氧传感器。

在半导体工业中常用的气体毒性大，需检测浓度极低（为 10^{-19} 数量级），需要能够检测极低浓度、可靠性好的传感器。如果从保存方便、经济角度考虑，电化学气体传感器是最有希望应用的。

在食品工业方面，在对水产物的鲜度进行科学评价时，常用气体传感器。如在鱼的保鲜时，鱼肉中有的核酸会分解，其消耗氧量可用电化学氧传感器测定，也可用体电阻氧传感器测定，以测鲜度。

4. 检测大气污染方面用的气体传感器

对于污染环境需要检测的气体有 SO_2、H_2S、NO_x、CO、CO_2 等，因为需要定量测量，宜选用电化学气体传感器。

5. 在家电方面用的气体传感器

在家电中除用于可燃气泄漏报警及换气扇、抽油烟机的自动控制外，也用于微波炉和燃气炉等家用电器中。在微波炉中常选用 SnO_2 体电阻气体传感器，气体传感器测量出从食品中发出气体的浓度，可根据不同食品的特性选择负载电阻，确定响应时机，以实现烹调的自动控制。在燃气炉中常使用 ZrO_2 体电阻气体传感器测量燃/空比。

8.1.7 烟雾传感器

烟雾是比气体分子大得多的微粒悬浮在气体中形成的，和一般的气体成分的分析不同，必须利用微粒的特点检测。这类传感器多用于火灾报警器，也是以烟雾的有无决定输出信号的传感器，不能定量地连续测量。

1. 散射式

在发光管和光敏元件之间设置遮光屏，无烟雾时光敏元件接收不到光信号，有烟雾时借助微粒的散射光使光敏元件发出电信号，散射式烟雾传感器如图 8-2 所示。这种传感器的灵敏度与烟雾种类无关。

2. 离子式

用放射性同位素镅 Am241 放射出微量的 α 射线，使附近空气电离，当平行平板电极间有直流电压时，产生离子电流 I_K。有烟雾时，微粒将离子吸附，而且微粒本身也吸收 α 射线，其结果是离子电流 I_K 减小。

若有一个密封装有纯净空气的离子室作为参比元件，将两者的离子电流比较，就可以排除外界干扰，得到可靠的检测结果。此法的灵敏度与烟雾种类有关。离子式烟雾传感器如图 8-3 所示。

图 8-2　散射式烟雾传感器

图 8-3　离子式烟雾传感器

8.2　湿度传感器

8.2.1　湿度传感器特性

随着现代工农业技术的发展及生活条件的提高，湿度的检测与控制成为生产和生活中必不可少的手段。例如：大规模集成电路生产车间，当其相对湿度低于 30% 时，容易产生静电而影响生产；一些粉尘大的车间，当湿度小而产生静电时，容易产生爆炸；纺织厂为了减少棉纱断头，车间要保持相当高的湿度（60%～75%）；一些仓库（如存放烟草、茶叶和中药材等）在湿度过大时易发生变质或霉变现象。在农业上，先进的工厂式育苗、蔬菜棚、食用菌的培养与生产；水果及蔬菜的保鲜等都离不开湿度的检测与控制。

湿度是指物质中所含水蒸气的量，目前的湿度传感器多数是测量气体中的水蒸气含量。通常用绝对湿度、相对湿度和露点（或露点温度）来表示。

1. 绝对湿度

绝对湿度是指单位体积的气氛中含水蒸气的质量，其表达式为

$$H_d = \frac{m_V}{V} \tag{8-1}$$

式（8-1）中，m_V 为待测气氛中的水汽质量；V 为待测气体的总体积。

2. 相对湿度

相对湿度（Relative Humidity）为待测气体中水气分压与相同温度下水的饱和水汽压的比值的百分数。这是一个无量纲量，常表示为%，其表达式为

$$\varphi = \frac{P_V}{P_W} \times 100\% \tag{8-2}$$

式（8-2）中，P_V 为某温度下待测气体的水气分压；P_W 为与待测气体温度相同时水的饱和水汽压。

3. 露点

在一定大气压下，将含水蒸气的空气冷却，当降到某温度时，空气中的水蒸气达到饱和状态，开始从气态变成液态而凝结成露珠，这种现象称为结露，此时的温度称为露点或露点温度。如果这一特定温度低于0℃，水汽将凝结成霜，此时称其为霜点。通常对两者不予区分，统称为露点，其单位为℃。

湿敏元件是指对环境湿度具有响应或转换成相应可测信号的元件。

湿度传感器是由湿敏元件及转换电路组成的，具有把环境湿度转变为电信号的能力。其主要特性有以下几点：

1）感湿特性。感湿特性为湿度传感器特征量（如：电阻值、电容值和频率值等）随湿度变化的关系，常用感湿特征量和相对湿度的关系曲线来表示，湿度传感器的感湿特性如图8-4所示。

2）湿度量程。湿度量程为湿度传感器技术规范规定的感湿范围。全量程为 0% ~ 100%。

3）灵敏度。灵敏度为湿度传感器的感湿特征量（如：电阻和电容值等）随环境湿度变化的程度，也是该传感器感湿特性曲线的斜率。由于大多数湿度传感器的感湿特性曲线是非线性的，因此常用不同环境下的感湿特征量之比来表示其灵敏度的大小。例如日本生产的 $MgCr_2O_4$-TiO_2 湿度敏感器件的灵敏度，用一组器件电阻比 $R_{1\%}/R_{20\%}$、$R_{1\%}/R_{40\%}$、$R_{1\%}/R_{60\%}$、$R_{1\%}/R_{80\%}$、$R_{1\%}/R_{100\%}$ 表示，其中 $R_{1\%}$、$R_{20\%}$、$R_{40\%}$、$R_{60\%}$、$R_{80\%}$、$R_{100\%}$ 分别为相对湿度在 1%、20%、40%、60%、80%、100%时器件的电阻值。

4）湿滞特性。湿度传感器在吸湿过程和脱湿过程中吸湿与脱湿曲线不重合，而是一个环形线，这一特性就是湿滞特性，如图8-5所示。

图 8-4　湿度传感器的感湿特性

图 8-5　湿度传感器的湿滞特性

5）响应时间。响应时间为在一定环境温度下，当相对湿度发生跃变时，湿度传感器的感湿特征量达到稳定变化量的规定比例所需的时间。一般以相应的起始湿度和终止湿度这一变化区间的90%的相对湿度变化所需的时间来计算。

6）感湿温度系数。当环境湿度恒定时，温度每变化1℃，引起湿度传感器感湿特征量的变化量为感湿温度系数。

7）老化特性。老化特性为湿度传感器在一定温度、湿度环境下存放一定时间后，其感湿特性将发生变化的特性。

综上所述，一个理想的湿度传感器应具备的性能和参数为：

① 使用寿命长，长期稳定性好。

② 灵敏度高，感湿特性曲线的线性度好。

③ 使用范围宽，湿度温度系数小。

④ 响应时间短。

⑤ 湿滞回差小。

⑥ 能在有害气氛的恶劣环境中使用。

⑦ 器件的一致性和互换性好，易于批量生产，成本低廉。

⑧ 器件感湿特征量应在易测范围以内。

湿度传感器种类繁多。按输出的电学量可分为电阻型、电容型和频率型等；按探测功能可分为绝对湿度型、相对湿度型和结露型等；按材料可分为陶瓷式、有机高分子式、半导体式和电解质式等。下面按材料分类分别给以介绍。

8.2.2 陶瓷型湿度传感器

利用其表面多孔性吸湿进行导电，从而改变元件的阻值。这种湿敏元件随外界湿度变化而使电阻值变化的特性便是用来制造湿度传感器的依据。陶瓷湿度传感器较成熟的产品有$MgCr_2O_4$-TiO_2系、ZnO-Cr_2O_3系、ZrO_2系厚膜型、Al_2O_3薄膜型、TiO_2-V_2O_5薄膜型等品种，下面介绍其典型品种。

1. $MgCr_2O_4$-TiO_2系湿度传感器

$MgCr_2O_4$-TiO_2系湿度传感器是一种典型的多孔陶瓷湿度测量器件。由于它具有灵敏度高、响应特性好、测湿范围宽和高温清洗后性能稳定等优点，目前已商品化，并得到广泛应用。$MgCr_2O_4$-TiO_2系湿度传感器的结构示意图如图8-6所示。

$MgCr_2O_4$-TiO_2系湿度传感器是以$MgCr_2O_4$为基础材料，加入一定比例的TiO_2（20%~35%mol/L）制成的。感湿材料被压制成4mm×4mm×0.5mm的薄片，在1300℃左右烧成，在感湿片两面涂布氧化钌（RuO_2）多孔电极，并于800℃下烧结。在感湿片外附设有加热清洗线圈，此清洗线圈主要是通过加热排除附着在感湿片上有害气氛及油雾、灰尘，恢复对水汽的吸附能力。

2. ZrO_2系厚膜型湿度传感器

由于烧结法制成的体型陶瓷湿度传感器结构复杂，工艺上一致性差，特性分散。近来，国外开发了厚膜陶瓷型湿度传感器，这不仅降低了成本，也提高了传感器的一致性。

ZrO_2系厚膜型湿度传感器的感湿层，是用一种多孔ZrO_2系厚膜材料制成的，它可用碱金属调节阻值的大小并提高其长期稳定性。ZrO_2系湿度传感器的结构图如图8-7所示。

图 8-6　MgCr₂O₄-TiO₂ 系湿度传感器结构示意图

1—镍铬丝加热清洗线圈　2—氧化钌电极

3—MgCr₂O₄-TiO₂ 感湿陶瓷　4—陶瓷基片

5—杜美丝引出线　6—金短路环

图 8-7　ZrO₂ 系湿度传感器的结构图

1—印制的 ZrO₂ 感湿层（厚为几十微米）　2—由多孔

高分子膜制成的防尘过滤膜　3—用丝网印刷法印

制的 Au 梳状电极　4—瓷衬底　5—电极引线

8.2.3　有机高分子湿度传感器

有机高分子湿度传感器常用的有高分子电阻式湿度传感器，高分子电容式湿度传感器和结露传感器等。

1. 高分子电阻式湿度传感器

这种传感器的工作原理是由于水吸附在有极性基的高分子膜上，在低湿下，因吸附量少，不能产生荷电离子，所以电阻值较高。当相对湿度增加时，吸附量也增加，大量的吸附水就成为导电通道，高分子电解质的正负离子对主要起到载流子作用，使电阻值下降。利用这种原理制成的传感器称为电阻式高分子湿度传感器。

2. 高分子电容式湿度传感器

这种传感器是以高分子材料吸水后，元件的介电常数随环境的相对湿度的改变而变化，引起电容的变化，元件的介电常数是水与高分子材料两种介电常数的总和。当含水量以水分子形式被吸附在高分子介质膜中时，由于高分子介质的介电常数（3~6）远远小于水的介电常数（81），所以介质中水的成分对总介电常数的影响比较大，使元件对湿度有较好的敏感性能。高分子电容式湿度传感器结构如图 8-8 所示。它是在绝缘衬底上制作一对平板金（Au）下电极，然后在上面涂敷一层均匀的高分子感湿膜作电介质，在表层以镀膜的方法制作多孔浮置电极（Au 膜电极），形成串联电容。

3. 结露传感器

这种传感器是利用了掺入碳粉的有机高分子材料吸湿后的膨润现象。在高湿下，高分子材料的膨胀引起其中所含碳粉间距变化而产生电阻突变。利用这种现象可制成具有开关特性的湿度传感器。结露传感器的特性曲线如图 8-9 所示。

结露传感器是一种特殊的湿度传感器，它与一般的湿度传感器不同之处在于它对低湿不敏感，仅对高湿敏感。故结露传感器一般不用于测湿，而作为提供开关信号的结露信号器，用于自动控制或报警。例如用于检测摄像机、照相机结露及小汽车玻璃窗除露等。

145

图 8-8　高分子电容式湿度传感器的结构

1—微晶玻璃衬底　2—多孔浮置电极

3—敏感膜　4—引线　5—下电极

图 8-9　结露传感器的特性曲线

8.2.4　半导体型湿度传感器

此类传感器品种也很多，现以硅 MOS 型 Al_2O_3 湿度传感器为例说明其结构与工艺。传统的 Al_2O_3 湿度传感器的缺点是气孔形状大小不一，分布不匀，所以一致性差，存在着湿滞大、易老化、性能漂移等。硅 MOS 型 Al_2O_3 湿度传感器是在 Si 单晶上制成 MOS 晶体管，其栅极是用热氧化法生长厚度为 80nm 的 SiO_2 膜，在此 SiO_2 膜上用蒸发及阳极化方法制得多孔 Al_2O_3 膜，然后再镀上多孔金（Au）膜而制成。这种传感器具有响应速度快、化学稳定性好及耐高低温冲击等特点。MOS 型 Al_2O_3 湿度传感器的结构如图 8-10 所示。

图 8-10　MOS 型 Al_2O_3 湿度

传感器的结构

8.2.5　含水量检测

通常将空气或其他气体中的水分含量称为"湿度"，将固体物质中的水分含量称为"含水量"。

固体物质中所含水分的质量与总质量之比的百分数，就是含水量的值。固体中的含水量可用下列方法检测。

1. 称重法

将被测物质烘干前后的质量 m_H 和 m_D 测出，含水量的百分数便是

$$W = \frac{m_H - m_D}{m_H} \times 100\% \tag{8-3}$$

这种方法很简单，但烘干需要时间，检测的实时性差。而且有些产品不能采用烘干法。

2. 电导法

固体物质吸收水分后电阻变小，用测定电阻率或电导率的方法便可判断含水量。例如用

专门的电极安装在生产线上，可以在生产过程中得到含水量数据。但要注意被测物质的表面水分可能与内部含水量不一致，电极应设计成测量纵深部位电阻的形式。

3. 电容法

水的介电常数远大于一般干燥固体物质，因此用电容法测物质的介电常数从而测含水量相当灵敏，造纸厂的纸张含水量便可用电容法测量。由于电容法是由极板间的电力线贯穿被测介质内部，所以表面水分引起的误差较小。至于电容值的测定，可用交流电桥电路、谐振电路及交流电压电流关系即伏安法等。

4. 红外吸收法

水分对波长为 $1.94\mu m$ 的红外射线吸收较强，并且可用几乎不被水分吸收的 $1.81\mu m$ 波长作为参比。由上述两种波长的滤光片对红外光进行轮流切换，根据被测物对这两种波长的能量吸收的比值便可判断含水量。

检测元件可用硫化铅光敏电阻，但应使光敏电阻处在 $10\sim15℃$ 的某一温度下，为此要用半导体制冷器维持恒温。这种方法也常用于造纸工业的连续生产线。

5. 微波吸收法

水分对波长为 $1.36cm$ 附近的微波有显著吸收现象，而植物纤维对此波段的吸收要比水小几十倍，利用这一原理可构成测木材、烟草、粮食、纸张等物质中含水量的仪表。微波法要注意被测物料的密度和温度对检测结果的影响，这种方法的设备稍为复杂一些。

8.3 柔性传感器

柔性传感器是指采用柔性材料制成的传感器，具有良好的柔韧性、延展性，甚至可以自由弯曲、折叠。

柔性传感器结构如图 8-11 所示，由柔性基体、电极、薄膜敏感材料及信号引出导线组成。

柔性基体由柔性材料做成。常见的柔性材料有聚乙烯醇（PVA）、聚酯（PET）、聚酰亚胺（PI）、聚萘二甲酯乙二醇酯（PEN）、纸片及纺织面料等。常用的是聚酯、聚酰亚胺及聚萘二甲酯乙二醇酯三种。

柔性传感器的电极有金属电极、导电氧化物电极、纳米复合电极等类型，用化学电镀法、真空蒸镀法、磁控溅射法等固定在柔性基底上。

图 8-11　柔性传感器结构
a）结构组成正视图　b）A—A 剖面图

柔性传感器敏感材料通常以薄膜的形式覆盖在电极上。

柔性气体传感器是在电极表面覆盖有对气体敏感性高、制作工艺简便的薄膜材料，能很好地满足特殊环境下气体传感器的便携带、易安置、低功耗的需求，可对 HN_3、NO_2、乙醇气体等进行简单精确的检测。其中柔性乙醇气体传感器以聚酰亚胺做柔性基体，真空电子蒸镀制作金属电极，以 SnO_2 - PDDAC（聚二甲基二烯丙基氯化铵）作为敏感材料。该材料在常温下就能达到使用要求，打破了以往气体传感器需要加热的束缚，且比 SnO_2 传感器具有更高的响应。柔性乙醇气体传感器还可以用白面纸做柔性基体，固定在汽车方向盘上，为自动检测酒驾提供了可能性。

柔性湿度传感器有电阻式和电容式两大类。湿敏电阻器是在柔性基片和电极上覆盖一层用感湿材料制成的膜。当空气中的水蒸气吸附在感湿膜上时，湿敏电阻器的电阻值发生变化。湿敏电容器是在柔性基片和电极上覆盖用高分子薄膜制成的敏感膜，当空气中的水蒸气吸附在高分子薄膜上时，湿敏电容器的电容值发生变化。敏感膜材料有聚甲基丙烯酸甲酯/MAPTAC 等，制造方法有侵涂、旋转涂料、丝网印刷和喷墨印刷等。

除气体、湿度传感器外，还有压力、温度、磁阻及热流量等柔性传感器类型，在电子皮肤、医疗保健、电子电工、运动器材、纺织品、航天航空以及环境监测等领域得到广泛应用。

8.4　气体和湿度传感器的应用

8.4.1　简单家用气体报警器

这种报警器可根据使用气体种类，安放在易检测气体泄漏的地方。这样就可以随时监测气体是否泄漏，一旦泄漏气体达到危险浓度，便自动发出报警信号。

图 8-12 是一种最简单的家用气体报警器电路图。气体传感器采用 TGS109 直热式气敏器件。当室内可燃气体增加时，由于气敏器件接触到可燃气体而其阻值降低，使流经测试电路的电流增加，可直接驱动蜂鸣器（HA）报警。

设计报警器时，重要的是如何确定开始报警的气体浓度。一般情况下，对于丙烷、丁烷或甲烷等气体，都选定在爆炸下限的 1/10。

图 8-12　一种最简单的家用气体报警器电路图

8.4.2　煤气泄漏报警器

由于气敏传感器的线性一般较差，检测数据不准，但用于开关工作状态比较好用。因而气体检测的目的也多用于报警与控制。煤气泄漏报警器电路如图 8-13 所示。

MQK-2 为气敏传感器，当检测到烟雾或可燃气体时，其 A 极和 B 极之间电阻减小，集成电路 IC_1 的 2 脚电位下降。当烟雾或可燃气体浓度较大，该点电位下降到低于 IC_1 的 8 脚所加工作电压的 1/3 时，IC_1 的 3 脚输出高电平。该高电平经稳压二极管 VD_1 稳压为 4.2V，加到语音信号发生器 IC_2 和经 LED_1、R_2 加到晶体管 VT_1，为 IC_2 和 VT_1 提供电源。IC_2 得电工作后，输出语音报警信号，经 VT_1 放大，由 C_4 耦合送 IC_3 功率放大，驱动 BL 扬声器发出报警声音，同时点亮发光二极管 LED_2。

图 8-13 煤气泄漏报警器电路

8.4.3 二氧化碳传感器

二氧化碳有半导体、热传导、电化学和红外线等检测方式。TGS4160 二氧化碳传感器采用固态电化学型气体敏感元件，为 FIGARO（费加罗）公司生产，具有体积小、寿命长、选择性和稳定性好、耐高湿和低温等特点，广泛用于自动通风换气系统和二氧化碳气体长期检测等场合。

二氧化碳传感器内部结构如图 8-14 所示，1、6端接 5V 直流加热电压，2、5 端热敏电阻接温度补偿，3、4 端输出二氧化碳检测电压。检测电压经运算放大器 AD627A 放大，输出为 0～几百毫伏，再由可编程低功耗运算放大器 LTC271 放大，输出送检测显示，或驱动自动通风换气系统。热敏电阻 R_t 阻值用于调节 LTC271 放大量，进行温度补偿。

图 8-14 二氧化碳传感器内部结构

8.4.4 气体浓度检测电路

M008 是可以检测多种可燃、有毒气体的气敏传感器，图 8-15 所示为用 M008 设计的气体浓度检测电路。+12V 电源由 H、H_1 端输入，给 M008 加热，A、B 间的电阻值随气体浓度的增大而减小，电位器 RP_2 活动臂的电压则随气体浓度的增大而增大。A_1～A_4 构成 4 个电压比较器，其反相输入端连在一起，与 RP_2 活动臂相连。+12V 电源经 R_1～R_5 分压后，分别给 A_1～A_4 的同相输入端输入 0.86V、1.71V、2.57V、3.43V 电压。若 RP_2 活动臂电压高于 0.86V，A_1 输出低电平，发光二极管 VL_4 点亮。气体浓度越高，RP_2 活动臂电压越高，点亮发光二极管越多。由点亮发光二极管的只数，可以判别气体浓度的 4 个等级。

图 8-15　用 M008 设计的气体浓度检测电路

8.4.5　空气湿度检测电路

空气湿度检测电路如图 8-16 所示。图 8-16 中，808H5V5 为湿度传感器集成电路，内部包括湿度传感器和信号放大电路，工作电源电压为 +5V，可检测湿度范围为 0%～100%，相应输出电压为 0.8～3.9V。

808H5V5 可安放于需检测湿度的位置，输出信号电压用引线引出，可直接驱动电压表指针指示，也可以经 ICL7106 显示驱动集成电路 A-D 转换后，驱动液晶显示器显示。

图 8-16　空气湿度检测电路

8.4.6　结露报警电路

结露报警输出电路如图 8-17 所示，图 8-17 中 HOS103 为结露传感器。在低湿时，结露传感器的电阻值为 2kΩ 左右，VT_1 基极电压低于 0.6V 而截止，VT_2 基极电压为 +5V，发射结无偏置电压而截止，结露指示 LED 发光二极管不亮。

在结露时，结露传感器的电阻值大于 50kΩ，VT_1 基极电压高于 0.6V 而导通，VT_2 基极电压降低，使发射结为正偏置且饱和导通，结露指示 LED 发光二极管点亮。输出电压 U_{OUT} 可用于控制摄像机、数字照相机等设备进入结露停机保护，也可以用于控制浴室镜面水气自动清除电路工作。

结露传感器也可使用 HDS05、HDS10、HDP07 等型号。

图 8-17　结露报警输出电路

8.5　实训　酒精测试仪装调

1）查阅《传感器手册》，熟悉湿敏、气敏传感器性能技术指标及其用途，了解其最新发展。

2）酒精测试仪电路如图 8-18 所示。只要被测试者向传感器探头吹一口气，便可显示出醉酒的程度，确定被测试者是否还适宜驾驶车辆。图中，气体传感器选用 TGS-812 型，它对一氧化碳敏感，常被用来探测汽车尾气的浓度。除此之外，它对酒精也非常敏感，因此，可用来制作酒精测试仪。

图 8-18　酒精测试仪电路

酒精测试仪的工作原理是这样的：当气体传感器探头探不到酒精气体时，IC 显示驱动集成电路 5 脚为低电平。当气体传感器探头检测到酒精气体时，其阻值降低。+5V 工作电压通过气体传感器加到 IC 集成电路第 5 脚，第 5 脚电平升高。IC 集成电路共有十个输出端，每个端口驱动一个发光二极管，其依此驱动点亮发光二极管的数量视第 5 脚输入电平的高低而定。酒精含量越高，气体传感器的阻值就降得越低，第 5 脚电平就越高，点亮发光二极管的数量就越多。五个以上发光二极管为红色，表示超过一般饮酒水平。五个以下发光二极管为绿色，表示处于一般饮酒水平，酒精的含量不超过 0.05%。

① 装配该酒精测试仪电路，其中 IC 可选用 NSC 公司的 LM3914 系列 LED 点线显示驱动集成电路，也可以选用 AEG 公司的 V237 系列产品，但引脚排列不相同。

② 改变电位器 RP 的阻值，调整灵敏度。

③ 将该酒精测试仪用于其他气体的检测。

④ 将 IC 集成电路的第 14 脚信号引出，经放大后接蜂鸣器。当酒精的含量超过 0.05% 时，蜂鸣器便发出警报。

⑤ LM3914 为 DIP-18（双列直插式）封装，电源电压范围为 3~25V，5 脚输入测试信号电压与内部基准电压源比较高低，依次点亮外接 LED 点线条图。9 脚接电源电压为条图显示，开路为单点显示。考虑将其用于其他传感器电路作输出显示。

8.6　习题

1. 简要说明气体传感器有哪些种类，并说明它们各自的工作原理和特点。

2. 简要说明在不同场合分别应选用哪种气体传感器较适宜。

3. 说明含水量检测与一般的湿度检测有何不同。

4. 烟雾检测与一般的气体检测有何区别。

5. 根据所学知识，试画出自动吸排油烟机的电路原理框图，并分析其工作过程。

6. 目前湿度检测研究的主要方向是什么？

7. 什么是非电量传感器？请举出一个例子，说明其用途，画出其应用电路。

8. 分析图 8-13 所示煤气泄漏报警器电路工作原理。若检测煤气泄漏的量值，应选用什么类型的气体传感器？

9. 有机高分子湿度传感器有哪几种？分别叙述其结构组成和工作原理。

10. 含水量检测有哪几种方法？

11. 在图 8-16 所示空气湿度检测电路上增加元器件，设计成自动除湿电路。

第9章 新型传感器

本章要点

- 生物传感器的信号转换方式；
- 无线电波、微波、超声波传感器的工作原理和应用；
- 机器人传感器的种类和工作方式。

9.1 生物传感器与生物芯片

9.1.1 概述

1. 生物传感器及其分类

生物传感器是利用各种生物或生物物质做成的，用以检测与识别生物体内的化学成分的传感器。生物或生物物质是指酶、微生物和抗体等，它们的高分子具有特殊的性能，能精确地识别特定的原子和分子。例如：酶是蛋白质形成的，并作为生物体的催化剂，在生物体内仅能对特定的反应进行催化，这就是酶的特殊性能。对免疫反映，抗体仅能识别抗原，并具有与它形成复合体的特殊性能。生物传感器就是利用这种特殊性能来检测特定的化学物质（主要是生物物质）。

生物传感器一般是在基础传感器上再耦合一个生物敏感膜，也就是说生物传感器是半导体技术与生物工程技术的结合，是一种新型的器件。生物敏感物质附着于膜上或包含于膜之中，溶液中被测定的物质，经扩散作用进入生物敏感膜层，经分子识别，发生生物学反应，其所产生的信息可通过相应的化学或物理换能器转变成可定量和可显示的电信号，就可知道被测物质的浓度。通过不同的感受器与换能器的组合可以开发出多种生物传感器。

2. 分子识别功能及信号转换

表 9-1 列出了具有分子识别功能的主要生物物质。

表 9-1 具有分子识别功能的主要生物物质

生 物 物 质	被识别的分子	生 物 物 质	被识别的分子
酶	底物,底物类似物,抑制剂,辅酶	植物凝血素	多糖链,具有多糖的分子或细胞
抗体	抗原,抗原类似物	激素受体	激素
结合蛋白质	维生素 H,维生素 A 等		

生物传感器的信号转换方式主要有以下几种：

1）化学变化转换为电信号方式。用酶来识别分子，先催化这种分子，使之发生特异反应，产生特定物质的增减，将这种反应后产生的物质的增与减转换为电信号。能完成这个使命的器件有克拉克型氧电极、H_2O_2 电极、H_2 电极、H^+ 电极、NH_4 电极、CO_2 电极及离子选择性 FET 电极等。

2）热变化转换为电信号方式。固定在膜上的生物物质在进行分子识别时伴随有热变化，这种热变化可以转换为电信号进行识别，能完成这种使命的便是热敏电阻器。

3）光变化转换为电信号方式。萤火虫的光是在常温常压下，由酶催化产生的化学发光。最近发现有很多种可以催化产生化学发光的酶，可以在分子识别时导致发光，再转换为电信号。

4）直接诱导式电信号方式。分子识别处的变化如果是电的变化，则不需要电信号转换器件，但是必须有导出信号的电极。例如：在金属或半导体的表面固定上抗体分子，称为固定化抗体，此固定化抗体和溶液中的抗原发生反应时，则形成抗原体复合体，用适当的参比电极测量它和这种金属或半导体间的电位差，则可发现反应前后的电位差是不同的。

3. 生物物质的固定化技术

生物传感器的关键技术之一是如何使生物敏感物质附着于膜上或包含于膜之中，在技术上称为固定化。固定化大致上分为化学法与物理法两种。

1）化学固定法。化学固定法是在感受体与固相载体之间或感受体相互之间至少形成一个共价键，能将感受体的活性高度稳定地固定。一般这种架桥固定法是使用具有很多共价键原子团的试剂（如戊二醛等），在感受体之间形成"架桥"膜。在这种情况下除了感受体外，还加上蛋白质和醋酸纤维素等作为增强材料，以形成相互之间架桥膜。这种方法虽然简单，但必须严格控制其反应条件。

2）物理固定法。物理固定法是感受体与固相载体之间、或感受体相互之间，根据物理作用吸附或包裹进行固定。吸附法是在离子交换脂膜、聚氯乙烯膜等表面上以物理吸附感受体的方法，此法能在不损害敏感物质活性的情况下固定，但固定程度易减弱，一般常采用赛璐玢（cellphane）膜进行保护。包裹法是将感受体包裹于聚丙烯酰胺等高分子三维网络的结构之中进行固定。

9.1.2　生物传感器

1. 酶传感器

酶传感器的基本原理是用电化学装置检测酶在催化反应中生成或消耗的物质（电极活性物质），将其变换成电信号输出。这种信号变换通常有两种，即电位法与电流法。

电位法是通过不同离子生成在不同感受体上，从测得的膜电位去计算与酶反应的有关的各种离子的浓度。一般采用 NH_4^+ 电极（NH_3 电极）、H^+ 电极、CO_2 电极等。

电流法是从与酶反应有关的物质的电极反应，得到电流值来计算被测物质的方法。其电化学装置采用的电极是 O_2 电极、燃料电池型电极和 H_2O_2 电极等。

如前所述，酶传感器是由固定化酶和基础电极组成的。酶电极的设计主要考虑酶催化反应过程产生或消耗的电极活性物质，如果一个酶催化反应是耗氧过程，就可以使用 O_2 电极或 H_2O_2 电极；若酶反应过程产生酸，即可使用 pH 电极。

固定化酶传感器是由 Pt 阳极和 Ag 阴极组成的极谱记录式 H_2O_2 电极与固定化酶膜构成的。它是通过电化学装置测定由酶反应生成或消耗的离子，由此通过电化学方法测定电极活性物质的数量，可以测定被测成分的浓度。如用尿酸酶传感器测量尿酸，尿酸是核酸中嘌呤分解代谢的终产物，正常值为 $20 \sim 70mg/L$，尿酸测定对于诊断风湿痛十分有助，在氧存在下，尿酸经尿酸酶氧化成尿囊素、H_2O_2 和 CO_2。可采用尿酸酶氧电极测其 O_2 消耗量，也可采用电位法在 CO_2 电极上用羟乙基纤维素固定尿酸酶测定其生成物 CO_2；然后再换算出尿酸含量的多少。

2. 葡萄糖传感器

葡萄糖是典型的单糖类，是一切生物的能源。人体血液中都含有一定浓度的葡萄糖。正常人空腹血糖为 $800 \sim 1200mg/L$，对糖尿病患者来说，如血液中葡萄糖浓度升高约 0.17% 时，尿中就出现葡萄糖。而测定血液和尿中葡萄糖浓度对糖尿病患者做临床检查是很必要的。现已研究出对葡萄糖氧化反应起一种特异催化作用的酶——葡萄糖氧化酶（GOD），并研究出用它来测定葡萄糖浓度的葡萄糖传感器，如图 9-1 所示。

葡萄糖在 GOD 参加下被氧化，在反应过程中所消耗的氧随葡萄糖量的变化而变化。在反应中有一定量水参加时，其产物是葡萄糖酸和 H_2O_2，因为在电化学测试中反应电流与生成的 H_2O_2 浓度成比例，可换算成葡萄糖浓度。通常，对葡萄糖浓度的测试方法有两种：一是测量氧的消耗量。即将葡萄糖氧化酶（GOD）固定化膜与 O_2 电极组合。葡萄糖在酶电极参加下，反应生成 O_2，由隔离型 O_2 电极测定。这种 O_2 电极是将 Pb 阳极与 Pt 阴极浸入浓碱溶液中构成电池。阴极表面用氧穿透膜覆盖，溶液中的氧穿过膜到达 Pt 电极上，此时有被还原的阴极电流流过，其电流值与含氧浓度成比例。二是测量 H_2O_2 生成量的葡萄糖传感器。这种传感器是由测量 H_2O_2 电极与 GOD 固定化膜相结合而组成。葡萄糖和缓冲液中的氧与固定化葡萄糖酶进行反应。

图 9-1　葡萄糖传感器
1—Pt 阳极　2—聚四氟乙烯膜
3—固相酶膜　4—半透膜多孔层
5—半透膜致密层

反应槽内装满 pH 为 7.0 的磷酸缓冲液，用 Pt-Ag 构成的固体电极，用固定化 GOD 膜密封，在 Ag 阴极和 Pt 阳极间加上 0.64V 的电压，缓冲液中有空气中的 O_2。在这种条件下，一旦在反应槽内注入血液，血液中的高分子物质如抗坏血酸、胆红素、血红素及血细胞类被固定化膜除去，仅仅是血液中的葡萄糖和缓冲液中的 O_2 与固定化葡萄糖氧化酶进行反应，在反应槽内生成 H_2O_2，并不断扩散到达电极表面，在阳极生成 O_2 和反应电流；在阴极，O_2 被还原生成 H_2O。因此，在电极表面发生的全部反应是 H_2O_2 分解，生成 H_2O 和 O_2。这时有反应电流流过。因为反应电流与生成的 H_2O_2 浓度成比例，在实际测量中可换算成葡萄糖浓度。

葡萄糖传感器已进入实用阶段，**葡萄糖氧化酶的固定方法是共价键法，用电化学方法测量**。其测定浓度范围在 $100 \sim 500mg/L$。响应时间在 20s 以内，稳定性可达 100 天。

在葡萄糖传感器的基础上又发展了蔗糖传感器和麦芽糖传感器。蔗糖传感器是把蔗糖酶和 GOD 两种酶固定在清蛋白—戊二醛膜上。蔗糖由蔗糖酶的作用生成 α—D—葡萄糖和果糖，再经变旋酶和 GOD 的作用消耗氧和生成 H_2O_2。

麦芽糖由葡萄糖淀粉酶或麦芽糖酶的作用生成 β—D—葡萄糖，所以可用 GOD 和这些酶的复合膜构成麦芽糖传感器。

3. 微生物传感器

微生物传感器与酶传感器相比，价格更便宜、使用时间长、稳定性较好。

当前，酶主要从微生物中提取精制而成，虽然它有良好的催化作用，但它的缺点是不稳定，在提取阶段容易丧失活性，精制成本高。酶传感器和微生物传感器都是利用酶的基质选择性和催化性功能。但酶传感器是利用单一的酶，而微生物传感器是利用多种酶有关的高度机能的综合即复合酶。也就是说，微生物的种类是非常多的，菌体中的复合酶、能量再生系统、辅助酶再生系统、微生物的呼吸及新陈代谢为代表的全部生理机能都可以加以利用。因此，用微生物代替酶，有可能获得具有复杂及高功能的生物传感器。

微生物传感器是由固定化微生物膜及电化学装置组成，如图 9-2 所示。微生物膜的固定化法与酶的固定方式相同。

图 9-2 微生物传感器基本结构

由于微生物有好气（O_2）性与厌气（O_2）性之分（也称好氧反应与厌氧反应），所以传感器也根据这一物性而有所区别。好气性微生物传感器是因为好气性微生物生活在含氧条件下，在微生物生长过程中离不开 O_2，可根据呼吸活性控制 O_2 含量得知其生理状态。把好气性微生物放在纤维性蛋白质中固化处理，然后把固定化膜附着在封闭式 O_2 电极的透氧膜上，做成好气性微生物传感器。把它放入含有有机物的被测试液中，有机物向固定化膜内扩散而被微生物摄取（称为资化）。微生物在摄取有机物时呼吸旺盛，氧消耗量增加。余下部分氧穿过透氧膜到达 O_2 电极转变为扩散电流。当有机物的固定化膜内扩散的氧量和微生物摄取有机物消耗的氧量达到平衡时，到达 O_2 电极的氧量稳定下来，得到相应的状态电流值。该稳态电流值与有机物浓度有关，可对有机物进行定量测试。

对于厌气性微生物，由于 O_2 的存在妨碍微生物的生长，可由其生成的 CO_2 或代谢产物得知其生理状态。因此，可利用 CO_2 电极或离子选择电极测定代谢产物。

4. 免疫传感器

从生理学知，抗原是能够刺激动物机体产生免疫反应的物质，但从广义的生物学观点看，凡是能够引起免疫反应性能的物质，都可称为抗原。抗原有两种性能：刺激机体产生免疫应答反应；与相应免疫反应产物发生特异性结合反应。抗原一旦被淋巴球响应就形成抗体。而微生物病毒等也是抗原。抗体是由抗原刺激机体产生的具有特异免疫功能的球蛋白，又称免疫球蛋白。

免疫传感器是利用抗体对抗原结合功能研制成功的，如图 9-3 所示。

图 9-3　免疫传感器结构原理

抗原与抗体一经固定于膜上，就形成具有识别免疫反应强度的分子功能性膜。图 9-3 中 2、3 两室间有固定化抗原膜，1、3 两室间没有固定化抗原膜。1、2 室注入 0.9%生理盐水，当 3 室内导入食盐水时，1、2 室内电极间无电位差。若 3 室内注入含有抗体的盐水时，由于抗体和固定化抗原膜上的抗原相结合，使膜表面吸附了特异的抗体，而抗体是有电荷的蛋白质，从而使固定化抗原膜带电状态发生变化，于是 1、2 室内的电极间有电位差产生。电位差信号放大可检测超微量的抗体。

5. 半导体生物传感器

半导体生物传感器是由半导体传感器与生物分子功能膜、识别器件所组成。通常用的半导体器件是酶光敏二极管和酶场效应晶体管（FET），如图 9-4 和图 9-5 所示。因此，半导体生物传感器又称为生物场效应晶体管（BiFET）。最初是将酶和抗体物质（抗原或抗体）加以固定制成功能膜，去掉 FET 栅极金属，把它紧贴于 FET 的栅极绝缘膜上，构成 BiFET，现已研制出酶 FET、尿素 FET、抗体 FET 及青霉素 FET 等。

图 9-4　酶光敏二极管

图 9-5　酶场效应晶体管

6. 多功能生物传感器

在前面所介绍的生物传感器是为有选择地测量某一种化学物质而制作的元件。可是用这种传感器均不能同时测量多种化学物质的混合物。但是，像产生味道这样复杂微量成分的混合物，人的味觉细胞就能分辨出来。因此要求传感器能像细胞检测味道一样能分辨任何形式的多种成分的物质，同时测量多种化学物质，具有这样功能的传感器称为多功能传感器。

由生物学知，在生物体内存在多种互相亲和的特殊物质，如能巧妙地利用这种亲和性，测定出亲和性的变化量，就可能测量出预测物质的量，实现这种技术的前提是各亲和物质的固定化方法。例如，把对底物有敏锐特性的酶，用物理或化学的方法固定在天然或合成高分子膜上时就可以用来作识别元件。除酶外，将生物中具有识别功能的合成蛋白质、抗原、抗体、微生物、植物及动物组织、细胞器（线粒体、叶绿体）等固定在某载体上也可用作识别元件。

最初是用固定化酶膜和电化学器件组成酶电极，常把这种酶电极生物传感器称为第一代产品。其后开发的微生物、细胞器、免疫（抗体、抗原）、动植物组织及酶免疫（酶标抗原）等生物传感器称第二代产品。目前又进一步按电子学方法论进行生物电子学的种种尝试，这种新进展称为第三代产品。

9.1.3　生物芯片

进入 21 世纪，电子技术和生物技术相结合，诞生了生物芯片。生物芯片由研究 DNA（deoxyribonucleic acid 脱氧核糖核酸，一类带有遗传信息的生物大分子，引导生物发育与生命机能运作）分子或蛋白质分子的识别技术开始，已形成独立学科，成为生命科学领域中迅速发展起来的一项高新技术。

生物芯片原名称为"核酸微阵列"，是通过微加工技术和微电子技术，在一块 $1cm^2$ 大小的硅片、玻璃片、凝胶或尼龙膜上，构建密集排列的生物分子微阵列（micro arrays）。例如用于骨髓分型的生物芯片上，$1cm^2$ 可以存放 1 万多人的白细胞抗原基因（带有遗传信息的 DNA 片段称为基因）。微阵列中每个生物分子的序列及位置都是已知和预先设定的。

生物芯片的模样五花八门，外观五彩斑斓。有的和计算机芯片一样规矩、方正，有的是一排排微米级圆点或一条条的蛇形细槽，还有的是一些不同形状头发粗细的管道和针孔大小的腔体。

生物芯片提供一次性使用，根据生物分子之间特异性相互识别的原理，如 DNA—DNA、DNA—RNA（核糖核酸，ribonucleic acid，存在于生物细胞以及部分病毒、类病毒中的遗传信息载体）、抗原—抗体、受体—配体之间可发生的复性与特异性识别，让样品（血液、尿液、唾液、组织、细胞等）中的生物分子与生物芯片序列中的生物探针分子发生相互作用，利用专用检测仪器和计算机对所产生的信号进行检测和分析，就可得到样品中的 DNA、蛋白质、核酸、细胞及其他生物组分的有无、多少、序列变异等大量信息。

例如从正常人的基因组中分离出 DNA 与 DNA 芯片杂交（相互作用），就可以得出标准图谱，从病人的基因组中分离出 DNA 与 DNA 芯片杂交，就可以得出病变图谱。经过比较、分析这两种图谱，就可以得出病变的 DNA 信息。

生物芯片的主要特点是高通量、微型化和自动化，将通常在实验室中需要很多试管的反应，移到一个芯片上同时发生，效率是传统实验室检测手段的成百上千倍。生物芯片用于获取样品中的生物信息的流程如图 9-6 所示。

图 9-6　生物芯片用于获取样品中的生物信息的流程

生物芯片分为三类：第一类为检测用微阵列芯片（属于被动式芯片），包括基因芯片（DNA 芯片）、蛋白质芯片、细胞芯片和组织芯片，仅实现实验集成。

第二类为微流控芯片（属于主动式芯片），包括各类样品制备芯片、聚合酶链反应（PCR）芯片、毛细管电泳芯片和色谱芯片等，可进行样品制备、生化实验和信号检测等部分实验步骤。

第三类为微型集成化分析系统，也称为芯片实验室（lab on chip 属于主动式芯片），是生物芯片技术的最高境界。通过微细加工工艺制作的微过滤器、微加热器、微反应器、微泵、微阀门、微流量控制器、微电极、电子化学检测器以及电子发光检测器等，可以完成诸如样品制备、试剂输送、生化反应、信号检测、信息处理和传递等多个实验步骤。

例如 Gene Logic 公司设计制造的生物芯片可以从待检样品中分离出 DNA 或 RNA，并对其加入荧光标记，然后当样品流过固定于栅栏状微通道内的寡核苷酸探针时，便可捕获与之互补的靶核酸序列。应用相应检测设备即可实现对杂交结果的检测与分析。这种芯片由于寡核苷酸探针具有较大的吸附表面积，所以可以灵敏地检测到稀有基因的变化。同时，由于该芯片设计的微通道具有浓缩和富集作用，可以加速杂交反应，应用检测设备很快即可实现对杂交结果的检测与分析。

生物芯片用于基因检测、基因诊断、药物筛选、疾病诊断、生物信息研究等方面，用于生命科学、医学、新药开发、司法鉴定以及食品与环境监督等领域。

9.2　无线电波与微波传感器

9.2.1　无线电波传输特性

1. 无线电波特性

无线电波是一种电磁波，传输速度与光速相同，为 $3 \times 10^8 \mathrm{m/s}$，具有直射、绕射、反射及折射等特性，随波长的减小，即频率的增加，直射能力增强，绕射能力减弱。波长超过 3000m，即频率低于 100kHz 的电磁波称为长波，绕射能力最强。波长为 200~3000m，即频率为 100~1500kHz 的电磁波称为中波。波长为 10~200m，即频率为 1.5~30MHz 的电磁波称为短波。波长为 1~10m，即频率为 30~300MHz 的电磁波称为超短波。波长为 1mm~1m，即频率为 300MHz~300GHz 的电磁波称为微波。

微波能定向辐射，空间直射传输，遇到障碍物易于反射，绕射能力差；传输中受烟雾、火焰、灰尘、强光等影响很小，介质对微波的吸收与介质的介电常数成正比，水对微波的吸收作用最强。

2. 振荡器与天线

频率低或较低的无线电波可以用晶体管组成振荡器产生振荡信号，用线形、环形天线发射。微波不能用一般晶体管，必须用速调管、磁控管或体效应管组成振荡器产生微波信号。

微波振荡器产生的振荡信号需要用矩形或圆形波导管（波长 10cm 以上的可用同轴电缆）进行传输，通过微波天线发射出去。常用的微波天线如图 9-7 所示，有喇叭形天线、抛物面天线、微带天线和缝隙天线等。

喇叭天线可以看作是矩形或圆形波导端口的延伸，喇叭形状在波导管端口与自由空间之

图 9-7　常用的微波天线

a）缝隙天线　b）微带天线　c）扇形喇叭天线　d）圆锥喇叭天线　e）抛物面天线

间起匹配作用，可以获得最大能量输出。抛物面天线如同凹面镜，将喇叭天线发射的电波能量聚焦，使发射方向性提高。

微带天线是在介质基片上蒸发、光刻、镀敷一定形状的金带条做成，缝隙天线是在波导上一定位置开缝，电波由缝隙向外辐射。两者都为简单、有效的天线结构。

9.2.2　微波传感器种类和特点

微波传感器是指利用微波来检测一些物理量的器件或装置。发射天线发射出微波，遇到被测物体时将被吸收或反射，微波功率会发生变化。若利用接收天线，接收到通过被测物或由被测物反射回来的微波，并将它转换成电信号，再经过信号处理电路处理，即可显示出被测量。微波传感器分为如下两类。

1. 遮断式微波传感器

遮断式微波传感器如图 9-8 所示，是通过检测接收天线检测到的微波功率大小，来判断发射天线与接收天线之间有无被测物，或判断被测物的位置、含水量等参数。例如土壤、煤、石油、矿砂、酒精、玉米、稻谷、塑料、皮革等的含水量测量仪。

图 9-8　遮断式微波传感器

2. 反射式微波传感器

反射式微波传感器的接收和发射天线在被测物的同一边，是通过检测被测物反射回来的微波功率，或检测发射和接收的时间间隔，来测量被测物的位置、厚度等参数。例如微波物位计、微波液位计、微波测厚仪等。

3. 微波传感器的特点

由于微波本身的特性，决定了微波传感器具有以下特点：

1）实现非接触测量，因此可以进行活体检测，且大部分测量不需要取样。

2）测量速度快，灵敏度高，可以进行动态检测和实时处理，便于自动控制。

3）可以在高温、高压、有毒、有放射线等恶劣环境条件下进行检测。

4）直线传输，作用距离远，可实现遥测和遥控。

9.2.3 微波温度传感器

任何物体，当它的温度高于环境温度时，都能向外辐射能量。当辐射热到达接收机输入端口时，若仍然高于基准温度（或室温），在接收机的输出端将有信号输出。这就是辐射计或噪声温度接收机的基本原理。

微波频段的辐射计就是一个微波温度传感器，属于微波传感器无发射源单向接收检测类型。图 9-9 所示为微波温度传感器的原理框图。

图中左上角为微波天线，被测生物和无生物体辐射的微波能量经微波天线进入环形器，输入带通滤波器滤除杂波信号，由低噪声放大器放大，然后进入混频器与本机振荡器振荡信号混频，变为中频信号，由中频放大器进一步放大后供信号处理电路使用。环形器按时间

图 9-9　微波温度传感器原理框图

轮流将基准温度信号输入和放大。信号处理电路将两者比较后，输出被测物体热量信号。天线和低噪声微波放大器的性能是微波传感器灵敏度的关键。

微波传感器最有价值的应用，是微波遥测，将微波温度传感器装在航天器上，可遥测大气对流层状况，进行大地测量与探矿；可以遥测水质污染程度；确定水域范围；判断土地肥沃程度；判断植物品种等。

近年来，微波传感器又有新的重要应用，这就是用其探测人体癌变组织。癌变组织与周围正常组织之间存在着一个微小的温度差。早期癌变组织比正常组织高 0.1℃，肿瘤组织比正常组织偏高 1℃。如果能精确测量出 0.1℃ 的温差，就可以发现早期癌变，从而可以早日治疗。

9.2.4 多普勒效应

假若发射机与接收机之间的距离发生变化，则发射机发射信号的频率与接收机收到信号的频率就不同。此现象是由奥地利物理学家多普勒发现的，所以称为多普勒效应。

如果发射机和接收机在同一地点，两者无相对运动，而被测物体以速度 v 向发射机和接收机运动，我们可以把被测物体对信号的反射现象看成是一个发射机。这样，接收机和被测物体之间因有相对运动，所以就产生了多普勒效应。

现在我们从被测物体与检测点接近的情况来进一步说明多普勒效应的产生过程。发射机发射出的无线电波向被测物体辐射，被测物体以速度 v 运动多普勒效应示意图，如图 9-10a 所示。被测物体作为接收机接收到的频率为

$$f_1 = f_0 + \frac{v}{\lambda_0} \qquad (9\text{-}1)$$

图 9-10　多普勒效应示意图

式（9-1）中，f_0 为发射机发射信号的频率；v 为被测物体的运动速度；λ_0 为信号波长，$\lambda_0 = C/f_0$；C 为电磁波的传播速度，等于光速 $3 \times 10^8 \text{m/s}$。

如果把 f_1 作为反射波向接收机发射信号，如图 9-10b 所示。接收机接收到的信号频率为

$$f_2 = f_1 + \frac{v}{\lambda_1} = f_0 + \frac{v}{\lambda_0} + \frac{v}{\lambda_1} \qquad (9\text{-}2)$$

由于被测物体的运动速度远小于电磁波的传播速度，则可近似认为 $\lambda_0 = \lambda_1$，那么

$$f_2 = f_0 + \frac{2v}{\lambda_0} \qquad (9\text{-}3)$$

由多普勒效应产生的频率之差称为多普勒频率，即

$$F_d = f_2 - f_0 = \frac{2v}{\lambda_0} \qquad (9\text{-}4)$$

从上式可以看出被测物体的运动速度 v 可以用多普勒频率来描述。

9.2.5　多普勒雷达测速

多普勒雷达检测线速度工作原理图如图 9-11 所示。它由发射机、接收机、混频器、检波器、放大器及处理电路等组成。当发射信号和接收到的回波信号经混频器混频后，两者产生差频输出，差频的频率正好为多普勒频率。

利用多普勒雷达可以对被测物体的线速度进行测量。图 9-11 是检测线速度的工作原理图。多普勒雷达产生的多普勒频率为

$$F_d = \frac{2v\cos\theta}{\lambda_0} = Kv \qquad (9\text{-}5)$$

图 9-11　多普勒雷达检测线速度工作原理图

1—被测物体　2—发射波和反射波　3—雷达

式（9-5）中，v 为被测物体的线速度；λ_0 为电磁波的波长；θ 为电磁波方向与速度方向的夹角；$v\cos\theta$ 为被测物体速度的电磁波方向分量；F_d 的单位为 Hz。

用多普勒雷达测运动物体线速度的方法，已广泛用于检测车辆的行驶速度。

9.2.6　非接触 IC 卡与阅读器

非接触 IC 卡用无线电短波实现能量和信息的传递，属于近距离通信（Near Field Communication，NFC）技术，最大操作距离达 20~30mm，主要用于公交、轮渡及地铁的自动收

费系统，也应用在门禁管理、身份证明和电子钱包。

非接触 IC 卡采用国际公认的 mifare 标准，其卡号在世界上是唯一的。读写器与 IC 卡实施双向密码鉴别制，读写器识别 IC 卡的合法性，能防止多卡冲突，IC 卡能识别读写器，还可限制读写器的读写权限。

非接触 IC 卡的组成包括感应天线和 IC 芯片，如图 9-12 所示，嵌入符合 ISO 7816 标准的卡片中，与读写器之间通过频率为 13.56MHz±7kHz 的无线电波来完成读写，数据传输率为 $13.56×10^6/128 = 106\text{kbit/s}$，不易受温度、紫外线、X 射线、交流电磁场等外界因素影响。

图 9-12　非接触 IC 卡组成框图

感应天线是沿卡片四周边缘的几圈金属线圈。IC 芯片由 RF（射频）接口、IC 芯片接口电路、微处理器、RAM、ROM 和一个 1KB 的 E^2PROM 组成。RAM 提供微处理器操作系统 COS（Card Operation System，IC 卡操作系统）用于存放数据，通常不超过 256B，ROM 用于存放程序。E^2PROM 用于存放各种信息、密码和应用文件。

当 IC 卡靠近读写器时，卡内天线接收读写器发射的电磁波，转换为高频电流。RF 接口有一个 LC 并联谐振电路，对高频电流谐振，获得谐振电压输出。输出电压通过一个单向导通的电子泵，转换为直流电压，对另一个电容充电。该电容充电电压达到 2V 时，可作为电源向卡上其他电路提供工作电压，将卡内数据通过 RF 接口转换为射频信号发射出去，接受读写器发射来的数据送微处理器，对 E^2PROM 存放的各种信息进行读写操作。全部工作可在 0.1s 时间里完成。

9.3　超声波传感器

9.3.1　超声波传感器的物理基础

人们能听到的声音是由物体振动产生的，它的频率在 20Hz ~ 20kHz 范围内。超过 20kHz 称为超声波，低于 20Hz 称为次声波。检测常用的超声波频率范围为 $2.5×10^4$ ~ $1×10^7Hz$。

超声波是一种在弹性介质中的机械振荡，它的波形有纵波、横波、表面波 3 种。质点的振动方向与波的传播方向一致的波称为纵波。质点的振动方向与波的传播方向垂直的波称为横波。质点的振动介于纵波与横波之间，沿着表面传播，振幅随深度的增加而迅速衰减的波称为表面波。横波、表面波只能在固体中传播，纵波可在固体、液体及气体中传播。

超声波具有以下基本性质：

1. 传播速度

超声波的传播速度与介质的密度和弹性特性有关，也与环境条件有关。对于液体，其传播速度 c 为

$$c = \sqrt{\frac{1}{\rho B_g}} \qquad (9\text{-}6)$$

式（9-6）中，ρ 为介质的密度；B_g 为绝对压缩系数。

在气体中，传播速度与气体种类、压力及温度有关，在空气中传播速度 c 为

$$c = 331.5 + 0.607t \quad (\text{m/s}) \qquad (9\text{-}7)$$

式（9-7）中，t 为环境温度。

对于固体，其传播速度 c 为

$$c = \sqrt{\frac{E\ (1-\mu)}{\rho\ (1+\mu)\ (1-2\mu)}} \qquad (9\text{-}8)$$

式（9-8）中，E 为固体的弹性模量；μ 为泊松系数。

2. 反射与折射现象

超声波在通过两种不同的介质时，产生反射和折射现象，如图 9-13 所示，并有如下的关系

$$\frac{\sin\alpha}{\sin\beta} = \frac{c_1}{c_2} \qquad (9\text{-}9)$$

式（9-9）中，c_1、c_2 为超声波在两种介质中的速度；α 为入射角；β 为折射角。

3. 传播中的衰减

随着超声波在介质中传播距离的增加，由于介质吸收能量而使超声波强度有所衰减。若超声波进入介质时的强度为 I_0，通过介质后的强度为 I，则它们之间的关系为

图 9-13 超声波的反射与折射

$$I = I_0 e^{-Ad} \qquad (9\text{-}10)$$

式（9-10）中，d 为介质的厚度；A 为介质对超声波能量的吸收系数。

介质中的能量吸收程度与超声波的频率及介质的密度有很大关系。介质的密度 ρ 越小，衰减越快，尤其在频率高时则衰减更快。因此，在空气中通常采用频率较低（几十千赫）的超声波，而在固体、液体中则采用频率较高的超声波。

利用超声波的特性，可做成各种超声波传感器。例如，国产 TC40 系列超声波传感器，可以作超声波发射也可以作超声波接收用，中心频率为 40kHz，有效传输距离 ≥ 15m，方向角 60°，反射接收的有效距离为 $4\sim 7$m，工作温度范围为 $-20\sim 70$℃。超声波传感器配上不同的电路，可制成各种超声波仪器及装置，应用于工业生产、医疗、家电等行业中。超声波技术应用情况如表 9-2 所示。

9.3.2 超声波换能器及耦合技术

超声波换能器有时也称为超声波探头。超声波换能器可根据其工作原理不同分为压电式、磁致伸缩式、电磁式等数种。在检测技术中主要采用压电式。根据其结构不同压电式又分为直探头、斜探头、双探头、表面波探头、聚焦探头、水浸探头、空气传导探头以及其他专用探头等。

表 9-2 超声波技术应用情况

应 用 领 域	用　途	应 用 情 况
工业	金属材料及部分非金属材料探伤	各种制造业
	测量板材厚度（金属与非金属）	板材、管材、可在线测量
	超声振动切削加工（金属与非金属）	钟表业精密仪表、轴承
	超声波清洗零件	半导体器件生产
	超声波焊接	
	超声流量计	化学、石油、制药、轻工等
	超声液位及料位检测及控制	污水处理
	浓度检测	能制成便携式
	硬度计	
	温度计	—
	定向	
通信	定向通信	—
医疗	超声波诊断仪（显像技术）	断层图像
	超声波胎儿状态检查仪	
	超声波血流计、超声波洁牙器	—
家用电器	遥控器	控制电灯及家电
	加湿器	
	防盗报警器	—
	驱虫（鼠）器	
其他 （测距）	盲人防撞装置	
	汽车倒车测距报警器	
	装修工程测距（计算用料）	

1. 以固体为传导介质的探头

用于固体介质的单晶直探头（俗称为直探头）的结构如图 9-14a 所示。压电晶片采用 PZT（锆钛酸铅）压电陶瓷材料制作，外壳用金属制作，保护膜用于防止压电晶片磨损，改善耦合条件，阻尼吸收块用于吸收压电晶片背面的超声脉冲能量，防止杂乱反射波的产生。

双晶直探头的结构如图 9-14b 所示。它是由两个单晶直探头组合而成，装配在同一壳体内。两个探头之间用一块吸声性强、绝缘性能好的薄片加以隔离，并在压电晶片下方增设延迟块，使超声波的发射和接收互不干扰。在双探头中，一只压电晶片担任发射超声脉冲的任务，而另一只担任接收超声脉冲的任务。双探头的结构虽然复杂一些，但信号发射和接收的控制电路却较为简单。

有时为了使超声波能倾斜入射到被测介质中，可选用斜探头，如图 9-14c 所示。压电晶片粘贴在与底面成一定角度（如 30°、45°等）的有机玻璃斜楔块上，压电晶片的上方用吸声性强的阻尼块覆盖。当斜楔块与不同材料的被测介质（试件）接触时，超声波产生一定角度的折射，倾斜入射到试件中去，折射角可通过计算求得。

图 9-14 超声波探头结构示意图

a) 单晶直探头 b) 双晶直探头 c) 斜探头

1—插头 2—外壳 3—阻尼吸收块 4—引线 5—压电晶体

6—保护膜 7—隔离层 8—延迟块 9—有机玻璃斜楔块

2. 耦合剂

在图 9-14 中，无论是直探头还是斜探头，一般不能将其放在被测介质（特别是粗糙金属）表面来回移动，以防磨损。更重要的是，由于超声波探头与被测物体接触时，在被测物体表面不平整的情况下，探头与被测物体表面间必然存在一层空气薄层。空气的密度很小，将引起 3 个界面间强烈的杂乱反射波，造成干扰，而且空气也将对超声波造成很大的衰减。为此，必须将接触面之间的空气排挤掉，使超声波能顺利地入射到被测介质中。在工业中，经常使用一种称为耦合剂的液体物质，使之充满在接触层中，起到传递超声波的作用。常用的耦合剂有水、机油、甘油、水玻璃、胶水和化学浆糊等。耦合剂的厚度应尽量薄些，以减小耦合损耗。

3. 以空气为传导介质的超声波发射器和接收器

此类发射器和接收器一般是分开设置的，两者的结构也略有不同。图 9-15 所示为空气

图 9-15 空气传导型超声波发射、接收器结构简图

a) 超声波发射器 b) 超声波接收器

1—外壳 2—金属丝网罩 3—锥形共振盘

4—压电晶片 5—引线端子 6—阻抗匹配器

传导用的超声波发射器和接收器结构简图。发射器的压电片上粘贴了一只锥形共振盘，以提高发射效率和方向性。接收器的共振盘上还增加了一只阻抗匹配器，以提高接收效率。

9.3.3 超声波传感器的应用

从超声波的行进方向来看，超声波传感器的应用有两种基本类型，如图 9-16 所示。当超声发射器与接收器分别置于被测物两侧时，这种类型称为透射型。透射型可用于遥控器、防盗报警器、接近开关等。当超声发射器与接收器置于同侧时为反射型，反射型可用于接近开关、测距、测液位或料位、金属探伤以及测厚等。下面简要介绍超声波传感器在工业中的几种应用。

图 9-16 超声波传感器的应用的两种基本类型
a）透射型 b）反射型
1—超声发射器 2—被测物 3—超声接收器

1. 超声波探伤

超声波探伤是无损探伤技术中的一种主要检测手段。它主要用于检测板材、管材、锻件和焊缝等材料中的缺陷（如裂缝、气孔、夹渣等）、测定材料的厚度、检测材料的晶粒、配合断裂力学对材料使用寿命进行评价等。超声波探伤因具有检测灵敏度高、速度快、成本低等优点，因而得到人们普遍的重视，并在生产实践中得到广泛的应用。

超声波探伤方法多种多样，最常用的是脉冲反射法。而脉冲反射法根据超声波波型不同又可分为纵波探伤、横波探伤和表面波探伤。

1）纵波探伤。纵波探伤使用直探头。测试前，先将探头插入探伤仪的连接插座上。探伤仪面板上有一个荧光屏，通过荧光屏可知工件中是否存在缺陷、缺陷大小及缺陷的位置。测试时探头放于被测工件上，并在工件上来回移动进行检测。探头发出的纵波超声波，以一定速度向工件内部传播，如工件中没有缺陷，则超声波传到工件底部才发生反射，在荧光屏上只出现始脉冲 T 和底脉冲 B，如图 9-17a 所示。如工件中有缺陷，一部分声脉冲在缺陷处产生反射，另一部分继续传播到工件底面产生反射，在荧光屏上除出现始脉冲 T 和底脉冲 B 外，还出现缺陷脉冲 F，如图 9-17b 所示。荧光屏上的水平亮线为扫描线（时间基线），其长度与工件的厚度成正比（可调），通过缺陷脉冲在荧光屏上的位置可确定缺陷在工件中的

图 9-17 超声波探伤
a）无缺陷时超声波的反射及显示的波形 b）有缺陷时超声波的反射及显示波形

位置。亦可通过缺陷脉冲的幅度的高低来判别缺陷当量的大小。如缺陷面积大，则缺陷脉冲的幅度就高，通过移动探头还可确定缺陷大致长度。

2）横波探伤。横波探伤法多采用斜探头进行探伤。超声波的一个显著特点是：超声波波束中心线与缺陷截面积垂直时，探头灵敏度最高，但如遇到如图 9-18 所示的缺陷时，用直探头探测虽然可探测出缺陷存在，但并不能真实反映缺陷大小。如用斜探头探测，则探伤效果较佳。因此实际应用中，应根据不同缺陷性质、取向，采用不同的探头进行探伤。有些工件的缺陷性质及取向事先不能确定，为了保证探伤质量，则应采用几种不同探头进行多次探测。

3）表面波探伤。表面波探伤主要是检测工件表面附近的缺陷存在与否，如图 9-19 所示。当超声波的入射角 α 超过一定值后，折射角 β 可达到 90°，这时固体表面受到超声波能量引起的交替变化的表面张力作用，质点在固体介质表面的平衡位置附近作椭圆轨迹振动，这种振动称为表面波。当工件表面存在缺陷时，表面波被反射回探头，可以在荧光屏上显示出来。

图 9-18　横波单探头探伤　　　　　图 9-19　表面波探伤

2. 超声波流量计

超声波流量计原理图如图 9-20 所示。在被测管道上下游的一定距离上，分别安装两对超声波发射和接收探头（F_1，T_1）、（F_2，T_2），其中（F_1，T_1）的超声波是顺流传播的，而（F_2，T_2）的超声波是逆流传播的。根据这两束超声波在流体中传播速度的不同，采用测量两接收探头上超声波传播的时间差、相位差或频率差等方法，可测量出流体的平均速度及流量。

图 9-20　超声波流量计原理图

设超声波传播方向与流体流动方向的夹角为 α，流体在管道内的平均流速为 v，超声波在静止流体中的声速为 c，管道的内径为 d。则超声波由 F_1 至 T_1 的绝对传播速度为 $v_1 = c + v\cos\alpha$，超声波由 F_2 至 T_2 的绝对传播速度为 $v_2 = c - v\cos\alpha$。超声波顺流与逆流传播的时间差为

$$\Delta t = t_2 - t_1 = \frac{\dfrac{d}{\sin\alpha}}{c - v\cos\alpha} - \frac{\dfrac{d}{\sin\alpha}}{c + v\cos\alpha} = \frac{2dv\cot\alpha}{c^2 - v^2\cos^2\alpha}$$

因为 $v \ll c$，所以

$$\Delta t \approx \frac{2dv}{c^2}\cot\alpha$$

则

$$v = \frac{c^2}{2d}\tan\alpha\Delta t \tag{9-11}$$

体积流量约为

$$q_V \approx \frac{\pi}{4}d^2 v = \frac{\pi}{8}dc^2\tan\alpha\Delta t \tag{9-12}$$

由式（9-12）可知，流速 v 及流量 q_V 均与时间差 Δt 成正比，而时间差可用标准时间脉冲计数器来实现。上述方法被称为时间差法。在这种方法中，流量与声速 c 有关，而声速一般随介质的温度变化而变化，因此将造成温漂。如果使用下述的频率差法测流量，则可克服温度的影响。

频率差法测流量的原理如图 9-21 所示。F_1、F_2 是完全相同的超声探头，安装在管壁外面，通过电子开关的控制，交替地作为超声波发射器与接收器使用。

图 9-21　频率差法测流量原理图

a）透射型安装图　　b）反射型安装图

首先由 F_1 发射出第一个超声脉冲，它通过管壁、流体及另一侧管壁被 F_2 接收，此信号经放大后再次触发 F_1 的驱动电路，使 F_1 发射第二个超声脉冲⋯⋯设在一个时间间隔 t_1 内，F_1 共发射了 n_1 个脉冲，脉冲的重复频率为 $f_1 = n_1/t_1$。

在紧接下去的另一个相同的时间间隔 t_2（$t_2 = t_1$）内，与上述过程相反，由 F_2 发射超声脉冲，而 F_1 作接收器。同理可以测得 F_2 的脉冲重复频率为 f_2。经推导，由于多普勒效应，顺流发射频率 f_1 与逆流发射频率 f_2 的频率差 Δf 为

$$\Delta f = f_1 - f_2 \approx \frac{\sin 2\alpha}{D}v \tag{9-13}$$

由式（9-13）可知，Δf 只与被测流速 v 成正比，而与声速 c 无关。发射、接收探头也可如图 9-21b 所示那样，安装在管道的同一侧。

超声流量计的最大特点是：探头可装在被测管道的外壁，实现非接触测量，既不干扰流

场，又不受流场参数的影响。其输出与流量基本上呈线性关系，精度可达±1%，价格不随管道直径的增大而增加，特别适合大口径管道和混有杂质或腐蚀性液体的流量测量。

9.4 机器人传感器

9.4.1 机器人与传感器

机器人可以被定义为计算机控制的能模拟人的感觉、手工操纵，具有自动行走能力而又足以完成有效工作的装置。第一代机器人是一种能进行重复操作的机械，主要是通常所说的机械手，它虽配有电子存储装置，能记忆重复操作，然而，因未采用传感器，所以没有适应外界环境变化的能力。第二代机器人已初步具有感觉和反馈控制的能力，能进行识别、选取和判断，这是由于采用了传感器，使机器人具有了初步的智能。因而传感器的采用与否已成为衡量第二代机器人的重要特征。第三代机器人为高一级的智能机器人，具有自我学习、自我补偿、自我诊断能力，具有神经网络。"计算机化"是第三代机器人的重要标志，然而，计算机处理的信息，必须要通过各种传感器来获取。

机器人传感器可以定义为一种能将机器人目标物特性（或参量）变换为电量输出的装置。机器人通过传感器实现类似于人的知觉作用，因此，传感器被称为机器人的电五官。

要使机器人对环境有更强的适应能力，能进行更精确的定位和控制，能从事更复杂的工作，就需要有更多的、性能更好的、功能更强的、集成度更高的机器人传感器。

9.4.2 机器人传感器的分类

机器人传感器可分为内部检测传感器和外部检测传感器两大类。

内部检测传感器是以机器人本身的坐标轴来确定其位置，它安装在机器人自身中用来感知机器人自己的状态，以调整和控制机器人的行动。它通常由位置、加速度、速度及压力传感器组成。

外界检测传感器用于机器人对周围环境、目标物的状态特征获取信息，使机器人和环境能发生交互作用，从而使机器人对环境有自校正和自适应能力。外界检测传感器通常包括触觉、接近觉、视觉、听觉、嗅觉和味觉等传感器。表 9-3 列出了这些传感器的分类和应用。

表 9-3　机器人用外界检测传感器的分类和应用

传　感　器	检测内容	检测器件	应　　用
触觉	接触	限制开关	动作顺序控制
	把握力	应变计、半导体感压元件	把握力控制
	荷重	弹簧变位测量计	张力控制、指压力控制
	分布压力	导电橡胶、感压高分子材料	姿势、形状判别
	多元力	应变计、半导体感压元件	装配力控制
	力矩	压阻元件、电动机电流计	协调控制
	滑动	光学旋转检测器、光纤	滑动判定、力控制
接近觉	接近	光电开关、LED、激光、红外	动作顺序控制
	间隔	光敏晶体管、光敏二极管	障碍物躲避
	倾斜	电磁线圈、超声波传感器	轨迹移动控制、探索

传 感 器	检 测 内 容	检 测 器 件	应 用
视觉	平面位置 距离 形状 缺陷	ITV 摄像机、位置传感器 测距器 线图像传感器 面图像传感器	位置决定、控制 移动控制 物体识别、判别 检查、异常检测
听觉	声音 超声波	传声器 超声波传感器	语言控制（人机接口） 移动控制
嗅觉	气体成分	气体传感器、射线传感器	化学成分探测
味觉	味道	离子传感器、pH 计	化学成分探测

9.4.3　触觉传感器

1. 人的皮肤的感觉

皮肤内分布着多种感受器，能产生多种感觉。一般认为皮肤感觉主要有 4 种，即触觉、冷觉、温觉和痛觉。用不同性质的刺激仔细观察人的皮肤感觉时发现，不同感觉的感受区在皮肤表面呈互相独立的点状分布；如用纤细的毛轻触皮肤表面时，只有当某些特殊的点被触及时，才能引起触觉。

冷觉和温觉合称为温度觉。这起源于两种感觉范围不同的温度感受器，因为"冷"不能构成一种能量形式。

2. 机器人的触觉

机器人触觉，实际上是人的触觉的某些模仿。它是有关机器人和对象物之间直接接触的感觉，包括的内容较多，通常指以下几种：

- 触觉。手指与被测物是否接触，接触图形的检测。
- 压觉。垂直于机器人和对象物接触面上的力传感器。
- 力觉。机器人动作时各自由度的力感觉。
- 滑觉。物体向着垂直于手指把握面的方向移动或变形。

若没有触觉，就不能完好平稳地抓住纸做的杯子，也不能握住工具。机器人的触觉主要有两方面的功能。

1）检测功能。对操作物进行物理性质检测，如表面光洁度、硬度等，其目的是：

① 感知危险状态，实施自我保护。

② 灵活地控制手爪及关节以操作对象物。

③ 使操作具有适应性和顺从性。

2）识别功能。识别对象物的形状（如识别接触到的表面形状）。

近年来，为了得到更完善更拟人化的触觉传感器，人们进行了所谓"人工皮肤"的研究。这种"皮肤"实际上也是一种由单个触觉传感器按一定形状（如矩阵）组合在一起的阵列式触觉传感器，如图 9-22 所示。其密度较大、体积较小、精度较高，特别是接触材料本身即为敏感材料，这些都是其他结构的触觉传感器很难达到的。"人工皮肤"传感器可用于表面形状和表面特性的检测。据有关资料报道，目前的"皮肤"触觉传感器的研究主要在两个方面：一是选择更为合适的敏感材料，现有的材料主要有导电橡胶、压电材料、光纤等；另一是将集成电路工艺应用到传感器的设计和制造中，使传感器和处理电路一体化，得到大规模或超大规模阵列式触觉传感器。

触觉信息的处理一般分为两个阶段，第一个阶段是预处理，主要是对原始信号进行"加工"。第二阶段则是在预处理的基础上，对已经"加工"过的信号作进一步的"加工"，以得到所需形式的信号。经这两步处理后，信号就可用于机器人的控制。

压觉指的是对于手指给予被测物的力，或者加在手指上的外力的感觉。压觉用于握力控制与手的支撑力检测。基本要求是：小型轻便、响应快、阵列密度高、再现性好、可靠性高。目前，压觉传感器主要是分布型压觉传感器，即通过把分散敏感元件阵列排列成矩阵式格子来设计成的。导电橡胶、感应高分子、应变计、光电器件和霍尔元件常被用作敏感元件单元。这些相对于力的变化基本上不发生位置变化，能检测其位移量的压觉传感器具有如下优点：可以多点支撑物体；从操作的观点来看，能牢牢抓住物体。

力觉传感器的作用有：感知是否夹起了工件或是否夹持在正确部位；控制装配、打磨、研磨抛光的质量；装配中提供信息，以产生后续的修正补偿运动来保证装配的质量和速度；防止碰撞、卡死和损坏机件。

压觉是一维力的感觉，而力觉则为多维力的感觉。因此，用于力觉的触觉传感器，为了检测多维力的成分，要把多个检测元件立体地安装在不同位置上。用于力觉传感器的主要有应变式、压电式、电容式、光电式和电磁式等。由于应变式的价格便宜，可靠性好，且易于制造，故被广泛采用。

另外，机器人要抓住属性未知的物体时，必须确定自己最适当的握力目标值，因此需检测出握力不够时所产生的物体滑动。利用这一信号，在不损坏物体的情况下，牢牢抓住物体，为此目的设计的滑动检测器，叫作滑觉传感器。图9-23所示为一种球形滑觉传感器。该传感器的主要部分是一个如同棋盘一样，相间地用绝缘材料盖住的小导体球。在球表面的任意两个地方安上接触器。接触器触头接触面积小于球面上露出的导体面积。球与被握物体相接触，无论滑动方向如何，只要球一转动，传感器就会产生脉冲输出。应用适当的技术，该球的尺寸可以变得很小，减小球的尺寸和传导面积可以提高检测灵敏度。

图 9-22　阵列式触觉传感器

1—电气接线　2—PVF$_2$薄膜　3—被识别物体　4—底座盒　5—印刷电路板

图 9-23　球形滑觉传感器

1—被夹持物体　2—触点　3—柔软覆层

9.4.4　接近觉传感器

接近觉是机器人能感知相距几毫米至几十厘米内对象物或障碍物的距离、对象物的表面性质等的传感器。其目的是在接触对象前得到必要的信息，以便后续动作。这种感觉是非接触的，实质上可以认为是介于触觉和视觉之间的感觉。

接近觉传感器有电磁式、光电式、电容式、气动式、超声波式和红外线式等类型。由于相关传感器已在前面章节中详细讲解，在此仅做简单介绍。

1. 电磁式

利用涡流效应产生接近觉。电磁式接近传感器如图 9-24 所示，加有高频信号 I_s 的励磁线圈 L 产生的高频电磁场作用于金属板，在其中产生涡流，该涡流反作用于线圈，通过检测线圈的输出可反映出传感器与被接近金属间的距离，这种接近传感器精度高，响应快，可在高温环境中使用，但检测对象必须是金属。

2. 电容式

利用电容量的变化产生接近觉。当忽略边缘效应时，平板电容器的电容量为

$$C = \frac{\varepsilon A}{d} = \frac{\varepsilon_r \varepsilon_0 A}{d} \tag{9-14}$$

式（9-14）中，A 为极板正对面积，d 为极板间距离，ε 为极板间介质的介电常数，ε_r 为相对介电常数，ε_0 为真空介电常数。电容接近觉传感器如图 9-25 所示，传感器本体由两个极板组成，极板 1 由一个固定频率正弦波电压激励，极板 2 外接电荷放大器，0 为被接近物，在传感器两极板和被接近物三者之间形成了一个交变电场。当靠近被接近物时，电场变化引起了极板 1、2 间电容 C 的变化。由于电压幅值恒定，所以电容变化又反映为极板上电荷的变化，从而可检测出与被接近物的距离。电容式接近觉传感器具有对物体的颜色、构造和表面都不敏感且实时性好的优点。但一般按上述结构制作的传感器要求障碍物是导体且必须接地，并且容易受到对地寄生电容的影响。

图 9-24　电磁式接近传感器

1—励磁线圈 L　2—检测线圈

3—金属面　4—涡流　5—磁束

图 9-25　电容接近觉传感器

3. 超声波式

超声波式接近传感器适于较长距离和较大物体的探测，例如：对建筑物等进行探测，因此，一般把它用于机器人的路径探测和躲避障碍物。

4. 红外线式

红外线式接近传感器可以探测到机器人是否靠近人或其他热源，这对安全保护和改变机器人行走路径有实际意义。

5. 光电式

光电式接近传感器的应答性好，维修方便，目前应用较广，但使用环境受到一定的限制（如对象物体颜色、粗糙度和环境亮度等）。

9.4.5　视觉传感器

1. 人的视觉

人的眼睛是由含有感光细胞的视网膜和作为附属结构的折光系统等部分组成。人眼的适宜刺激波长是 370~740nm 的电磁波；在这个可见光谱的范围内，人脑通过接收来自视网膜的传入信息，可以分辨出视网膜像的不同亮度和色泽，因而可以看清视野内发光物体或反光物体的轮廓、形状、颜色、大小、远近和表面细节等情况。自然界形形色色的物体以及文字、图片等，通过视觉系统在人脑中得到反映。视网膜上有两种感光细胞，视锥细胞主要感受白天的景象，视杆细胞感受夜间景象。人的视锥细胞大约有 700 多万个，是听觉细胞的 3000 多倍，因此在各种感官获取的信息中，视觉约占 80%。同样对机器人来说，视觉传感器也是最重要的传感器。

2. 机器人视觉

机器人的视觉系统通常是利用光电传感器构成的。机器人的视觉作用的过程如图 9-26 所示。

图 9-26　机器人的视觉作用过程

客观世界中三维实物经由传感器（如摄像机）成为平面的二维图像，再经处理部件给出景象的描述。应该指出，实际的三维物体形态和特征是相当复杂的，特别是由于识别的背景千差万别，而机器人上视觉传感器的视角又在时刻变化，引起图像时刻发生变化，所以机器人视觉在技术上难度是较大的。

机器人视觉系统要能达到实用，至少要满足以下几方面的要求。首先是实时性，随着视觉传感器分辨率的提高，每帧图像所要处理的信息量大增，识别一帧图像往往需要十几秒，这当然无法进入实用。随着硬件技术的发展和快速算法的研究，识别一帧图像的时间可在 1s 左右，这样才可满足大部分作业的要求。其次是可靠性，因为视觉系统若作出误识别，轻则损坏工件或机器人，重则可能危及操作人员的生命，所以必须要求视觉系统工作可靠。再次是要求有柔性，即系统能适应物体的变化和环境的变化，工作对象多种多样，要能从事各种不同的作业。最后是价格适中，一般视觉系统占整个机器人价格的 10% ~ 20% 比较适宜。

在空间中判断物体的位置和形状一般需要两类信息：距离信息和明暗信息。视觉系统主要解决这两方面的问题。当然作为物体视觉信息来说还有色彩信息，但它对物体的识别不如前两类信息重要，所以在视觉系统中用得不多。获得距离信息的方法可以有超声波、激光反射法、立体摄像法等；而明暗信息主要靠电视摄像机、CCD 固态摄像机来获得。

与其他传感器工作情况不同，视觉系统对光线的依赖性很大。往往需要好的照明条件，以便使物体形成的图像最为清晰，处理复杂程度最低，使检测所需的信息得到增强，不至于产生不必要的阴影、低反差、镜面反射等问题。

带有视觉系统的机器人还能完成许多作业，例如：识别机械零件并组装泵体、小型电机电刷的安装作业、晶体管自动焊接作业、管子内部焊接作业、集成电路板的装配等。对特征机器人来说，视觉系统使机器人在危险环境中自主规划，完成复杂的作业成为可能。

视觉技术虽然只有短短一二十年的发展时间，但其发展是十分迅猛的。由一维信息处理发展到二维、三维复杂图像处理，由简单的一维光电管线阵传感器发展到固态面阵 CCD 和 CMOS 摄像机，在硬软件两方面都取得了很大的成就。目前这方面的研究仍然是热门课题，吸引了大批科研人员，视觉技术未来的应用天地是十分广阔的。

3. 视觉传感器

1）人工网膜。人工网膜是用光敏二极管阵列代替网膜感受光信号。其最简单的形式是 3×3 的光敏二极管矩阵，多的可达 256×256 个像素的阵列甚至更高。

现以 3×3 阵列为例进行字符识别。"像"分为正像和负像两种，对于正像，物体存在的部分以"1"表示，否则以"0"表示，将正像中各点数码减 1 即得负像。以数字字符 1 为例，由 3×3 阵列得到的正、负像如图 9-27 所示，若输入字母字符 I，所得正、负像如图 9-28 所示。上述正负像可作为标准图像存储起来。如果工作时得到数字字符 1 的输入，其正、负像可与已存储的像进行比较，结果见表 9-4。把正像和负像相关值的和作为衡量图像信息相关性的尺度，可见在两者比较中，是 1 的可能性远比是 I 的可能性要大，前者总相关值是 9，等于阵列中光敏二极管的总数，这表示所输入的图像信息与预先存储的图像 1 的信息是完全一致的，由此可判断输入的数字字符是 1 不是 I 或其他。

```
        0  1  0        -1  0  -1              1  1  1        0  0  0
正像    0  1  0    负像 -1  0  -1        正像  0  1  0    负像 -1  0  -1
        0  1  0        -1  0  -1              1  1  1        0  0  0
```

图 9-27　字符 1 的正、负像　　　　　　　　　图 9-28　字符 I 的正、负像

表 9-4　比较的结果

相 关 值	与 1 比较	与 I 比较
正像相关值	3	3
负像相关值	6	2
总相关值	9	5

2）光电探测器件，最简单的单个光电探测器是光电池、光敏电阻和光敏二极管。光电池是一种光生伏特器件，能产生与光照度成正比的电流。光敏电阻的电阻随所受光照度而变化。反向偏置的光敏二极管在光照时能产生光电流，在检测中大多用来产生开关的"接通"信号，以检测一个特征或物体的有无。

单个光电探测器排列成线性和矩阵阵列使之具有直接测量和摄像功能，组成一维、二维或三维视觉传感器。

目前用于非接触探测的固态阵列有自扫描光敏二极管（SSPD）、电荷耦合光敏二极管（CCPD）、电荷耦合器件（CCD）、电荷注入器件（CID）和表面场效应器件（CMOS）。其中电荷耦合器件（CCD）和表面场效应器件（CMOS）已广泛用于摄像机、照相机和手机，其用于机器人的视觉具有较高的几何精度，更大的光谱范围，更高的灵敏度和扫描速率，结构尺寸小、功耗小、耐久可靠。

三维视觉传感器摄取的图像的反光强度分布、轮廓形状、阴影等立体信息，或者多镜头、多角度、多距离摄取的多幅图像信息，经计算机对信息数据进行分析计算和补插处理，可以获取景物的立体信息或空间信息。

9.4.6　听觉、嗅觉、味觉及其他传感器

1. 人的听觉

人的听觉的外周感受器官是耳，耳的适宜刺激是一定频率范围内的声波振动。耳由外耳、中耳和内耳迷路中的耳蜗部分组成。由声源振动引起空气产生的疏密波，通过外耳道、鼓膜和听骨链的传递，引起耳蜗中淋巴液和基底膜的振动，使耳蜗科蒂器官中的毛细胞产生兴奋。科蒂器官和其中所含的毛细胞，是真正的声音感受装置，外耳和中耳等结构只是辅助振动波到达耳蜗的传音装置。听神经纤维就分布在毛细胞下方的基底膜中。振动波的机械能在这里转变为听神经纤维上的神经冲动，并以神经冲动的不同频率和组合形式对声音信息进行编码，传送到大脑皮层的听觉中枢，产生听觉。

2. 机器人的听觉

听觉也是机器人的重要感觉器官之一。由于计算机技术及语音学的发展，现在已经实现用机器代替人耳，通过语音处理及识别技术识别讲话人，还能正确理解一些简单的语句。然而，由于人类的语言是非常复杂的，无论哪个民族，其语言的词汇量都非常大，即使是同一个人，他的发音也随着环境及身体状况有所变化，因此，使机器人的听觉具有接近人耳的功能还相差甚远。

从应用的目的来看，可以将识别声音的系统分为两大类：

1）发音人识别系统。发音人识别系统的任务，是判别接收到的声音是否是事先指定的某个人的声音，也可以判别是否是事先指定的一批人中的哪个人的声音。

2）语义识别系统。语义识别系统可以判别语音是什么字，短语，句子，而不管说话人是谁。

为了实现语音的识别，主要的就是要提取语音的特征。一句话或一个短语可以分成若干个音或音节，为了提取语音的特征，必须把一个音再分为若干个小段，再从每一个小段中提取语音的特征。语音的特征很多，对每一个字音就可由这些特征组成一个特征矩阵。

识别语音的方法，是将事先指定的人的声音的每一个字音的特征矩阵存储起来，形成一个标准模式。系统工作时，将接收到的语音信号用同样的方法求出它们的特征矩阵，再与标准模式相比较，看它与哪个模式相同或相近，从而识别该语音信号的含义，这也是所谓模式识别的基本原理。

机器人听觉系统中的听觉传感器的基本形态与传声器相同，所以在声音的输入端方面问题较少。其工作原理多为利用压电效应、磁电效应等。

3. 人的嗅觉

人的嗅觉感受器是位于上鼻道及鼻中隔后上部的嗅上皮，两侧总面积约 $5cm^2$。由于它们所处的位置较高，平静呼吸时，气流不易到达，因此在嗅一些不太浓的气味时，要用力吸气，使气流上冲，才能到达嗅上皮。嗅上皮含有三种细胞，即主细胞，支持细胞和基底细胞。主细胞也叫嗅细胞，呈圆瓶状，细胞顶端有 5~6 条短的纤毛，细胞底端有长突，它们组成嗅丝，穿过筛骨直接进入嗅球。嗅细胞的纤毛受到悬浮于空气中的物质分子或溶于水及脂质的物质刺激时，有神经冲动传向嗅球，进而传向更高级的嗅觉中枢，引起嗅觉。

有人分析了 600 种有气味物质和它们的化学结构，提出至少存在 7 种基本气味；其他众多的气味则可能由这些基本气味的组合所引起的。这 7 种气味是樟脑味、麝香味、花卉味、薄荷味、乙醚味、辛辣味和腐腥味。大多数具有同样气味的物质，具有共同的分子结构；但也有例外，有些分子结构不同的物质，可能具有相同的气味。实验发现，每个嗅细胞只对一种或两种特殊的气味有反应；还证明嗅球中不同部位的细胞只对某种特殊的气味有反应。这样看来，一个气体传感器就相当于一个嗅细胞。对于人的鼻子来说，不同性质的气味刺激有其相对专用的感受位点和传输线路；非基本的气味则由它们在不同线路上引起的不同数量冲动的组合，在中枢引起特有的主观嗅觉感受。

4. 机器人的嗅觉

嗅觉传感器主要的是采用气体传感器、射线传感器等。多用于检测空气中的化学成分、浓度等，在放射线、高温煤气、可燃性气体以及其他有毒气体的恶劣环境下，开发检测放射线、可燃气体及有毒气体的传感器是很重要的。

5. 人的味觉

人的味觉感受器是味蕾，主要分布在舌背部表面和舌缘、口腔和咽部黏膜表面。每一味蕾由味觉细胞和支持细胞组成。味觉细胞顶端有纤毛，称味毛，由味蕾表面的孔伸出，是味觉感受器的关键部位。

人和动物的味觉系统可以感受和区分出多种味道。很早以前就知道，众多味道是由 4 种基本味觉组合而成，这就是甜、酸、苦和咸。不同物质的味道与它们的分子结构的形式有关。通常 NaCl 能引起典型的咸味；无机酸中的 H^+ 是引起酸感的关键因素，但有机酸的味道也与它们带负电的酸根有关；甜味与葡萄糖的主体结构有关；而生物碱的结构能引起典型的苦味。研究发现，一条神经纤维并不是只对一种基本味觉刺激起反应，每个味细胞几乎对 4 种基本味刺激都起反应，但在同样摩尔浓度的情况下，只有一种刺激能引起最大的感受器电位。显然，不论 4 种基本味觉刺激的浓度怎样改变，每一种刺激在 4 种基本刺激的敏感性各不相同的传入纤维上，引起传入冲动数量多少的组合形式，是各有特异性的。由此可见，通过对于各具一定特异性的信息通路的活动的组合形式对比，是中枢分辨外界刺激的某些属性的基础。

6. 机器人的味觉

通过人的味觉研究可以看出，要做出一个好的味觉传感器，还要通过努力，在发展离子传感器与生物传感器的基础上，配合微型计算机进行信息的组合来识别各种味道。通常味觉是指对液体进行化学成分的分析。实用的味觉方法有 pH 计、化学分析器等。一般味觉可探测溶于水中的物质，嗅觉探测气体状的物质，而且在一般情况下，当探测化学物质时嗅觉比味觉更敏感。

9.5 指纹识别技术与指纹传感器

9.5.1 指纹识别技术

指纹识别技术是利用人体生物特征进行身份认证的技术。指纹识别是人体生物特征识别的一种重要手段，广泛用于商业、金融、公安刑侦、军事和日常生活中。根据指纹学理论，两个不同指纹分别匹配上 12 个特征时的相同概率仅为 $1/10^{50}$，至今找不出两个指纹完全相同的人，而且，指纹还具有终身基本不变的相对稳定性。指纹的这些特点，为身份鉴定提供了客观依据。

指纹识别过程如图 9-29 所示，主要包括指纹图像采样、指纹图像预处理、二值化处理、细化、纹路提取、细节特征提取和指纹匹配（指纹库查对）。

图 9-29　指纹识别过程

1）指纹图像采样是按行和列的顺序，把指纹图像的像素点转换为电信号，再经 A-D 转换器转换为数字信号，交微处理器处理。指纹图像采样设备有光学采像设备、压电式指纹传感器、半导体指纹传感器、超声波指纹扫描设备等 4 种类型，其中半导体指纹传感器应用较广泛。

2）指纹图像预处理包括平滑（滤除噪声）、锐化（增加指纹线对比度）等，使指纹图像更清晰，轮廓更加明显。

3）二值化处理是确定一个合适的阈值，以加强纹路和背景的划分，从而获得对比度更强的指纹图像。

4）细化是进一步提高指纹图像的清晰度。

5）纹路提取用以得到指纹的拓扑结构特征，对指纹的分类有重要价值。

6）细节特征提取是按区域提取。例如：将整个指纹图像划分为 8×4＝32 个区域，把各区域的特征量按顺序构成一系列的"指纹字"，作为到指纹库中去存储或查对的基本单位。

7）指纹匹配是应用计算机对指纹信息进行存储、管理和查对。由于指纹库采用分层模型和模块结构，并与指纹识别模式有机的结合，因此能迅速地存储和查对指纹。

9.5.2 指纹传感器

美国艾特梅尔（Atmel）公司于 2000 年推出高性能、低功耗的单片半导体指纹传感器 FCD4B14，采用 CMOS 工艺制造，工作电压 3~5.5V，功耗 20mW，20 脚 DIP（dual in line package 双列直插式）陶瓷或 COB（Chip-on-Board）封装，耐磨损>10^6 次滑动操作，ESD（electrostatic damage 静电损伤）防护>16kV；工作温度范围 0~70℃。

图 9-30 所示为 DIP 陶瓷封装 FCD4B14 外形结构，引脚功能如表 9-5 所示。

表 9-5 DIP 陶瓷封装 FCD4B14 引脚功能

引脚	名称	功　　能	引脚	名称	功　　能
1	GND	接地	11	FPL	前向平面接地
2	AVE	偶像素模拟输出	12	Do3	奇像素第 3 位
3	TPP	恒温电路电源	13	Do2	奇像素第 2 位
4	Ucc	电源供电	14	Do1	奇像素第 1 位
5	RST	复位输入	15	Do0	奇像素第 0 位
6	OE	数据输出使能输入	16	GND	接地
7	De0	偶像素第 0 位	17	ACKN	应答信号/EPP 协议
8	De1	偶像素第 1 位	18	PCLK	像素时钟输入
9	De2	偶像素第 2 位	19	TPE	恒温电路使能输入
10	De3	偶像素第 3 位	20	AVO	奇像素模拟输出

FCD4B14 是基于温差效应的指纹传感器，芯片表面有 0.4mm×14mm 的温度传感区域（映像区域），内部有行选和列选电路、A-D 转换器、锁存器和恒温电路，FCD4B14 内部电路组成框图如图 9-31 所示。

图 9-30 DIP 陶瓷封装 FCD4B14 外形结构

传感区域由 0.8μm 厚的 CMOS 阵列组成。包含 8 行×280 列＝2240 个像素，还有一个定位用的虚拟列，共 281 列，组成一帧，用来感应手指与传感区域接触部位的温度差，并转换为电信号。在手指与传感区域之间的温度差很小的时候，使用恒温电路增加手指与传感器之间的温度差，以保证正确转换。像素尺寸 50μm×50μm，相当于传感区域的分辨率为 500dpi（每英寸 500 个像素）。

列选脉冲从传感区域按顺序选出像素列，再由行选脉冲（与时钟脉冲同频率）选出像素。通常一个行选脉冲同时选出两个像素，1 个偶像素，1 个奇像素。可以直接输出两个像素的模拟电信号，也可以分别送入两个 4 位 ADC 进行 A-D 变换，再由锁存器组成一个字节（8 位）的数字信号输出。时钟频率可达 2MHz，扫描输出最高能达到 1780 帧/秒。

为了捕捉到完整指纹图像，允许手指滑行通过传感区域，手指在指纹传感器上滑过如图 9-32 所示。通常 1s 扫描和传送一幅完整指纹图像。数字信号输出端可适配 EPP（Enhanced Parallel Port 增强型并行口）接口、USB 接口或直接与微处理器相连。EPP 接口和 USB 接口的数据传输率为 1MB/s，重构一幅指纹图像最低需要 500 帧/s 速率。在微处理器中，Atmel 公司

图 9-31　FCD4B14 内部电路组成框图

的软件将这些数字信号重新构成完整的 8 位/像素的
指纹图像，使图像灰度达到 256 级。

指纹图像信号输出时，FCD4B14 的输出使能
脚（OE）必须为低电平。输出使能脚可与微处理
器直接连接，不需要附加电路。

FCD4B14 及改进型 AT77C101B 广泛应用于
PDA、手机、笔记本式计算机、PC 机、电子商务、
PIN 码交换、ATM 机、POS 机、建筑物的门开关、汽车、家用电子锁的指纹识别。

图 9-32　手指在指纹传感器上滑过
a）斜面安装　b）平面安装

9.6　触摸屏

车站、银行、医院、图书馆的自助设备，还有手机、平板式计算机、多媒体播放器等，
都已采用触摸方式操作。

触摸屏是一种微压力传感器，放置于液晶显示屏的前面。液晶显示屏显示图形、文字，
手指或手写笔触摸的是触摸屏。

9.6.1　触摸屏技术

触摸屏有电阻式、电容式、红外线式、声表面波式以及电磁式等，其中电阻式应用最
多，可以用手指或其他任何物体来触摸操作，
还可以用手写笔写字画画。

1. 电阻式触摸屏

图 9-33 为电阻式触摸屏剖面结构图，由图
可见，触摸屏由两层高透明的导电层组成，通
常内层是 ITO 玻璃，外层是 ITO 薄膜材料，中
间有细微绝缘点隔开。目前市面上也有两面均
采用 ITO 玻璃或其他透明的 ITO 材料的产品。

图 9-33　电阻式触摸屏剖面结构图

常用的透明导电层材料 ITO 是氧化铟，弱导电体，其特性是当厚度降到 1800 埃（埃 = 10^{-10} m）时，会突然变得透明，透光率为 80%，再薄下去透光率反而下降，到 300 埃厚度时又上升到 80%。ITO 是所有电阻式和电容式触摸屏都用到的主要材料。

电阻式触摸屏分为数字式和模拟式两种。数字式又称为数位式或矩阵式，在图形菜单触摸输入和滑条触摸移动上被采用，数字式的输入方式类似于传统的按键开关方式。

图 9-34 为数字式触摸屏结构图，在聚酯膜上用银浆、碳胶等通过丝网印刷法形成电气电路，使内外层电气回路相对，在外层 ITO 导电薄膜和内层 ITO 导电玻璃之间夹隔绝缘点进行贴合而成。

图 9-34　数字式触摸屏结构图

当触摸屏表面无压力时，内外层成绝缘状态。一旦有触摸压力施加到触摸屏上，内外层电路导通，同键盘的工作原理类似，位于设备内部的触摸屏控制器通过 X 方向和 Y 方向施加的驱动电压值，探测出触摸点的 X—Y 坐标。该 X—Y 坐标位置事先设定了一种操作，该位置显示的图形菜单只是该操作的一个表述。控制器感知触摸点的 X—Y 坐标位置后，就可以将该位置设定的操作提交微处理器处理和执行器件执行。

电阻触摸屏有 4 线和 5 线两种类型。

4 线电阻触摸屏的内外两层均加 5V 恒定电压：一个 X 方向，一个 Y 方向，总共需 4 条引线。

5 线电阻触摸屏的 X、Y 两个方向的电压分时工作加在内层工作面上。外层仅用来当作导体，在有触摸时检测内层 ITO 接触点 X 方向和 Y 方向电压值，供控制器测得触摸点的位置。这种加电压方式，内层四条引线，外层一条，共需 5 条引线。

5 线电阻触摸屏的外层不加电压，所以能做得更薄，透光率和清晰度更高，几乎没有色彩失真，触摸寿命高达 3500 万次。4 线电阻触摸屏触摸寿命小于 100 万次。

模拟式触摸屏基本结构同数字式产品，只是主材 ITO 导电薄膜和 ITO 导电玻璃的阻值更高，触摸点电压随压力有大小变化，主要用于手写笔的手写输入。

2. 电容式触摸屏

电容式触摸屏是把透明的 ITO 金属层涂在薄膜和玻璃板上作为上、下（外层和内层）导电体，上、下导电体形成一个电容，在上、下导电体四边有窄长的电极引出，与外电路形成振荡器。当用手指或其他导电物体触摸或触碰时，电容发生变化，振荡器振荡频率也发生变化，通过测量频率变化可以确定触摸或触碰位置。电容式触摸屏不能用手写笔，也不能用其他非导电物体。电容式触摸屏的缺点是电容值易受温度、湿度影响，所以稳定性差。其优点在于不受油污的影响，小于 0.57N（牛顿）的施力就可感应，响应速度小于 3ms，支持多点触控，可承受大于 5000 万次的触摸。

9.6.2 多点触控滑屏应用

用户可以在触摸屏面左、右或上、下滑动手指，使屏幕显示内容左、右或上、下滚动，或进行翻页切换；用两根手指触摸画面向外扩张，可以将画面放大，还可以向内收缩，将画面缩小回复。

多点触控电容触摸屏根据 X—Y 坐标系设计，液晶显示触摸滑屏原理框图如图 9-35 所示，坐标原点在屏幕中心。触摸屏控制器在探测出手指触摸点的 X—Y 坐标信息送入微处理器的同时，进行左、右、上、下 4 个临近坐标点及向外更多坐标点的检测。若其中某个坐标点紧接着探测到手指的触摸信号，该坐标信息同时送入微处理器。微处理器由此确定手指在滑动，并可判别手指的滑动方向。微处理器根据手指触摸点坐标，手指是否滑动和滑动方向，输出相应控制信号到视频信号输出单元，对显示内容进行滚动，或从存储器中取出显示内容，进行屏幕翻页切换。

触摸屏控制器若探测出两个手指在画面上触摸及其滑动方向，则通过补插法加入插值将画面放大，或删除补插值将画面缩小回复。

图 9-35　液晶显示触摸滑屏原理框图

9.7　实训　敲击防盗报警器装调

1）走访医院化验室，了解各种生物传感器性能技术指标及其使用方法。

2）坐火车时观察火车迎面交会，汽笛声音的频率由低到高再到低的变化情况，感受声音频率的多普勒效应。

3）敲击防盗报警器如图 9-36 所示。报警器由声音传感器、555 集成电路、继电器和报警器组成。当有人敲击时，声音传感器将输出一串脉冲信号，该信号送入 555 集成电路第二脚触发其翻转，其第三脚输出高电平使继电器吸合，接通报警器工作。R_3 及 C_2 为报警时间长短延时电路；R_1 调节灵敏度，阻值大时，灵敏度高。

① 装配该防盗报警器电路。

② 声音传感器可用驻极体传声器代用，继电器和报警器可改用指示灯或发光二极管报警。

③ 改变电阻、电容值，调整报警延时时间和报警灵敏度。

④ 选用其他传感器扩展该电路为有人接近时致欢迎词设备。

图 9-36　敲击防盗报警器

9.8　习题

1. 生物传感器的信号转换方式有哪几种？

2. 生物传感器有哪些种类，简要说明其工作原理。

3. 比较微波传感器与超声波传感器有何异同。

4. 简述超声波传感器测流量的基本原理。

5. 超声波传感器如何对工件进行探伤？有何优点？还有哪些传感器可用于对工件进行无损探伤？

6. 机器人传感器主要有哪些种类？

7. 接近觉传感器是如何工作的？举例说明其应用。

8. 指纹识别主要经过哪几个步骤？指纹传感器在指纹识别中起什么作用？

9. 温差效应指纹传感器 FCD4B14 由哪几部分电路组成？它们在指纹采样过程中各起什么作用？

10. 本书共介绍了哪些基本传感器？试根据其原理不同进行归类总结。

11. 测量飞机飞行高度和速度可以用哪种传感器？为什么？

12. 声呐是一种超声波仪器，可测量潜艇在海面下的深度和航行速度。试画框图简单分析声呐工作原理。

13. 简单叙述电阻式触摸屏结构和工作原理。

第10章 传感器接口电路

本章要点

- 阻抗匹配器、电桥电路、放大电路的组成；
- 传感器与计算机的连接；
- 无线温度传感器电路信号流程。

传感器接口电路作为传感器信号检测和信号处理，并起连接作用。传感器接口电路的型式是根据传感器的输出信号特点及用途确定，不同传感器，输出信号和用途不相同，接口电路可能是信号放大电路，也可能是信号转换电路，或与微型计算机的连接电路。

10.1 传感器输出信号的处理方法

10.1.1 输出信号的特点

由于传感器种类繁多，传感器的输出形式也是各式各样的。例如，尽管同是温度传感器，热电偶随温度变化输出的是不同的电压，热敏电阻随温度变化使电阻发生变化，而双金属温度传感器则随温度变化输出开关信号。表10-1列出了传感器的输出信号形式。

表10-1 传感器的输出信号形式

输 出 形 式	输出变化量	传感器的例子
开关信号型	机械触点	双金属温度传感器
	电子开关	霍尔开关式集成传感器
模拟信号型	电压	热电偶、磁敏元件、气敏元件
	电流	光敏二极管
	电阻	热敏电阻，应变片
	电容	电容式传感器
	电感	电感式传感器
其他	频率	多普勒速度传感器、谐振式传感器

传感器的输出信号，一般比较微弱，有的传感器输出电压最小仅有 $0.1\mu V$。

传感器的输出阻抗都比较高，这样会使传感器信号输入到测量电路时，产生较大的信号衰减。

传感器的输出信号动态范围很宽。输出信号随着输入物理量的变化而变化，但它们之间的关系不一定是线性比例关系。例如：热敏电阻的电阻值随温度按指数函数而变化。输出信号大小会受温度的影响，有温度系数存在。

10.1.2 输出信号的处理方法

根据传感器输出信号的特点，采取不同的信号处理方法来提高测量系统的测量精度和线性度，这正是传感器信号处理的主要目的。传感器在测量过程中常掺杂有许多噪声信号，它会直接影响测量系统的精度。因此，抑制噪声也是传感器信号处理的重要内容。

传感器输出信号的处理主要由传感器的接口电路完成。因此，传感器接口电路应具有一定信号预处理的功能。经预处理后的信号，应成为可供测量、控制使用及便于向微型计算机输入的信号形式。典型的传感器接口电路如表 10-2 所示。

表 10-2 典型的传感器接口电路

接 口 电 路	信号预处理的功能
阻抗变换电路	在传感器输出为高阻抗的情况下,变换为低阻抗,以便于检测电路准确地拾取传感器的输出信号
放大电路	将微弱的传感器输出信号放大
电流电压转换电路	将传感器的电流输出转换成电压
电桥电路	把传感器的电阻、电容、电感变化转换为电流或电压
频率电压转换电路	把传感器输出的频率信号转换为电流或电压
电荷放大器	将电场型传感器输出产生的电荷转换为电压
有效值转换电路	在传感器为交流输出的情况下,转为有效值,变为直流输出
滤波电路	通过低通及带通滤波器消除传感器的噪声成分
线性化电路	在传感器的特性不是线性的情况下,用来进行线性校正
对数压缩电路	当传感器输出信号的动态范围较宽时,用对数电路进行压缩

10.2 传感器信号检测电路

完成传感器输出信号处理的各种接口电路统称为传感器信号检测电路。

10.2.1 检测电路的形式

有许多非电量的检测技术要求对被测量进行某一定值的判断，当达到确定值时，检测系统应输出控制信号。在这种情况下，大多使用开关型传感器，利用其开关功能，作为直接控制元件使用。使用开关型传感器的检测电路比较简单，可以直接用传感器输出的开关信号驱动控制电路和报警电路工作。

定值判断的检测系统中，由于检测对象的原因，也常使用具有模拟信号输出的传感器。在这种情况下，往往要先由检测电路进行信号的预处理，再放大，然后用比较器将传感器输出信号与设置的比较电平相比较。当传感器输出信号达到设置的比较电平时，比较器输出状态发生变化，由原来的低电平转为高电平输出，驱动控制电路及报警电路工作。

当检测系统要获得某一范围的连续信息时，必须使用模拟信号输出型传感器。传感器输出信号经接口电路预处理后，再经放大器放大，然后由数字式电压表将检测结果直接显示出来。数字电压表一般由 A-D 转换器、译码器、驱动器及数字显示器组成。这种检测电路以数字读数的形式显示出被测物理量，例如：温度、水分、转速及位移量等。接口电路则根据传感器的输出特点进行选择。

10.2.2　常用电路

1. 阻抗匹配器

传感器输出阻抗都比较高，为防止信号的衰减，常常采用高输入阻抗低输出阻抗的阻抗匹配器作为传感器输入到测量系统的前置电路。常见的阻抗匹配器有晶体管阻抗匹配器、场效应晶体管阻抗匹配器及运算放大器阻抗匹配器。

晶体管阻抗匹配器，实际上是一个晶体管共集电极电路，又称为射极输出器。射极输出器的输出相位与输入相位相同，其电压放大倍数小于 1，电流放大倍数从几十到几百倍。当发射极电阻为 R_e 时，射极输出器的输入阻抗 $R_{in} = \beta R_e$，输出阻抗为 R_e。因此射极输出器的输入阻抗高，输出阻抗低，带负载能力强，常用来做阻抗变换电路和前后级隔离电路。

晶体管阻抗匹配器虽然有较高的输入阻抗，但由于受偏置电阻和本身基极与集电极间电阻的影响，不可能获得很高的输入阻抗，仍然无法满足一些传感器的要求。

场效应晶体管是一种电平驱动元件，栅源极间电流很小，其输入阻抗可高达 $10^{12} \Omega$ 以上，可作阻抗匹配器。场效应晶体管阻抗匹配器结构简单、体积小，因此常用做前置级的阻抗变换器。场效应晶体管阻抗匹配器有时还直接安装在传感器内，以减少外界的干扰，在电容式传声器、压电式传感器等容性传感器中，得到了广泛的应用。

除此以外，还可以使用输入阻抗高的运算放大器做成阻抗匹配器。

2. 电桥电路

电桥电路是传感器检测电路中经常使用的电路，主要用来把传感器的电阻、电容、电感变化转换为电压或电流，根据电桥供电电源的不同，电桥可分为直流电桥和交流电桥。直流电桥主要用于电阻式传感器，例如：热敏电阻、电位器等。交流电桥主要用于测量电容式传感器和电感式传感器的电容和电感的变化。电阻应变片传感器大都采用交流电桥，这是因为应变片电桥输出信号微弱需经放大器进行放大，而使用直流放大器容易产生零点漂移。此外，应变片与桥路之间采用电缆连接，其引线分布电容的影响不可忽略，使用交流电桥还会消除这些影响。

1）直流电桥。直流电桥的基本电路，如图 10-1 所示。它是由直流电源供电的电桥电路，电阻构成桥式电路的桥臂，桥路的一对角线是输出端，一般接有高输入阻抗的放大器，因此可以把电桥的输出端看成是开路，电路不受负载电阻的影响。在电桥的另一对角线接点上加有直流电压。电桥的输出电压可由式（10-1）给出，即

$$U_{out} = \frac{U (R_2 R_4 - R_1 R_3)}{(R_1 + R_4)(R_2 + R_3)} \tag{10-1}$$

电桥的平衡条件为

$$R_2 R_4 = R_1 R_3 \tag{10-2}$$

当电桥平衡时，输出电压为零。

当电桥 4 个臂的电阻发生变化而产生增量 ΔR_1、ΔR_2、ΔR_3、ΔR_4 时，电桥的平衡被打

破，电桥此时的输出电压为

$$U_{\text{out}} = \frac{R_1 R_4 U}{(R_1 + R_4)^2} \left(\frac{\Delta R_4}{R_4} - \frac{\Delta R_3}{R_3} + \frac{\Delta R_2}{R_2} - \frac{\Delta R_1}{R_1} \right) \qquad (10\text{-}3)$$

若取 $a = \dfrac{R_4}{R_1} = \dfrac{R_3}{R_2}$ 时，则

$$U_{\text{out}} = \frac{aU}{(1+a)^2} \left(\frac{\Delta R_4}{R_4} - \frac{\Delta R_3}{R_3} + \frac{\Delta R_2}{R_2} - \frac{\Delta R_1}{R_1} \right) \qquad (10\text{-}4)$$

当 $a = 1$ 时，输出灵敏度最大，此时

$$U_{\text{out}} = \frac{U}{4} \left(\frac{\Delta R_4}{R_4} - \frac{\Delta R_3}{R_3} + \frac{\Delta R_2}{R_2} - \frac{\Delta R_1}{R_1} \right) \qquad (10\text{-}5)$$

如果 $R_1 = R_2 = R_3 = R_4$ 时，则电桥电路被称为四等臂电桥，此时输出灵敏度最高，而非线性误差最小，因此在传感器的实际应用中多采用四等臂电桥。

直流电桥在应用过程中常出现误差，消除误差通常采用补偿法，其中包括零点平衡补偿、温度补偿和非线性补偿等。

2）交流电桥。如图 10-2 所示为电感式传感器配用的交流电桥，其中 Z_1 和 Z_2 为阻抗元件，它们同时可以为电感或电容，电桥两臂为差动方式，又称为差动交流电桥。在初始状态时，$Z_1 = Z_2 = Z_0$ 电桥平衡，输出电压 $U_{\text{out}} = 0$。测量时一个元件的阻抗增加，另一个元件的阻抗减小，假定 $Z_1 = Z_0 + \Delta Z$，$Z_2 = Z_0 - \Delta Z$，则电桥的输出电压为

$$U_{\text{out}} = \left(\frac{Z_0 + \Delta Z}{2Z_0} - \frac{1}{2} \right) U = \frac{\Delta Z U}{2Z_0} \qquad (10\text{-}6)$$

如果假定 $Z_1 = Z_0 - \Delta Z$，$Z_2 = Z_0 + \Delta Z$，则电桥的输出电压

$$U_{\text{out}} = -\frac{\Delta Z U}{2Z_0} \qquad (10\text{-}7)$$

图 10-1　直流电桥的基本电路

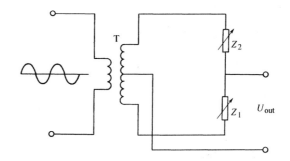

图 10-2　电感式传感器配用的交流电桥

3. 放大电路

传感器的输出信号一般比较微弱，因而在大多数情况下都需要放大电路。放大电路主要用来将传感器输出的直流信号或交流信号进行放大处理，为检测系统提供高精度的模拟输入信号，它对检测系统的精度起着关键作用。

目前检测系统中的放大电路，除特殊情况外，一般都采用运算放大器构成。

1）反相放大器。图 10-3a 是反相放大器的基本电路。输入电压 U_{in} 通过电阻 R_1 加到反相输入端，同相输入端接地，输出电压 U_{out} 通过电阻 R_F 反馈到反相输入端。反相放大器的输出电压可由式（10-8）确定，即

$$U_{out} = -\frac{R_F U_{in}}{R_1} \tag{10-8}$$

式中的负号表示输出电压与输入电压反相，其放大倍数只取决于 R_F 与 R_1 的比值，具有很大的灵活性，因此反相放大器广泛用于各种比例运算中。

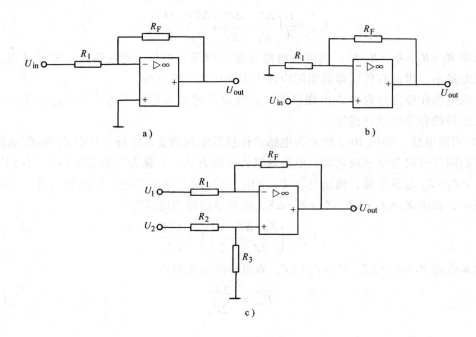

图 10-3 放大电路

2）同相放大器。图 10-3b 是同相放大器的基本电路。输入电压 U_{in} 直接从同相输入端加入，而输出电压 U_{out} 通过 R_F 反馈到反相输入端。同相放大器的输出电压可由式（10-9）确定，即

$$U_{out} = \left(1 + \frac{R_F}{R_1}\right) U_{in} \tag{10-9}$$

从式（10-9）可以看出，同相放大器的增益也同样只取决于 R_F 与 R_1 的比值，这个数值为正，说明输出电压与输入电压同相，而且其绝对值也比反相放大器多 1。

3）差动放大器。图 10-3c 是差动放大器的基本电路。两个输入信号 U_1 和 U_2 分别经 R_1 和 R_2 输入到运算放大器的反相输入端和同相输入端，输出电压则经 R_F 反馈到反相输入端。电路中要求 $R_1 = R_2$、$R_F = R_3$，差动放大器的输出电压可由式（10-10）确定，即

$$U_{out} = \frac{(U_2 - U_1) R_F}{R_1} \tag{10-10}$$

差动放大器最突出的优点是能够抑制共模信号。共模信号是指在两个输入端所加的大小

相等、极性相同的信号。理想的差动放大器对共模输入信号的放大倍数为零，所以差动放大器零点漂移最小。来自外部空间的电磁波干扰也属于共模信号，它们也会被差动放大所抑制，所以说差动放大器的抗干扰能力很强。

4. 噪声的抑制

在检测及控制系统中，往往混入一些干扰的噪声信号，它们会使测量结果产生很大的误差，这些误差将导致控制程序的紊乱，造成控制系统中的执行机构产生误动作。在传感器信号处理电路中，噪声的抑制是非常重要的。

（1）噪声产生的根源

1）内部噪声。内部噪声是由传感器或检测电路元件内部带电粒子的无规则运动产生的，例如热噪声、散粒噪声以及电路接触不良打火产生的噪声等。

2）外部噪声。外部噪声则由传感器检测系统外部人为或自然界噪声干扰造成的。外部噪声的来源主要为电磁辐射。当电动机、开关及其他电子设备工作时会产生电磁辐射，雷电、大气电离及其他自然现象也会产生电磁辐射。

（2）噪声的抑制方法

1）选用质量好的元器件。

2）屏蔽。屏蔽就是用低电阻材料或磁性材料把元器件、传输导线、电路及组合件包围起来，以隔离电场和电磁场的干扰。屏蔽分为3种，即电场屏蔽、磁场屏蔽及电磁场屏蔽。

电场屏蔽主要用来防止元器件或电路间因分布电容耦合形成的干扰。

磁场屏蔽主要用来消除元器件或电路间因磁场寄生耦合产生的干扰。磁场屏蔽的材料一般都选用高磁导系数的磁性材料以短接磁路。

电磁场屏蔽主要用来防止高频电磁场的干扰，电场屏蔽和电磁场屏蔽的材料应选用导电率较高的的材料，例如铜、银等，把感应电流接地或让电磁场在屏蔽金属内部产生涡流损耗而起屏蔽作用。电磁场屏蔽的屏蔽体可以不接地，电场屏蔽的屏蔽体必须可靠接地。

3）接地。"地"指的是电路板上的一个基准零电位点。与基准零电位点连接，就是接地。不随便接公共地线，可以避免公共地线上的噪声电压对电路或传感器的窜扰。

4）隔离。前后两个电路信号端直接连接，容易通过公共地线形成环路电流，引起噪声干扰。可在两个电路之间加入隔离变压器切断地环路，实现前后电路的隔离。变压器隔离只适用于交流信号电路。在直流或超低频信号测量系统中，常采用光耦合器实现电路隔离。

5）滤波。滤波电路或滤波器是一种能使某些频率信号顺利通过而另一些频率信号受到较大衰减的装置。因传感器输出信号大多是缓慢变化的低频信号，噪声干扰大多频率较高，所以可在运算放大器的输入端接入 RC 串并联电路，组成低通滤波器，将干扰的高频信号滤除，让有用的低频信号顺利通过。

10.3 传感器和计算机的连接

10.3.1 检测信号在输入计算机前的处理

检测信号在输入微型计算机前的处理要根据不同类型的传感器区别对待，具体分3种情况讨论。

1. 接点开关型传感器

这类传感器的输出信号是由开关接点的通、断形成的，虽然这种信号输入给微型计算机较容易，但会产生信号抖动现象。凡是机械触点开关传感器基本上都存在这个问题。消除抖动的方法可以采用硬件处理或软件处理，软件处理通常设定一个延迟时间，抖动消除时间设定在几十毫秒就足够了。

2. 无接点开关型传感器

该类传感器输出的开关信号不存在抖动现象，但也不是数字信号，而具有模拟信号特性。这时在微型计算机的输入电路中设置比较器，根据传感器输出信号与基准比较电平相比较的结果，来判断开关状态，然后将比较结果通过输入口输给微型计算机。

3. 模拟输出型传感器

模拟输出型传感器输出的是模拟信号，是微型计算机无法进行处理的，必须先把传感器输出的模拟量转换成数字量后再输给计算机，由计算机对信号进行分析处理。模拟输出型传感器输出特性可分为电压输出变化型、电流输出变化型及阻抗变化型 3 种。对于电压输出变化型和电流输出变化型的传感器，首先将传感器输出的模拟电压信号或电流信号进行预处理，使它们转换成适当电平的模拟电压，再经 A-D 转换器转换成数字量，然后，经输入口输入给微型计算机。

有时传感器和微型计算机之间的距离较远，为了提高传输信号抗干扰的能力和减少信号线的数目，传感器的输出信号经预处理后，再经 V/F 转换器将模拟电压转换成频率变化的信号。由于频率变化信号也属于数字量信号，因而可以不经过 A-D 转换器，直接经输入口输入给微型计算机。

对于阻抗变换型传感器，一般使用 LC 振荡器或 RC 振荡器将传感器输出的阻抗变化转换成频率的变化，再经输入口输入给微型计算机。

10.3.2 模-数转换电路

模-数转换电路（即 A-D 转换器）的作用是将由传感器检测电路预处理过的模拟信号转换成适合计算机处理的数字信号，然后输入给微型计算机。

A-D 转换器是集成在一块芯片上能完成模拟信号向数字信号转换的单元电路。A-D 转换的方法有多种，最常用的是比较型和积分型两类。此外还有并行比较型、逐步逼近型、计数器型等等。比较型是将模拟输入电压与基准电压比较后直接得到数字信号输出。积分型是先将模拟信号电压转换成时间间隔或频率信号，然后再把时间间隔或频率信号转换成数字信号输出。

1. 比较型 A-D 转换器

比较型 A-D 转换器一般由比较器、D-A 转换器、时序电路和输出寄存器等组成，如图

图 10-4 比较型转换器原理框图

10-4 所示。

由比较转换原理可以知道，对任一个输入电压 U_{in}，式（10-11）成立，即

$$U_{in} = U_{ref}N + \Delta \tag{10-11}$$

式中，U_{ref} 为基准电压；Δ 为 D-A 转换器输出端量化值与输入端模拟电压之间的误差，称量化误差。

N 为二进制位权表示式，是无量纲之量，可以写成

$$N = D_1 2^{-1} + D_2 2^{-2} + \cdots + D_n 2^{-n} = \sum_{i=1}^{n} D_i 2^{-i} \tag{10-12}$$

式中，D_i 为第 i 位的系数值，其值为 0 或 1，由 i 次比较确定。如果忽略量化误差，则 D_1，$D_2, \cdots, D_n$ 就是对应于输入电压 U_{in} 的数字量。

从原理上讲，比较型 A-D 转换器的转换时间与模拟输入信号大小无关，只与电路特性有关，是恒定的。转换后的数字信号可以并行输出也可以串行输出。比较型 A-D 转换器常用于要求中、高速转换的场合。

2. 积分型 A-D 转换器

积分型 A-D 转换器是先将输入的模拟电压转换成相应的时间间隔，然后采用计数器对时间间隔计数。在积分型 A-D 转换方式中，有单积分、双积分和多级积分等形式，其中应用最广的是双积分转换方式，其线性和噪声消除特性好，而且价格低。

图 10-5 是双积分型 A-D 转换器的工作原理图。这种转换器由零点校正期 φ_1、输出信号积分期 φ_2 和基准电压积分期 φ_3 三个期间组成转换周期。首先在 φ_1 期间，开关 S_1 接通，将转换器的输入端接地，将反馈环闭合，并在电容器中存储误差信息，对元件的偏移电压等误差进行自动校正。在 φ_2 期间开关 S_1 断开，S_2 接通，对输入电压进行积分，产生与输入电压成正比的积分器输出。在 φ_3 期间，开关 S_3 接通，改变转换器的输入状态，对与输入电压极性相反的基准电压进行积分。在 φ_2 及 φ_3 期间积分的同时对时钟脉冲进行计数，以确定积分时间，将输入电压值数字化处理。如果在电路设计上保证两个积分区的积分值相等，输入

191

电压和基准电压间有如下的关系，即

$$U_{in} = \frac{T_3 U_{ref}}{T_2}$$

(10-13)

图 10-5　双积分型 A-D 转换器工作原理图

a）电路原理图　b）积分波形

式（10-13）中，T_3 为在 φ_3 期间的积分时间；T_2 为在 φ_2 期间的积分时间。由时钟计数值之比可求输入电压数字值。

　　双积分型 A-D 转换器的转换精度与积分电容和时钟频率无关，因为它们对正向积分和反向积分具有相同的影响。转换精度仅与基准电压的精度和稳定性有关。另外，由于数码均由时钟及计数器产生，不会有失码现象，因此其积分线性度很好。积分过程具有低通特性，还对高频噪声有着良好的抑制作用。这种转换器的唯一缺点是转换时间长，一般仅适用于变化缓慢的传感器输出信号的转换，如热电偶等。

10.3.3　电压-频率转换电路

　　电压-频率转换电路（又称为 V-F 转换电路）也是模-数转换接口电路的一种，它将电压或电流转换成脉冲序列，该脉冲序列的瞬时周期精确地与模拟量成正比关系。虽然 V-F 转换电路是一种模-模转换电路，但由于频率可用数字方法进行测量，因而也可以实现模-数的转换，所以它是一种准数字化电路。V-F 转换电路的形式较多，但以积分式 V-F 转换电路应用最为广泛。

图 10-6 是积分型 V-F 转换电路的工作原理图。电路由积分器、电平检测器和积分复原开关等构成。电平检测器通常由电压比较器担任，它具有双限阈值电平，当积分电容充电到下限阈值电平时，电平检测电路将使由场效应晶体管 VF 构成的复原开关导通，使电容迅速放电。当积分器输出电压达到上限阈值电平时，VF 重新截止，积分电容再次充电。

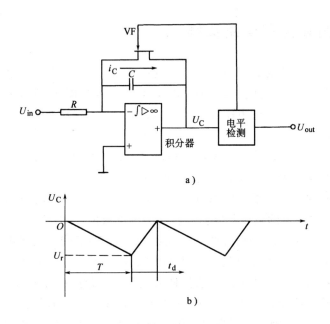

图 10-6 积分型 V-F 转换电路的工作原理图

a）电路图 b）积分波形

由运算放大器的特性可以知道输入信号 U_{in} 为

$$U_{in} = Ri_C \tag{10-14}$$

式（10-14）中 i_C 为电容 C 的充电电流。电容两端的电压为

$$U_C = \frac{Q}{C} = \frac{i_C t}{C} \tag{10-15}$$

式（10-15）中，t 为电容 C 的充电时间。当 $t = T$、$U_C = U_r$ 时，得

$$U_{in} = \frac{RU_r C}{T} \tag{10-16}$$

式（10-16）中，U_r 为电平检测器具有的双限阈值电平之差。

由图可知，充放电频率为

$$f = \frac{1}{T + t_d} \tag{10-17}$$

当频率很低时，t_d 可以忽略。此时

$$f = \frac{U_{in}}{RU_r C} \tag{10-18}$$

可见，输入信号电压转换成了频率的变化。V-F转换电路的主要特点是：对共模干扰抑制能力强，分辨力高，输出信号适用作远距离串行输出。其主要缺点是转换速率低，必须由外加计数器将串行的脉冲输出转换为并行形式，因此，它适用于低速率信号的转换。

V-F转换电路的输出跟踪输入信号，直接响应输入信号的变化，不需要外部时钟信号同步。另外，在用V-F转换电路实现A-D转换时，也不必加采样保持电路，因为它的输出总是对应于输入信号的平均值。

10.4 无线温度传感器电路实例

在温度测量不方便布线时，可使用无线温度传感器。无线温度传感器由无线发射装置和无线接收装置两部分组成。无线温度传感器发射装置构成如图10-7所示，S型热电偶置于测温位置，测得温度，输出模拟电压信号，经运算放大器AD707J放大后，送A-D转换芯片ICL7135转换为数字信号。

ICL7135是积分式4位半A-D转换器，精度高，抗干扰能力强，速度中等。ICL7135输出的数字信号送单片机处理。单片机采用低功耗的AT89S52芯片，其一方面输出信号控制电子开关，使无线发射装置间歇工作以节省电源损耗；另一方向根据存储在RAM芯片中的S型热电偶分度表，将输入的电压数字信号转换为温度数值。

温度数值（以高低电平脉冲信号体现）送编码芯片PT2262，编成由地址码、数据码和同步码组成的完整码字，送入无线发射模块F05A，以幅移键控（ASK）调制在315MHz载波频率上，馈送天线发射。天线采用一般拉杆天线即可，距离远可采用八木天线。

无线温度传感器接收装置构成如图10-8所示。天线接收发射装置发射来的电波，转换为电压信号，送接收模块J05B解调为地址码、数据码和同步码组成的完整码字，由解码芯片PT2272解码输出温度数值送单片机AT89S52。由于天线收、发特性可逆，所以接收天线可选用与发射天线相同的类型。

图10-7 无线温度传感器发射装置构成   图10-8 无线温度传感器接收装置构成

解码芯片PT2272为CMOS工艺低功耗解码器，其8位地址设置必须同编码芯片PT2262的8位地址设置相同。单片机AT89S52将温度数值处理后，分别送存储器RAM保存，显示器显示，记录仪记录，也可以通过RS-485接口送上位机进一步分析处理。

键盘可输入测量控制数据，例如设置上、下限报警温度数值。当测量温度超过设定的上、下限数值时，单片机发出报警信号。

10.5 实训 光隔离放大器装调

采用双光耦器件 TLP521 的光隔离放大器电路如图 10-9 所示。虽然两个 TLP521 本身是非线性的，由于非线性程度相同，所以采用了负反馈的方法相互抵消，改善了线性。电容 C 用于防止运放的自激振荡。输出放大器 OP-07 用于缓冲隔离。

图 10-9 光隔离放大器电路

1）制作印制电路板或利用面包板装调该光隔离放大器电路。
2）用一高阻抗传声器接到电路输入端；示波器或高频毫伏表接到输出端。
3）对着传声器讲话，观察示波器或高频毫伏表的输出指示。
4）扩展该电路的用途。

10.6 习题

1. 传感器信号输出接口电路的作用是什么？选择使用时要注意哪些方面？
2. 常见接口电路在传感器输出信号预处理中的功能怎样？
3. 直流全桥电路什么情况下灵敏度最大？为什么？
4. 在采用 2S5M 的压力测量电路中，如图 3-41 所示，对 2S5M 压力传感器的输出电压 U_s 用两个同相放大器和一个差动放大器进行放大。若 2S5M 压力传感器的输出电压 U_s 为 $250\mu V$，根据图中所标运算放大器反馈电阻数值，计算测量电路放大倍数和输出电压 U_{out}。
5. 图 10-2 所示交流电桥电路，静态时，$Z_1 = Z_2$，所用电容容量 $C_{x1} = C_{x2} = 100pF$，$u_o = 0V$；动态时，电容最大变化量 $\Delta C = 10pF$，且一个增加，一个减少，若 $u_i = 2\sin\omega t$，单位为伏（V）时，求动态最大输出电压 U_o。
6. 抑制噪声的方法有哪些？为什么？
7. 传感器信号在输入微型计算机前应做哪些处理？举例说明。
8. 模-数转换电路有哪几种形式？各有什么特点？使用时要注意什么问题？
9. 试用机械位移传感器和单片机设计一个自动测控系统，画出电路组成框图。

第 11 章 智能传感器

本章要点

- 实现传感器智能化的途径；
- 计算型智能传感器有非单芯片集成、单芯片集成和混合集成三种实现方式；
- 几种计算型智能传感器的结构组成和应用。

11.1 智能传感器概述

近年来，随着信息技术、检测技术和控制技术的快速发展，对传感器提出了更高的要求，促使传统传感器向智能传感器的进化。

全球性的电气电子工程师学会（IEEE）在 1998 年通过了智能传感器的定义，即"除产生一个被测量或被控量的正确表示之外，还具有简化换能器的综合信息，以用于网络环境的传感器"。但不少专家认为，未来的智能传感器所包含的内容要丰富得多。

11.1.1 智能传感器的功能

首先看一个智能传感器的例子，图 11-1 所示为智能红外测温仪原理框图。红外传感器将被检测目标的温度转换为电信号，经 A-D 转换后输入单片机；同时温度传感器将环境温

图 11-1 智能红外测温仪原理框图

度转换为电信号，经 A-D 转换后输入单片机，单片机中存放有红外传感器的非线性校正数据。红外传感器检测的数据经单片机计算处理，消除非线性误差后，可获得被测目标的温度特性与环境温度的关系供记录或显示，且可存储备用。可见，智能传感器是具备了记忆、分析和思考能力，输出期望值的传感器。

智能传感器的概念最初来自美国宇航局（NASA）。美国宇航局在开发宇宙飞船过程中，需要知道宇宙飞船在太空中飞行时的速度、加速度、姿态及位置等数据；为了宇航员能正常生活，需要控制舱内温度、气压、湿度及空气成分等，因而需要安装大量的传感器。同时，在太空中进行各种实验也需要大量的传感器。要处理这么多传感器获得的信息，需要一台大型计算机，这在宇宙飞船上是难以实现的，于是他们就把希望寄托于传感器本身。他们希望有这样一种传感器出现：

1）能提供更全面、更真实的信息，消除异常值、例外值。

2）具有信号处理的能力，包括温度补偿、线性化等功能。

3）具有随机调整和自适应的能力。

4）具有一定程度的存储、识别和自诊断的能力。

5）含有特定算法并可根据需要改变算法。

这种传感器不仅能在物理层面上检测信号，而且在逻辑层面上可以对信号进行分析、处理、存储和通信，相当于具备了人类的记忆、分析、思考和交流的能力，即具备了人类的智能，所以称之为智能传感器。

11.1.2 智能传感器的层次结构

要使传感器具备人类的智能，就要研究人类的智能是怎么构成的？人类的智能是基于即时获得的信息和原先掌握的知识。人类能辨识目标是否正常，能预测灾难，能知道环境是否安全和舒适，能探测或辨别复杂的气味和食品的味道。这些都是人类利用眼睛、鼻子、耳朵及皮肤等获得的多重状态的传感信息与人类积累的知识相结合而归纳的概念。所以说，人类的智能是实现了多重传感信息的融合，并且把它与人类积累的知识结合起来而作出的归纳和综合，人类智能的构成如图 11-2 所示。

图 11-2　人类智能的构成

与人类智能对外界反应的构成原理相似，智能传感器也应该由多重传感器或不同类型传感器从外部目标以分布和并行的方式收集信息；通过信号处理过程把多重传感器的输出或不同类型传感器的输出结合起来或集成在一起，实现传感器信号融合或集成；最后，根据拥有的关于被测目标的有关知识，进行最高级的智能信息处理，将信息转换为知识和概念供使用。理想智能传感器的层次结构应是三层：

1) 底层，分布并行传感过程，实现被测信号的收集。
2) 中间层，将收集到的信号融合或集成，实现信息处理。
3) 顶层，中央集中抽象过程，实现融合或集成后的信息的知识处理。

11.1.3 智能传感器的实现

实现传感器智能化，需要让传感器具备理想智能传感器的层次结构，让传感器具备记忆、分析和思考能力。就目前发展状况看，有三条不同的途径可以实现这几个要求。

1. 利用计算机合成（智能合成）

利用计算机合成的途径即智能合成是最常见的，前面所述的智能红外测温仪就是它的一个例子。其结构形式通常表现为传感器与微处理器的结合，利用模拟电路、数字电路和传感器网络实现实时并行操作，采用优化、简化的特性提取方法进行信息处理，即使在设计完成后，还可以通过重新编制程序改变算法，来改变其性能和使用，使其具有多功能适应性。这种智能传感器称为计算型智能传感器。

2. 利用特殊功能的材料（智能材料）

利用特殊功能材料的传感器，其结构形式表现为传感器与特殊功能材料的结合，以增强检测输出信号的选择性。其工作原理是用具有特殊功能的材料（也叫作智能材料）来对传感器检测输出的模拟信号进行辨别，仅仅选择出有用的信号输出，对噪声或非期望效应则通过特殊功能进行抑制。

实际采用的结构是把传感器材料和特殊功能的材料组合在一起，做成一个智能传感功能部件。特殊功能的材料与传感器材料的合成可以实现几乎是理想的信号选择性。比如固定在生物传感器顶端的酶就是特殊功能材料的一个典型例子。

3. 利用功能化几何结构（智能结构）

功能化几何结构的途径是将传感器做成某种特殊的几何结构或机械结构，对传感器检测的信号的处理通过传感器的几何结构或机械结构实现。信号处理通常为信号辨别，即仅仅选择有用的信号，对噪声或非期望效应则通过特殊几何、机械结构抑制。这样增强了传感器检测输出信号的选择性。

例如：光波和声波从一种媒质到另一种媒质的折射和反射传播，可通过不同媒质之间表面的特殊形状来控制，凸透镜或凹透镜是最简单的不同媒质间表面折射和反射的应用例子。只有来自目标空间某一定点的发射光才能被投射在图像空间的一个定点上；而影响该空间点发射光投射结果的其他点的散射光投射效应可由凸透镜或凹透镜在图像平面滤除。

用于这些信号处理的特殊的几何结构或机械结构是相对简单、可靠的，而且进行信号处理是与传感器检测信号完全并行的，使得处理时间非常短。但信号处理的算法通常不能编制程序，一旦几何结构或机械结构装配完成，就很难再修改，功能单一。

从单片传感装置与微处理器的组合到神经网络与光导纤维并行处理方式的大型传感器阵列，从两维的功能材料到复杂的传感器网络系统，这三种技术途径都得到了广泛的应用，其发展前景非常广阔。

11.2 计算型智能传感器

计算型智能传感器的应用最为常见，其底层、中间层和顶层分别由基本传感器、信号处理电路和微处理器构成。它们可以集成在一起形成一个整体，然后封装在一个壳体内，称为集成化方式；也可以互相远离，分开放置在不同的位置或区域，称为非集成化方式。集成为一个组件的结构使用很方便；互相远离分开放置的结构在测量现场环境条件比较恶劣的情况下，便于远程控制和操作。另外还有介于两种方式之间的混合集成化方式。

计算型智能传感器通常表现为并行的多个基本传感器（也可以是一个）与期望的数字信号处理硬件结合的传感功能组件，如图 11-3 所示。

图 11-3　计算型智能传感器基本结构图

人们希望数字信号处理的硬件有专用程序，可以有效地改善测量质量，增加准确性，可以为传感器加入诊断功能和其他形式的智能。现在已有硅芯片等多种半导体和计算机技术应用于数字信号处理硬件的开发。典型的数字信号处理硬件有如下几种：

1. 微控制器（Microcontroller Units，MCU）

微控制器（MCU）实际上是专用的单片机，其中包括微处理器、ROM 和 RAM 存储器、时钟信号发生器和片内输入输出端口 I/O 等。微控制器（MCU）结构框图如图 11-4 所示。

微控制器（MCU）为智能传感器提供了灵活、快速、省时地实现一体控制的捷径。MCU 编程容易，逻辑运算能力强，可与各种不同类型的外部设备连接。此外，大批量的硅芯片集成生产能力可使系统获得更低成本、更高质量和更高的可靠性。

2. 数字信号处理器（Digital Signal Processor，DSP）

DSP 比一般单片机或 MCU 运算速度快，可实时地激发滤波算法，供实时信号处理用。

图 11-4 微控制器（MCU）结构框图

相对而言，MCU 则使用真值表存储程序运行中要访问的数值，通过采用查真值表的方法，在有限的灵活性和准确性的制约下实现近似滤波算法，无法完成实时处理。典型的 DSP 可在不到 100ns 的时间内执行数条指令。这种能力使其可获得最高达 20MI/S（单位 MI/S 为百万条指令每秒）的运行速度，是通常 MCU 的 10～20 倍。下面以专用 16 位 DSP（DSP56L811）为例，有如下特点：

1）可在 2.7~3.6V 电压范围内工作，最高达 40MHz 时钟频率、20MI/S 操作速度。

2）单循环、多重累加位移计算方式。

3）16 位指令和 16 位数据字长。

4）两个 36 位累加器。

5）三个串行 I/O 口。

6）16 位并行 I/O 口，两个外部中断。

7）40MHz 时钟频率下，功率损耗为 120mW。

例如：汽车的接近障碍探测系统和减噪系统就使用了 DSP 与传感器的结合；检查电动机框架上螺栓孔倾斜度的智能传感器就是用 DSP 代替原先的一台主计算机，速度由原来的一分钟检查一个孔，提高到一分钟检查 100 个孔，用来处理传感器信号的 DSP 设计工具只有一张名片大小。

3. 专用集成电路（Application-Specific Integrated Circuits，ASIC）

ASIC 技术利用计算机辅助设计，将可编程逻辑装置（PLD）用于小于 5000 只逻辑门的低密度集成电路上，设计成可编程的低、中密度集成的用户电路，作为数字信号处理硬件使用，具有相对低的成本和更短的更新周期。用户电路上附加的逻辑功能可以实现某些特殊传感器要求的寻址要求。混合信号的 ASIC 则可同时用于模拟信号与数字信号处理。

4. 场编程逻辑门阵列（Field-Prorammable Gate Arrays，FPGA）

场编程逻辑门阵列 FPGA 以标准单元用于中密度（小于 100000 只逻辑门）高端电路，设计为可编程的高密度集成的用户电路，作为数字信号处理硬件使用。场编程逻辑门阵列 FPGA 和用于模拟量处理的同系列装置场编程模拟阵列 FPAA 作为传感器接口，具有很强的计算能力，能缩短开发周期，在投入使用后还可以通过重新设计信号处理程序，转变功能。

5. 微型计算机

数字信号处理硬件也可以用微型计算机来实现。这样组合成的计算型智能传感器就不是一个集成单芯片或多芯片的传感功能装置，而是一个智能传感器系统了。

计算型智能传感器利用了数字信号处理硬件的计算和存储能力，对传感器采集的数据进行处理，达到实时、容错、精确、最佳的处理效果；同时利用数字信号处理硬件对传感器内部的工作状态进行调节，实现自补偿、自校准、自诊断，从而使传感器具备了数据处理、双向通信、信息存储和数字量输出等多种智力型功能。计算型智能传感器还将进一步利用人工神经网络、人工智能、多重信息融合等技术，使传感器具备分析、判断、自适应、自学习的能力，从而完成图像识别、特征检测和多维检测等更为复杂的任务。

11.3 特殊材料型智能传感器

特殊材料型智能传感器利用了特殊功能材料对传感信号的选择性能。例如，在生物传感器一节中曾提到过，酶和微生物对特殊物质具有高选择性，有时甚至能辨别出一个特殊分子。因此，利用酶和微生物抑制化学元素的共存效应，可以滤出所需的特殊物质，几乎能在传感信号产生的同时完成信号的过滤，选择出所需要的信号，大大减少了信号处理时间。

现已广泛使用的血糖传感器就是酶传感器的一个例子。糖氧化基酶具有排它性，能选择血糖发生氧化作用，产生糖化酸和过氧化氢（H_2O_2）。用两个电极和一个微安表、一个直流电源组成一个血糖传感器，其中一个电极作为探测 H_2O_2 电极，在该电极顶部固定有糖氧化基酶。该血糖传感器放置于被测血液溶液中，由微安表的电流指示值可以确定 H_2O_2 电极上产生的 H_2O_2 的浓度，即可确定血液中糖的浓度。以这种方式，利用各种酶和微生物的生物学功能可以研制出一系列不同的生物传感器。如果把抗原或抗体固定于传感器顶端，就能获得对于免疫样本的高敏感性和高选择性。这类生物传感器属于化学智能传感器，具有几近完美的选择性。

另一种化学智能传感器是用具有不同特性和非完全选择性的多重传感器组成。一种名为"电子鼻"的嗅觉系统就是一个成功的应用实例。它由不同传感材料制成 6 个厚膜气体传感器，分别对各种待测气体有不同的敏感性。这些气体传感器被安装在一个普通的基片上，各个气体传感器对待测气体的不同敏感模式输入微处理器。该微处理器采用类似模式识别的分析方法，辨别出被测气体的类别，然后计算其浓度，再由传感器输出端口以不同的幅值显示输出。多重传感器的材料可以针对不同的气体类型而不相同。微处理器的分析方法采用矩阵描述多重传感器对气体类型的敏感性，表征各个传感器的选择性和交叉敏感性。如果所有传感器对某一特定气体类型具有唯一选择性，那么除对角线元素之外的所有矩阵元素都为零。

目前已经发现有几种对有机或无机气体具有不同敏感性或传导性的材料，已经或者正在进行应用。

11.4 几何结构型智能传感器

几何结构型智能传感器的信号处理是以传感器本身的几何或机械结构得以实现的，大大简化了信号处理过程，响应非常迅速。前面所述的凸透镜和凹透镜就是一个几何结构型光智能传感器的例子。几何结构型智能传感器的最重要特点是传感器和信号处理、传感和执行、信号处理和信号传输等多重功能的合成。人的指头就是传感器与执行器合成的典型例子；而关于声波中噪声抑制的信号处理，例如：横向抑制，是在神经网络的信号传输过程中进行的。

在声音的传感上，人的两耳就具有几何结构型智能传感器的性能。人的两耳具有对声源的三维方向进行辨别的能力，即使两耳与声源处于一个平面之中，也能辨别声源的方向。

通常为辨别物体的三维位置，至少需要三个传感器，人的两耳对声波的定位可被看作是一种固有特殊形状下的信号处理功能。仿生学的研究者采用放电火花作为脉冲源，通过插入外耳声道的微型电传声器获取信号，测量人的两耳对声波定位与寻踪响应的方向相关性，以便开发出性能更好的智能传感器。

除人耳系统之外，人和动物的其他传感器官也是具有几何结构功能的智能传感系统的很好的例子。

11.5 智能传感器实例

11.5.1 DSTJ—3000 智能压力传感器

图 11-5 所示为美国霍尼韦尔（Honeywell）公司生产的 DSTJ—3000 智能压差压力传感器电路框图，测量精度可达 0.1%FS（Full Scale error 满量程误差）。

图 11-5　DSTJ—3000 智能压差压力传感器电路框图

被测的动态力或压力（差压）作用在电阻应变片上，引起阻值变化。电阻应变片组成电桥电路，将阻值变化转换为电压输出，电压值大小与被测压力大小成比例。

同时集成在硅片上的静压传感器和温度传感器两个辅助传感器，测得温度和静态压力并转换为电压值输出。

差压传感器、静压传感器和温度传感器输出的电压，经多路开关分别取出和放大，送A-D 转换器转换为数字信号，送中央处理器 CPU 处理。

CPU 根据储存在 ROM 中的程序，控制传感器的整个工作过程，根据储存在 PROM 中的修正算法和两个辅助传感器的测量值进行温度补偿，静态压力校准和非线性补偿。RAM 中存放用户通过键盘输入设定的参数，包括对测量和数据处理的一些具体要求。E^2PROM 作为ROM 的后备存储器。

经过温度补偿和静压校准处理的差压数字信号，再经过 D-A 转换器，转换为模拟信号输出，也可以由 I/O 数字接口直接输出数字信号。输出的模拟信号或数字信号可送显示器显示和控制有关设备运行。

11.5.2 气象参数测试仪

气象参数测试仪也是一种计算型智能传感器，其结构组成如图 11-6 所示。

图 11-6 气象参数测试仪结构框图

气象参数测试仪中，风速和风向的测量采用由风带动数码转盘转动的方法实现，温度与湿度的测量采用 LTM8901 智能温度、湿度传感器来进行，这些传感器输出的信号均为数字信号。气象参数测试仪将风速、风向、温度、湿度等数字传感器的信号输入数字信号处理接口电路，处理后接入单片机。大气压由 MPX4115A 高灵敏度扩散硅压阻式气压传感器测量，MPX4115A传感器的输出信号为模拟信号，经模拟信号处理接口电路 A-D 转换后输入单片机。经单片机处理的各种信息（温度、湿度、大气压力、风向、风速、键盘输入、控制指令、仪器状态等）在 LCD 液晶屏上显示。气象参数测试仪采用 RS-232 与 RS-485 两种异步串行通信接口与上位机（微型计算机）通信，由设置跳线开关来选择使用哪一种串行接口通信方式。

气象参数测试仪的数字信号处理接口电路上留有扩展接口，模拟信号处理接口电路上也留有扩展接口，供需要时接其他传感器使用。

气象参数测试仪软件采用模块化设计，由主程序、LCD 显示子程序、初始化子程序、通信子程序、风向子程序、风速子程序、气压子程序、温度与湿度子程序、按键子程序等组成。其功能如下：

1）实现风向、风速、温度、湿度、气压的传感器信号采集。

2）对采集的信号进行处理、显示。

3）实现与微型计算机的数据通信，传送仪器的工作状态、气象参数数据。

11.5.3 汽车制动性能检测仪

汽车制动性能的好坏，是安全行车的最重要因素之一，也是汽车安全检测的重点指标之一。制动性能的检测有路试法和台试法。台试法用得较多，它是通过在制动试验台上对汽车进行制动力的测量，并以车轮制动力的大小和左右车轮制动力的差值来综合评价汽车的制动性能。

汽车制动性能检测仪由左轮、右轮制动力传感器及数据采集、处理与输出系统组成，其总体框图如图 11-7 所示。

图 11-7　汽车制动性能检测仪总体框图

汽车开上制动检测台后，其左轮、右轮压下到位开关，使两个到位开关闭合接通，单片机检测到信号，判断汽车已经就位，于是发出一个控制信号。该控制信号经耦合驱动电路使检测台上的左轮、右轮滚筒电动机电路接通，滚筒电动机转动并带动车轮一起转动。滚筒为粘砂滚筒，摩擦系数近似真实路面，可以模拟车轮在路面上行驶。此时，左轮和右轮制动力传感器开始测取阻滞力，经信号处理后，送单片机存储和显示。5s后，单片机发出刹车信号，司机踏下制动踏板，车轮制动力作用于滚筒上，传给制动力传感器，信号变换后送单片机存储，由显示器显示。若某一车轮先被抱死，停止转动，则抱死指示灯亮，滚筒电动机电路断电，停止滚筒转动，完成一个检测过程，汽车制动性能检测结果由显示器显示。

汽车制动性能检测仪电路中使用的单片机型号为 AT89C52，为 CMOS 型 8 位单片机，低功耗、高性能，自带 8KB·Flash 程序存储器 ROM，可擦写 1000 次，引脚与指令与 80C51 单片机兼容。

11.5.4 轮速智能传感器

轮速智能传感器的硬件结构以单片机为核心，外部扩展 8KB.RAM 和 8KB.EPROM。外围电路有信号处理电路、总线通信控制及总线接口等，轮速智能传感器如图 11-8 所示。

图 11-8 轮速智能传感器

轮速智能传感器检测到的车轮转动速度信号经滤波、整形变换为脉冲数字信号后，由光电隔离耦合输入到 80C31 单片机端口。单片机由 T1 定时器控制，对端口的脉冲数字信号进行周期性的采样测量。通信控制器 SJA1000、通信接口 82C250 组成与 CAN 总线的控制和接口电路（CAN 总线为汽车协议网络总线，在下一章传感器网络中介绍）。轮速和其他测控数据由仪表盘上的仪器仪表显示和使用。在轮速智能传感器的设计过程中，充分考虑了抗干扰和稳定性。单片机的输入输出端均采用光电隔离，用看门狗定时器（MAX813）进行超时复位，确保系统可靠工作。

82C250 作为 CAN 总线通信控制器 SJA1000 和 CAN 物理总线间的接口，是为汽车高速传输信息（最高为 1Mbit/s）设计的。它通过 CAN 总线实现经单片机处理后的传感器数据、控制指令和状态信息与仪表盘间的通信。使用 82C250 总线接口容易形成总线型网络的车辆局域网拓扑结构，具有结构简单、成本低、可靠性较高等特点。

CAN 总线物理层和数据连接层的所有功能由通信控制器 SJA1000 来完成。它具有很强的错误诊断和处理功能，具有编程时钟输出，可编程的传输速率最高达 1Mbit/s，用识别码信息定义总线访问优先权。SJA1000 使用方便，工作环境温度为 −40～125℃，特别适合汽车及工业环境使用。

11.5.5　车载信息系统

车载信息系统以微处理器（工控机）为核心，对汽车的各种信息状态，如燃油的液位、电池电压、水温、机油压力、车速等进行采集、处理、显示和报警，同时接收全球卫星定位系统（GPS）信息进行显示。驾驶员可根据显示和报警提示进行相应的操作和处理，以保证汽车安全正常行驶。

车载信息系统由多种传感器、数据采集卡（A-D 转换接口）、计数卡（数据输入接口）、总线、声光显示和报警器、GPS、工控机和管理控制软件等组成，车载信息系统工作原理框图如图 11-9 所示。

图 11-9　车载信息系统工作原理框图

燃油的液位、电池电压、水温、机油压力、车速等各种信息由相应的传感器进行检测，通过数据采集接口卡转换为调制在不同频率上的数字信号。计数接口卡由多路计数器组成，将这些调制在不同频率上的数字信号分别存储在各路计数器里。工控机在软件的控制下，巡回检取各路计数器的数字信号，运算处理后，将其所表征的物理量以图形方式显示在液晶显示屏上，以便驾驶员观察。当某物理量超出安全值范围时，即发出声、光报警信号，警示驾驶员尽快采取措施，以保证安全行车。

GPS 全球卫星定位系统接收 3 颗以上不同卫星发来的数据，实时计算和在液晶显示屏上显示汽车所处的地理位置（经度和纬度），配上地图软件可实现导航。

11.6 多传感器融合系统

多传感器融合系统是用计算机对多个基本传感器的检测数据，在一定准则下进行分析、综合、支配和使用，获得对被测对象的一致性解释与描述，形成相应的决策和估计的智能传感器系统。多传感器融合系统包含多传感器融合和数据融合。

11.6.1 多传感器融合

多传感器融合指多个基本传感器空间和时间上的复合应用和设计，常称为多传感器复合。多传感器融合能在最短的时间内获得大量的数据，实现多路传感器的资源共享，提高系统的可靠性和鲁棒性（宽容性，自然或人为异常和危险情况下系统的生存能力）。

多传感器融合有4个级别，如表11-1所示。

表 11-1 多传感器融合级别

级别	复合类型	特　征	实　例
0	同等式	1. 各个分离的传感器集成在一个平台上 2. 每个传感器的功能独立 3. 各传感器的数据不相互利用	1. 导航雷达 2. 夜视镜
1	信号式	1. 各个分离的传感器集成在一个平台上 2. 各传感器的数据可用来控制其他传感器工作	1. 遥控和遥测 2. 炮瞄雷达
2	物理式	1. 多传感器组合为一个整体 2. 多传感器位置明确 3. 共口径输出数据 4. 各传感器的数据可用来控制其他传感器工作	1. 交通管制 2. 工业过程监视
3	融合式	1. 各传感器数据的分析互相影响 2. 处理后的整体性能好于各传感器的简单相加 3. 结构合成是必须的	1. 机械手 2. 机器人

11.6.2 数据融合

数据融合也称信息融合，是把分布在不同位置的，多个同类或不同类基本传感器所提供的局部不完整观测数据，进行合并或综合，消除可能存在的冗余和矛盾，降低不确定性，形成相对完整一致的感知描述，提供给决策和执行系统，以提高其决策、规划、反应的快速性和正确性，降低决策准确度风险。

多传感器数据融合目前有数据层融合、特征层融合、决策层融合3种融合层次。

11.6.3 空中交通管制多传感器融合系统

多传感器融合系统可用于工业过程监视、机器人、空中交通管制、遥感检测、水上船舶航行安全、海上监视和环境保护等系统。图11-10所示为空中交通管制系统框图，它是一个典型的多传感器（雷达）、多因素、多层次的信息融合系统。

空中交通管制系统主要由4部分组成：

1）导航设备（多部一次雷达、二次雷达，飞机上的雷达、信标机、通信机等构成的数据获取分系统)。

2)监视和控制设备(电子计算机构成的数据处理分系统,雷达综合显示器和高亮度数据显示器构成的显示分系统)。

3)航管通信设备(图像数据传输、内部通信、对空指挥通信等构成的通信分系统)。

4)调度人员。

一次雷达为航路监视雷达,监视飞机的航线和高度。二次雷达即雷达信标,从地面向飞机发送询问信号。飞机在飞行的过程中,使用机载雷达识别出地面预先精心设置的某些地理位置,再用信标机把飞越每个地理位置的时间和高度向雷达信标应答。询问与应答信号均采用编码方式。雷达信标可以单独工作,但常与航路监视雷达和机场雷达配合工作。

图 11-10 空中交通管制系统框图

计算机和显示器等监视和控制设备,接收到飞机上和地面多部各种类型雷达检测数据,进行数据融合得到飞机位置、航向、速度和属性等信息,利用这些信息修正飞机对指定航线的偏离,防止相撞并调度飞机流量。

航管通信设备是在各部雷达、各个显示器、气象站、飞机、计算机和调度人员之间进行信息传输。

调度人员通过各种显示器监视空中飞行情况,及时进行空中交通管制调度。

11.6.4 四旋翼飞行器自稳多传感器融合系统

四旋翼飞行器由于其简单的机体结构和可以进行较为复杂的姿态控制,近年来在军用和民用领域广泛应用。

四旋翼飞行器机体质量为 857g,最大负载为 300g,机身高度为 31cm,整机系统用 11.1V 电压 2200mAh 容量的锂电池供电,工作电流为 15.6A,飞行时间约为 8min。

四旋翼飞行器的 4 个旋翼对称地安装在呈十字交叉的支架顶端,四旋翼飞行器的旋翼配置如图 11-11 所示。位置相邻的旋翼旋转方向相反,位置对角线的旋翼旋转方向相同,以此确保飞行器的总动量矩为零(根据旋转动量矩守恒定律,系统的总动量矩必须仍是零,否则机身会向相反方向旋转)。

四旋翼飞行器的飞行姿态控制和自稳多传感器融合系统如图 11-12 所示。

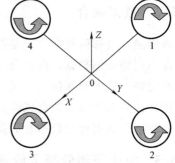

图 11-11 四旋翼飞行器的旋翼配置

图中,遥控器发射的无线电载波频率为 2.4GHz,飞行姿态遥控信号以 FSK(频移键控)调制在载波上。飞行姿态遥控信号采用 PPM(脉位调制)方式,不同飞行姿态按键产生的脉冲信号的相位不同。安装在四旋翼飞行器上的接收机接收到信号后,由 PPM 解码器解码输出飞行姿态控制信号,送飞行控制单片机处理。

图 11-12　四旋翼飞行器飞行姿态控制和自稳多传感器融合系统

　　4 个旋翼的旋转切角是固定值，飞行姿态控制只能由改变 4 个旋翼的转速来实现。飞行控制单片机分别向 4 个数字变频器输出控制信号，改变它们输出的单极性脉冲电流的频率，以改变 4 个无刷直流电动机的转速，实现对升降、速度和 3 种姿态（俯仰角、偏航角、横滚角）的控制。即增大或减少 4 个旋翼的转速以完成垂直方向升降运动。调节 1、3 旋翼的转速差以控制仰俯速率和进退运动，调节 2、4 旋翼的转速差以控制横滚速率和倾飞运动，调节两个顺时针旋转旋翼和两个逆时针旋转旋翼的相对速率以控制偏航运动。

　　为实现四旋翼飞行器的自稳控制，四旋翼飞行器配置了多传感器融合系统。Freescale 公司的大气压力传感器 MPX4250A 用于测量初始高度与飞行高度的气压差，完成飞行高度检测；三轴加速度传感器 LIS344ALH 用于测量 3 轴向线性加速度；3 个 ADXRS610 陀螺仪（又称为角速度传感器）可以感应 X、Y、Z 轴角速度的变化，用于测量倾斜、偏转和旋转。多传感器检测数据输入飞行控制单片机 ATMEGA644 进行姿态计算后，输出飞行姿态控制信号进行自稳控制，也为自主航点跟踪（导航）和多飞行器协同飞行提供支持。

11.7　模糊传感器

　　模糊传感器是智能传感器的一种，是以数值量为基础，能产生和处理被测量状态的模糊符号信息的传感器。

11.7.1　模糊语言和模糊传感器

　　传统传感器是数值传感器，它将被测量映射到实数集，以定量数值符号来描述被测量状态。随着测量领域的不断扩大与深化，被测量状态仅仅以定量数值符号来描述，存在很多不足。例如：对产品质量的评定，人们常用的是"优""良""合格""不合格"，而不是公差的定量数值；对放进洗衣机中去洗的衣服的数量，人们习惯上说的是"很多""多""不

209

多""很少"，而不是精确的重量。

为了顺应人们生活、生产与科学实践的需要，测量领域需要一种在传统传感器进行数值测量的基础上，经过模糊推理与知识集成，以"自然语言符号"的形式输出测量结果的传感器，即模糊传感器，如图 11-13 所示。

"自然语言符号"就是模糊语言符号，它是人类表述语言的一种。人们对自然界事物的认识存在着一定的模糊性，用模糊语言符号来表述信息具有较为简单、方便，且易于进行高层逻辑推理等优点，更加接近人类的思维方

图 11-13　模糊传感器组成原理

式。传感器测量结果的模糊语言符号表示，就是利用模糊数学的理论和方法，借助于专门的技术工具，把测量得到的信息，用适合人们模糊概念的模糊语言符号加以描述的过程。

11.7.2　模糊传感器的结构及实现方法

1. 模糊传感器的结构

模糊传感器的结构如图 11-14 所示，主要由"传统的数值测量单元"和"数值-（模糊语言）符号转换单元"两部分组成。数值模糊化为符号的工作必须在"专家"的指导下进行，其过程是在测量集上对实数集合选取适当多个"特征表示"，将这些"特征表示"进行对应模糊语言符号映射，生成模糊语言符号集合，再把被测量的数值量转换为最合适的模糊语言符号描述。

2. 模糊传感器的实现方法

模糊传感器需要定义一个模糊语言映射，也就是数值域到符号域的模糊转换关系，才能将测量所得的数值域中的数值量映射到符号域，进行数值的模糊化，生成相应的模糊语言符号。

图 11-14　模糊传感器的结构

符号域的模糊语言符号集合包括论域（包含的同类元素个体的总和）和隶属函数（同类元素个体之间的关系）。定义模糊语言映射，就是由测量数值集合的论域和隶属函数生成模糊语言符号集合的论域和隶属函数。

图 11-15 所示为模糊语言映射的过程。图中 Q 为数值域，S 为符号域，在各自的论域上有若干个元素 q_i、s_i。R、P 为各自的隶属函数。$M(q_i) = s_i$ 为映射，称 s_i 是 q_i 的一个符号。s_i 的含义是 q_i 从数值域向符号域映射的投影，符号 s_i 成为测量值 q_i 的模糊描述。

数值元素 q_i 大多数情况下不只是一个数值点，而是一个数值子域（子集）。一个数值子域（子集）映射为一个模糊语言符号。

$M^{-1}(s_i) = q_i$ 为逆映射，由符号向数值逆转换，获得定量测量数据。

虽然模糊符号具有高级逻辑表达，易理解，使人类经验与知识易集成，有较宽的冗余度

等特点，但与定量数值无限可分相比，模糊符号描述细节的程度和范围不够，尤其在符号向数值逆转换，获得定量测量数据时更为突出。为此，采用多级映射，把符号分得细一些，以扩大符号表示的细致程度和范围。

图 11-16 所示为数值到符号的多级映射，首先是由数值域 Q 中的元素 q_i 经过映射 M 的第一级 M_1 映射到符号域 S 的子集 s_i，如果子集 s_i 描述细致程度不够，则可以进行第二级映射 M_2，将 q_i 映射到次子集 s_j，经过若干级映射可以得到描述 q_i 信息的更为细致的符号 s_y。多级映射通常不超过 3 级。

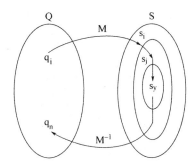

图 11-15　模糊语言映射的过程　　　　图 11-16　数值到符号的多级映射

同样，需要符号向数值逆转换时，经过多级映射得到的符号 s_y 通过多级逆映射 M^{-1} 得到数值 q_i，供定量测量数据输出用。

映射 M 和逆映射 M^{-1} 的具体实现，国内外学者提出了各自的一些方法，读者可参阅有关资料。

11.7.3　模糊传感器的应用

目前，模糊传感器的应用已进入日用家用电器领域，如模糊控制洗衣机中布量检测、水位检测、水的浑浊度检测；电饭煲中的水、饭量检测；模糊手机充电器等。另外，模糊距离传感器、模糊温度传感器、模糊色彩传感器等也由国内外专家们研制，并已经获得了成果。随着科学技术的发展，学科分支的相互融合，模糊传感器也应用到了神经网络、模式识别等体系中。

模糊传感器的出现，不仅拓宽了经典测量学科，而且使测量科学向人类的自然语言理解方面迈出了重要的一步。

但是，模糊传感器还远未形成系统的理论体系和技术框架，诸多关键技术尚未完全解决，还有待科技工作者的继续探索和研究。

11.8　微机电系统

微机电系统（Micro Electro-Mechanical System，MEMS）是在一个硅基板上集成了机械零件和电子元器件，可对声、光、热、磁、运动等自然信息进行检测，并且具有信号处理器和执行器功能的微机械加工型智能传感器。三位一体的微机电系统如图 11-17 所示，外形轮廓尺寸在毫米量级以下，构成它的机械零件和电子元器件在微米/纳米量级。

被测量 ⟶ 微传感器 ⟶ 微处理器 ⟶ 微执行器 ⟶ 输出信号

图 11-17　三位一体的微机电系统

11.8.1　微机电系统的特点

微机电系统的制作主要基于两大技术，即集成电路（IC）技术和微机械加工技术。其中集成电路技术主要用于制造电子部分，即信号处理和控制系统部分，与传统的 IC 生产过程基本相同；微机械加工技术用于制造机械部分，将机械部分直接蚀刻到一片晶圆（wafer 单晶硅圆片）中，或者增加新的结构层来制作 MEMS 产品。

微机电系统具有以下特点：

1）体积小，重量轻，耗能低，惯性小，谐振频率高（不易发生低频共振影响性能），响应时间短，可以完成大尺寸机电系统所不能完成的任务，也可以嵌入大尺寸系统中使用。

2）以硅为主要材料，硅的强度、硬度和弹性模量与铁相当，密度类似铝，热传导率接近钼和钨，机械和电气性能优良，可利用大规模集成电路生产中的成熟技术和工艺进行生产。

3）用硅微加工工艺在一片硅片上可同时制造成百上千个 MEMS，再切割封装成产品，批量生产可大大降低成本。

4）可把多种功能的器件集成在一起，形成复杂的微机电系统。

微机电系统中的传感器有微热传感器、微辐射传感器、微力学量传感器、微磁传感器、微生物（化学）传感器等。其中微力学量传感器是微机电系统最重要的传感器。这是因为微机电系统涉及的力学量种类繁多，不仅涉及静态和动态参数，如位移、速度和加速度，还涉及材料的物理性能，如密度、硬度和黏稠度。叉指换能器式微传感器是微力学量传感器的一种重要类型。

11.8.2　声表面波叉指换能器

声表面波（SAW）叉指换能器（IDT）的工作原理源自某些晶体，例如单晶硅、多晶硅和铌酸锂等，具有压电效应、逆压电效应和表面波传播的物理特性。

用叉指换能器做的声表面波滤波器，如图 11-18a 所示。当左边的叉指换能器上施加交变的电信号时，由于逆压电效应，基体材料将产生弹性变形，从而产生声波振动。向基片内部传送的体波会很快衰减，而表面波则向左、右两个方向传播。向左传送的声表面波被涂于基片左端的吸声材料所吸收，向右传送的声表面波传送到右边的叉指换能器，由于

a)　　　　　　　　　b)

图 11-18　叉指换能器声表面波滤波器
a) 声表面波滤波器　b) 叉指换能器结构

正压电效应，在叉指换能器上产生交变的电信号，并由负载 R_L 输出。

图 11-18b 为叉指换能器的几何参数包括叉指对数、指条宽度 a、指条间隔 b、指条有效长度 B 和叉指对之间的距离 M 等。

叉指换能器有自己的弹性波的谐振频率，称为同步频率 f_0。同步频率 f_0 的倒数为弹性波长，即声表面波波长。其等于两个相邻叉指对之间的距离 M 的两倍。当加于叉指换能器的交流信号或电磁波的频率与同步频率相同时，叉指换能器能以最大的功效把电能转换成声表面波的声能，负载 R_L 上输出最多的是该频率的交流信号，其他频率信号很少或没有。叉指换能器起到了滤波器的作用，声表面波滤波器在电子电路中已广泛使用。

声表面波的速度 v 取决于材料，一般为 3490m/s（铌酸锂的值），对于石英和铌酸锂晶体衬底，叉指换能器通常采用的同步频率为 10MHz ~ 几个 GHz，若为 1GHz，则声表面波的波长为 $3490/10^9 = 3.5\mu m$。而 1GHz 的交流电信号或电磁波的波长为 $c/10^9 = 0.3m$，式中电磁波的速度 $c = 3 \times 10^8 m/s$，与光速相同。

这样，在压电材料衬底上外加电磁信号转换成声表面波时，波长减小了大约 10^5 倍。这使器件的物理尺寸能和 IC 工艺兼容，用作传感器，使传感器的微型化成为可能。

11.8.3 叉指换能器振荡器式微传感器

图 11-19 所示为利用声表面波叉指换能器和环路放大器做成的叉指换能器式微温度传感器。叉指换能器和声表面波传播通道形成了选频和反馈网络，与同相放大器组成了振荡器，振荡频率等于相邻叉指对之间的距离 M 的两倍的倒数。用频率计可测振荡频率。若环境温度改变，则 M 值会随之改变，振荡信号频率就会改变。用频率计测得频率的变化 Δf，由计算机计算可获得温度的变化 ΔT。

$$\Delta T = \frac{k\Delta f}{f_0} \tag{11-1}$$

式中，k 是与压电晶体衬底材料有关的参量，f_0 为基准温度下的振荡频率。

图 11-19　叉指换能器式微温度传感器

若在两个叉指换能器之间的声表面波传播通道上铺设待测化学敏感膜，在测量的过程中，膜的质量的变化也会引起声表面波振荡频率改变。用频率计测得频率的变化 Δf，可以计算得到化学敏感膜质量的变化 Δm。

$$Bf_0\Delta m=\frac{\Delta f}{f_0} \qquad\qquad (11\text{-}2)$$

式中，B 是与压电晶体衬底材料有关的参量。

声表面波叉指换能器与膜技术结合，可以开发出各种不同用途的叉指换能器微型生物传感器。

11.8.4 反射波阵列式微加速度传感器

图 11-20 所示为叉指换能器式微加速度传感器，压电薄膜上做有叉指换能器，同时做有多晶硅质量块。质量块下方有反射体，质量块紧紧贴近压电薄膜（距离小于一个声波波长），由支撑体支撑。吸收体做在最左边。

图 11-20 叉指换能器式微加速度传感器

天线接收空中的电磁波信号，转换为高频振荡信号激励叉指换能器，在叉指换能器的叉指之间产生高频振荡信号频率的电场，由于逆压电效应在叉指换能器的叉指之间产生声表面波，声表面波延压电薄膜表面传播。

多晶硅质量块下方的反射体阵列将这些声表面波反射回叉指换能器，反射的相位取决于反射体的位置。如果反射体的位置改变，反射波的相位也会随之改变。反射体是多晶硅质量块的一部分，在受到加速度的作用下，支撑梁的弹性引起多晶硅质量块移动，也就引起反射体移动，反射波的相位随之改变。测出反射的声表面波产生的高频振荡信号的相位，即可测得加速度。

由于天线是线性器件，且具有收发可逆特性，反射的声表面波产生的高频振荡信号可由同一副天线转换为电磁波发送到空中，由远程接收设备接收。

图 11-21 所示为远程读出微加速度传感器系统框图。系统天线接收到反射信号后经收发开关送频率计或相位计，与原高频振荡信号比较后测出频率或相位变化，由计算机计算和输出加速度量值。

图 11-21 远程读出微加速度传感器系统框图

11.8.5 微加速度传感器和微陀螺仪组合

用叉指换能器还可以做成微加速度传感器和微陀螺仪的组合，如图 11-22 所示。图中，纵向一对叉指换能器（IDT）和横向的声表面波谐振器呈直角放置，组成了微陀螺仪。横向的声表面波谐振器由反射体、传输间隔、叉指换能器（IDT）、多晶硅质量块、叉指换能器（IDT）、传输间隔、反射体组成。

右边的叉指换能器（IDT）和多晶硅质量块同时还组成了微加速度传感器。该叉指换能器（IDT）上输入高频振荡信号，转换为声表面波，延压电薄膜表面向左传输，多晶硅质量块下方的反射体阵列将这些声表面波反射回该叉指换能器，转换为高频振荡信号输出。在受到加速度的作用下，支撑梁的弹性引起多晶硅质量块移动，也就引起反射体移动，反射波的相位随之改变。测量由该叉指换能器（IDT）上输出的高频振荡信号相位，可获得加速度的量值。

图 11-22　在一个晶片上的加速度传感器和陀螺仪组合

微陀螺仪的工作是这样的。由左边的输入 IDT 上输入一个已知功率的高频振荡信号，声表面波谐振器产生谐振，转换为声表面波，延压电薄膜表面向右传输，遇到多晶硅质量块的下方安置的陀螺扰动质量块阵列，根据器件的旋转和角速度，产生次级波，次级波变成向纵向传输的声表面波。由于逆向压电效应，该纵向传输的声表面波在纵向叉指换能器（IDT）上产生高频振荡信号，取出该高频振荡信号可测得旋转方向和角速度。

微加速度传感器和微陀螺仪组合，降低了成本费用，减少了重量，使 MEMS 获得了更广泛的应用。例如，用于导弹制导系统，工业平台稳定系统，机器人运动系统，车辆动态控制系统，三维鼠标，医疗保健用轮椅和运动器件的监控等。

11.9　实训　智能压阻压力传感器装调

1）查阅图书资料和报刊杂志，收集各种智能传感器实例。

2）分析人体器官作为智能传感器是如何工作的。

3）智能压阻压力传感器，其组成框图如图 11-23 所示。其中作为主传感器的压阻压力传感器用于压力测量，温度传感器用于测量环境温度，以便进行温度误差修正，两个传感器的输出经前置放大器放大成 0~5V 的电压信号送至多路转换器，多路转换器根据单片机发出的命令选择一路信号送到 A-D 变换器，A-D 变换器将输入的模拟信号转换为数字信号送入单片机，单片机根据已编好的程序对压阻元件非线性和温度变化产生的测量误差进行修正。在工作环境温度变化为 10~60℃ 的范围内，智能式压阻压力传感器的测量准确度几乎保持不变。

图 11-23　智能压阻压力传感器组成框图

制作印制电路板和编制单片机程序完成下列工作：

① 装配该智能压阻压力传感器。

② 压阻压力传感器和温度传感器输出信号，输入单片机，存入存储器。

③ 压阻压力传感器不加压时，改变温度 10~60℃，将压阻压力传感器和温度传感器的输出信号输入单片机，存入存储器。

④ 压阻压力传感器加压时，压阻压力传感器和温度传感器的输出信号同时输入单片机，用存储器中的数据对压阻压力传感器输出信号进行修正。

⑤ 输出修正后的压力传感数据。

⑥ 改变温度 10~60℃，完成压阻压力传感器输出信号的全部修正工作。

⑦ 用该智能压阻压力传感器进行压力测量。

11.10　习题

1. 什么是智能传感器？它有什么样的功能？

2. 人的智能是如何实现的？它的三层结构分别是什么器官？如何工作？

3. 智能传感器的三种实现途径是什么？请举例说明。

4. 为什么说"人的指头就是传感器与执行器合成的典型例子"？利用气体、液体和固体的热胀冷缩，试设计几个传感器与执行器合成的器件。

5. 举一个计算型智能传感器的例子，画出组成框图，解释计算型智能传感器的工作过程。

6. 试设计一个具有自学习能力的智能传感器，解释自学习过程。

7. 什么是多传感器融合？什么是数据融合？多传感器融合系统有什么作用？

8. 什么是模糊传感器？如何通过温度基本传感器实现模糊温度符号输出？

9. 为什么说微机电系统（MEMS）是微机械加工型智能传感器？它有什么特点？

10. 叉指换能器式微加速度传感器由哪些机械零件和电子元器件组成？远程读出叉指换能器式微加速度传感器是如何工作的？

第 12 章　传感器网络

本章要点

- 信息技术的发展导致了分布式数据采集系统组成传感器网络；
- 分布式传感系统之间进行可靠的信息交换，需要一个统一的标准协议；
- 汽车类、工业类、楼宇与办公自动化类和家庭自动化类标准的传感器网络结构；
- 无线传感器网络的结构和应用。

12.1　传感器网络概述

随着通信技术和计算机技术的飞速发展，人类社会已经进入了网络时代。智能传感器的开发和大量使用，导致了在分布式控制系统中，对传感信息交换提出了许多新的要求。单独的传感器数据采集已经不能适应现代控制技术和检测技术的发展，取而代之的是分布式数据采集系统组成的传感器网络，如图 12-1 所示。

图 12-1　分布式传感器网络系统结构

传感器网络可以实施远程采集数据，并进行分类存储和应用。传感器网络上的多个用户可同时对同一过程进行监控。

不同任务的传感器、仪器仪表、执行器与计算机组成网络后，可凭借智能化软、硬件（例如模式识别、神经网络的自学习、自适应、自组织和联想记忆功能），灵活调用网上各种计算机、仪器仪表和传感器各自的资源特性和潜力，区别不同的时空条件和仪器仪表、传感器的类别特征，测出临界值，作出不同的特征响应，完成各种形式、各种要求的任务。

传感器网络可用于人类工作、生活、娱乐的各个方面，可用于办公室、工厂、家庭、住宅小区、机器人及汽车等多种领域。

传感器网络的结构形式多种多样，可以是图 12-1 所示全部互联型的分布式网络系统；也可以是多个传感器计算机工作站和一台服务器组成的主从结构传感器网络，如图 12-2 所示。

图 12-2　主从结构传感器网络

传感器网络还可以是多个传感器和一台单片机组成的智能传感器，如图 12-3 所示。

图 12-3　传感器网络组成的智能传感器

传感器网络可以是个人网、局域网或城域网，甚至可以连上互联网，数量巨大的传感器加入互联网络如图 12-4 所示。数量巨大的传感器加入互联网，可以将互联网延伸到更多的

图 12-4　数量巨大的传感器加入互联网络

人类活动领域，数十亿个传感器将世界各地连接成网，能够跟踪从天气、设备运行状况到企业商品库存等各种动态事务。

美国约克国际公司管理 6 万家客户的通风系统，为其客户的空调上安装几万个网络化的传感器。这些传感器将监视温度，并自动地将最新信息传送给该办公室，从而使维修人员对客户的空调运行状况一目了然。这将大大减少该公司 2444 名技术人员的工作负荷，使生产力提高 15%。

目前，传感器网络建设工作遇到的最大问题是传感器的供电问题。理想的情况是采用可使用几年的高效能电池，或采用耗电少的传感器。

12.2 传感器网络信息交换体系

传感器网络是传感器领域的新兴学科，传感器网络的运行需要传感器信号的数字化，还需要网络上的各种计算机、仪器仪表（执行器）和传感器相互间可以进行信息交换。传感器网络系统信息交换体系涉及协议、总线、器件标准总线、复合传输、隐藏和数据链接控制。

协议是传感器网络为保证各分布式系统之间进行信息交换而制定的一套规则或约定。对于一个给定的具体应用，在选择协议时，必须考虑传感器网络系统的功能和使用的硬件、软件与开发工具的能力。

"总线"是传感器网络上各分布式系统之间进行信息交换，并与外部设备进行信息交换的电路元件，"总线"的信息输入、输出接口分串行或并行两种形式，其中串行口应用更为普遍。

器件标准总线是把基本的控制元件如传感器、执行器与控制器连接起来的电路元件。

复合传输是指几个信息结合起来通过同一通道进行传输，经仲裁来决定各个信息获准进入总线的能力。

隐藏是指在限定时间段内确保最高优先级的信息进入（总线）进行传送，一个确定性的系统能够预见信号的未来的行动。

数据链接控制是将用户所有通信要求组装成以帧为单位的串行数据结构进行传送的执行协议。

传感器网络上各分布式系统之间能够进行可靠的信息交换，最重要的是选择和制定协议。一个统一的国际标准的协议可以使各厂家都生产符合标准规定的产品，使不同厂家的传感器和仪器仪表可以互相代用，不同的传感器网络可以互相连接，相互通信。

12.3 OSI 开放系统互连参考模型

一些工业委员会和公司花费了大量精力去开发了一些企业和机构可接受的协议，其中最重要的是国际标准化组织（ISO）定义的一种开放系统互连参考模型，即 OSI 参考模型。

12.3.1 OSI 参考模型的层次结构

OSI 参考模型规定了一个网络系统的框架结构，把网络从逻辑上分为七层，各层通信设备和功能模块分别为一个实体，相对独立，通过接口与其相邻层连接。相应协议也分七层，每一层都建立在相应的下一层之上，每一层的目的都是为上层提供一定的服务，并对上层屏蔽服务实现的细节。各层协议互相协作构成一个整体，称为协议簇或协议套。所谓开放系统互连，是指按这个标准设计和建成的计算机网络系统都可以互相连接。

　　用户进程（设备和文件）经过 OSI 开放系统互连参考模型规范操作后，进入光纤、电缆、电波等物理传输媒质，传输到另一用户，OSI 的七层模型和规范如图 12-5 所示。

图 12-5　OSI 的七层模型和规范

　　第一到第三层提供网络服务，为底层协议，第四到第七层为高层协议，提供末端用户功能。进入第七层实体的用户数据信息经该层协议操作后，在其前面加上该层协议操作标头（协议控制信息 PCI），组成协议数据单元（PDU）。PDU 进入下一层实体后称为服务数据单元（SDU），再经下一层协议操作，再加上下一层协议控制信息（PCI），又组成下一层协议数据单元（PDU）。这样经一层一层实体的协议操作控制后，进入物理传输媒质进行传输。接收用户从物理传输媒质上接收到协议数据单元（PDU）后，根据标头信息（协议控制信息 PCI），对协议数据单元（PDU）进行数据恢复，并去掉标头信息，交上一层实体。这样经一层一层实体数据恢复后，将发送用户数据信息复原送接收用户。

12.3.2 OSI 参考模型各层规范的功能

OSI 开放系统互连参考模型（七层模型）规范的功能如下：

1. 物理层

1）规定二进制"位"比特流信号在线路上的码型。
2）规定二进制"位"比特流信号在线路上的电平值。
3）当建立、维护与其他设备的物理连接时，规定需要的机械、电气功能特性和规程特性。

2. 数据链路层

1）将传输的数据比特流加上同步信息、校验信息和地址信息封装成数据帧。
2）数据帧传输顺序的控制。
3）数据比特流差错检测与控制。
4）数据比特流传输流量控制。

3. 网络层

1）通过路径选择将信息分包从最合适的路径由发送端传送到接收端。
2）防止信息流过大造成网络阻塞。
3）信息传输收费记账功能。
4）由多个子网组成网络的建立和管理。
5）与其他网络连接的建立和管理。

4. 传输层

1）分割和重组报文，进行打包。
2）提供可靠的端到端的服务。
3）传输层的流量控制。
4）提供面向连接的和无连接数据的传输服务。

5. 会话层

1）使用远程地址建立用户连接。
2）允许用户在设备之间建立、维持和终止会话。
3）管理会话。

6. 表示层

1）数据编码格式转换。
2）数据压缩与解压。
3）建立数据交换格式。

4）数据的安全与保密。

5）其他特殊服务。

7. 应用层

1）作为用户应用程序与网络间的接口。

2）使用用户的应用程序能够与网络进行交互式联系。

OSI 的不断发展，得到了国际上的承认，成为计算机网络系统结构靠拢的标准。但在很多情况下的网络节点并不一定要提供全部七层功能，可根据业务规格决定网络结构，例如传感器网络通常提供到第三层功能。

12.4 传感器网络通信协议

在分布式传感器网络系统中，一个网络节点应包括传感器（或执行器）、本地硬件和网络接口。传感器用一个并行总线将数据包从不同的发送者传送到不同的接收者。一个高水平的传感器网络使用 OSI 模型中第一到第三层，以提供更多的信息并且简化用户系统的设计及维护。

国外已有几所大学研制了传感器网络通信标准，例如：美国密歇根大学提出了"密歇根并行标准 MPS"；荷兰代夫特（Delft）工业大学的研究人员研制了一种串行通信协议——"集成智能传感器 IS^2 总线"，这是一种模拟与数字混合的双线串行总线接口。由大学、制造商和标准化组织所研制，并为工业界已经支持的标准，大致分四大类：汽车类标准、工业类标准、楼宇与办公自动化类标准和家庭自动化类标准。

12.4.1 汽车协议及其应用

汽车的发动机、变速器、车身与行驶系统、显示与诊断装置使用大量的传感器，它们与微型计算机、存储器、执行元件一起组成电子控制系统。来自某一个传感器的信息和来自某一个系统的数据能与多路复用的其他系统通信，从而减少传感器的数目和车辆需拥有的线路。该电子控制系统就是一个汽车传感器网络。汽车传感器网络具有以下优点：

1）只要保证传感器输出具有重复再现性，并不要求输入输出线性化，并可通过微型计算机对信号进行修正计算来获得精确值。

2）传感器信号可以共享并可以处理。来自一个传感器的信号，一方面能进行本身物理参数的显示和控制，另一方面该信号经处理后还可以用于其他控制。例如：对速度信号进行微分处理后，可获得加速度信号。

3）能够从传感器信号间接获取其他信息。例如：利用压力传感器测定进气吸入负压，利用转速传感器测定转速，利用温度传感器测定当时的空气温度并推算出空气密度，就可以从测定的进气吸入负压求出转速与空气流量之间的关系。

汽车的拥有量很大，汽车传感器网络具有很大的用量。用于汽车传感器网络的汽车协议已经趋于规范化，其中 SAE J1850 协议和 CAN 协议已形成标准，还有其他几个协议因为特定制造商的应用也同时存在。汽车工程师协会 SAE 已将 SAE J1850 协议作为美国汽车行业多路复用和数据通信的标准，但是，卡车和轮船的数据通信则大多采用基于控制器局域网的协议 CAN。

1. SAE J1850 协议

SAE J1850 协议作为美国汽车制造商的标准协议于 1994 年被批准实行，SAE J1850 协议定义了 OSI 参考模型中的应用层、数据链路层及物理层。信息传输速率为 11.7Kbit/s 和 10.4Kbit/s 两种。信息传输以帧为单位，一帧接一帧地进行。每帧仅包含一个信息，每帧的最大长度是 101bit，帧内标头部分包含了信息的优先级、信息源、目标地址、信息格式和帧内信息的状况。当总线空闲时间超过 500ms 时，进入低耗或睡眠状态。在总线上的任何活动将重新唤醒总线。

2. CAN 协议

CAN 是 Robert Bosh GmbH 提出的一种串行通信的协议，最初是应用于汽车内部测量和执行部件之间的数据通信，现在主要用于汽车之外的离散控制领域中的过程监测和控制，特别是工业自动化的底层监控，解决控制与测试之间的可靠和实时的数据交换。原 CAN 规则在 1980 年颁布，而 CAN2.0（修订版）在 1991 年颁布。

CAN 是一种多用户协议，它允许任何网络节点在同一网络上与其他节点通信，传输速率范围为 5Kbit/s~1Mbit/s。CAN 利用载波监听、多路复用来解决多用户的信息冲突，使最高优先级信息在最低延迟时间下得以传输。此外，灵活的系统配置允许用户自行选择，促进了 CAN 系统在自动化及工业控制上的应用。

CAN 的物理传输介质包括屏蔽或非屏蔽的双绞线、单股线、光纤和耦合动力线，一些 CAN 系统的用户已在进行射频无线传送的研制。

3. 其他汽车业协议

除上述协议之外，其他汽车协议也有了很大的发展，它们中的一些已被 SAE 规范所覆盖。其中有：

汽车串行位通用接口系统（A-bus）由 Volkswagen AG 研制，错误检测按位进行，单线与光纤均可作为传播介质，最大总线长度没有特别指定，但标准为 30m，最大 500Kbit/s 的数据传输率要高于 SAE J1850 中所指定的速率。

车辆局域网络（VAN）由法国汽车制造商 Renalut 研制，被认为是一种 OSI 标准。传播介质是双绞线，最大数据传输率由用户定义，最大 16 个节点与最长数据总线 20m 相配。

奥地利的 Wien 技术大学已研制了一种时间触发协议（TTP），这个协议通过定时算法提供未来系统的品质信息，所有的系统活动均通过实时进程触发。

德国与法国的汽车制造商协会为汽车电子学研制了一种操作系统 OS 标准。用高级语言编制应用软件，从而减小车辆中分布控制系统的软件复杂程度。

4. 汽车协议应用实例

基于分布式控制的航空发动机智能温度传感器构成框图如图 12-6 所示。主要包括上电自检测电路、热电偶信号处理电路、显示电路接口、DSP 与 CAN 的接口电路、电源电路等几部分。

图 12-6 航空发动机智能温度传感器构成框图

智能温度传感器具有上电自检测功能，上电时电子模拟开关先切换到上电自检测电路，上电自检测电路用可调电阻器分压产生一个电压（对应着相应温度），2407A DSP 首先测量出这个温度值，判断这个测量值是否和设定温度一致。如一致则认为电路工作正常，将电子模拟开关转换到热电偶传感器，测量发动机的温度，通过显示电路显示温度值，并将测量值通过汽车协议 CAN 总线发送给 EEC（电子发动机控制系统）。如不一致则通过 CAN 总线向 EEC 发出故障报警信号。

CAN 总线具有很高的可靠性，平均误码率小于 10^{-11}，采用独特的位仲裁技术，实时性好，最高位传输率达 1Mbit/s，远距离可达 10km，采用双绞线作通信介质，接口简单，组网成本低。

热电偶温度信号处理电路包括热电偶测温电路、报警电路、电压幅值调整电路。

12.4.2 工业网络协议

分布式传感器网络的优点很容易在工厂自动化的应用中显示出来。一旦形成网络系统，可以轻而易举地添加与删除节点而不需要重新调整系统。这些节点可以包括传感器、控制阀、控制电动机和灯光负载，关键是要有一个开放性标准协议和即插即用功能。工业网络协议比汽车网络协议有更多的提议和正在研发的标准。"现场总线"是在自动化工业进程中的非专有双向数字通信标准，现场总线规则定义了 OSI 参考模型的应用层、数据链路层和物理层，并带有一些第四层的服务内容。图 12-7 给出了一个现场总线控制系统的结构，以现场总线作为最高层，传感器总线作为最低层。但是，目前"现场总线"尚未完全实现。实用的两个协议是 CAN 和 LonTalk™，它们吸引了众多的工业用户。

1. CAN 协议的工业应用

CAN 协议通信网络由于更简单和更低成本而获得制造商的青睐，在工业应用领域被采用，并作为一种工业标准。

图 12-7 现场总线控制系统

2. LonTalk™协议

LonTalk™协议由 Echelon 公司提出，为部分工业界及消费者所接受并给予强有力的支持。该协议定义了 OSI 参考模型中的所有七个层。其数据长度为 256B，通信速率高达 1.25Mbit/s，多用户信息传输冲突的仲裁通过预测性载波侦听和多路访问作出，具有冲突检测和优先级选择功能。

3. 其他工业协议

应用比较广泛的其他工业协议有：

1）可寻址远程传感器通道 HART。1986 年，Rosemount 提出 HART 通信协议，它是在 4~20mA 直流模拟信号上叠加频率调制（频移键控）FSK 数字信号，既可用做 4~20mA 直流仪表，也可用做数字通信仪表。

2）过程现场总线 Profibus。1986 年，德国开始制定 Profibus 总线标准，它由三部分组成：分布式外设（DP），现场总线信息规范（FMS）和过程自动化（PA），不同的部分针对不同的应用场合，因此 Profibus 应用领域十分广泛。

DP 和 FMS 有两种传输技术：一种是 RS-485，采用屏蔽双绞线，拓扑结构为总线型，通信速率为 9.6Kbit/s 时，传输距离为 1200m；通信速率为 12Mbit/s 时，传输距离为 100m。每段最多节点数为 32。另一种是采用光缆，用于电磁兼容性要求较高和长距离传输的场合。

PA 采用 IEC1158-2 传输技术，采用屏蔽双绞线，拓扑结构为总线型或树形，通信速率为 31.25Kbit/s，传输距离为 1900m，每段最多节点数为 32，支持总线供电和本质安全结构。

DP 主要用于对时间要求苛刻的分散的外围设备间的高速数据传输，适合于加工自动化，具有高效低成本的特征。PA 主要用于工业流程自动化，对安全性要求高和由总线供电的场合；FMS 主要用于解决车间内通用设备的通信任务。

3）TOPaz。TOPaz 支持高达 255 个节点并以 1Mbit/s 的速度传输。当传输距离大到 1km 时，这个速率将降低到 500Kbit/s。TOPaz 中不仅只有一个主系统具有决定权，使用冲突仲裁标记传送，物理层使用 EIA-485 接口。

12.4.3　办公室与楼宇自动化网络协议

由楼宇自动化工业发展而来的 BACnet 协议，是由美国加热、制冷和空调工程师协会 ASHRAE 所研发的网络系统，能够在 BAC 网络的兼容系统中进行通信。此外，能源管理系统也已研发了相关的标准，而自动读取测量协会 AMRAL 正致力于发展一种自动读取测量标准，IBI 总线则由智能建筑学会研制。

办公室与楼宇自动化网络结构如图 12-8 所示。在办公室和楼宇的各个需要的部位安装传感器，节点传感器的传感信息随环境而变，将状态和信息通过网络传送给能够响应这种改变的节点，由节点执行器依据相关信息作出调整和动作，例如断开或关闭气阀、改变电风扇速度、喷灌花木、使用监视能源、启动防火开关、启动报警、故障自诊断、数据记录、接通线路、传呼通信及信号验证等。

图 12-8　楼宇自动化网络系统

12.4.4 家庭自动化网络协议

家庭的计算机控制是智能化住宅工程的目标。用于家庭自动化网络接口的有供暖、通风、空调系统、热水器、安全系统和照明，还有公用事业公司在家庭应用方面的远程抄表和用户设备管理，家庭自动化网络结构如图12-9所示。

图 12-9 家庭自动化网络结构

家庭自动化网络系统的信息传输速度有高有低，主要取决于连接到系统的设备。它的信息数量的大小及通信协议的复杂程度都属于中等。家庭自动化网络协议有：

1）X-10协议。X-10协议由X-10公司为家庭自动化网络研制，广泛应用于家庭照明及电器控制。近年来智能住宅应用语言SHAL已发展起来，它支持100种以上不同的信号形式，可以满足多种设备的接入，不过，在家庭中要求有专用的多路传输导线。该系统能对900个节点寻址并以最大为9.6Kbit/s的传输速率进行操作。

2）CEBus。消费者电子总线（CEBus）是由电子协会（EIA）的电子消费集团创立的。CEBus提供数据和控制通道并以最大10Kbit/s的速率进行处理。它在与公用事业相关的工业中为越来越多的用户接受。

3）TonTalk™。TonTalk™协议在家庭自动化中为人们所接受，它完全符合开放系统互连参考模型OSI层结构，使其具有实用性和互换性，能很好地适应家庭自动化环境。此外，TonTalk™安装使用十分简便，尤其是附加设备的安装，并且成本低，这使得它在家庭楼宇以外的其他市场也为人们广泛接受。

12.5 无线传感器网络

无线传感器网络（Wireless Sensor Network，WSN）是由大量移动或静止传感器节点，通过无线通信方式组成的自组织网络。它通过节点的温度、湿度、压力、振动、光照及气体等微型传感器的协作，实时监测、感知和采集网络分布区域内的各种环境或监测对象的信息，并由嵌入式系统对信息进行处理，用无线通信多跳中继将信息传送到用户终端。

12.5.1　无线传感器网络的结构

无线传感器网络由传感器节点、汇聚节点、移动通信或卫星通信网、监控管理中心、终端用户组成，如图 12-10 所示。

1. 传感器节点

传感器节点通过各种微型传感器采集网络分布区域内的环境或监测对象的温度、湿度、压力、气体及光照等信息，由嵌入式系统对信息进行处理，还要对其他节点送来要转发的数据进行存储、管理和融合，再以多跳转发的无线通信方式，把数据发送到汇聚节点。

传感器节点一般由传感器模块（含模-数转换）、处理器模块、存储器模块、无线通信模块、其他支持模块（包括 GPS 定位、移动管理等）及电源模块等组成，如图 12-11 所示。但也有一些节点的组成比较简单。

图 12-10　典型的无线传感器网络结构　　　　　图 12-11　传感器节点结构

传感器节点用大规模集成电路工艺制造，例如 0.18μm 工艺。无线通信频率为超高频频段，例如 300~348MHz，400~464MHz，800~928MHz 等频段。数据传输速率为 100Kbit/s 上下。通常采用 2 节 7 号（AAA）电池或者纽扣电池供电，发射输出功率为 mW 量级。

为了节能，传感器节点要在工作和休眠之间切换，不能进行复杂的计算和大量的数据存储，必须使用简单有效的路由协议。

2. 汇聚节点

汇聚节点具有相对较强的通信、存储和处理能力，对收集到的数据处理后，通过网关送入移动通信网、Internet 等传输网络，传送到信息监控管理中心，经处理后发送给终端用户。汇聚节点也可以通过网关将数据传送到服务器，在服务器上通过相关的应用软件分析处理后，发送给终端用户使用。

汇聚节点要实现无线传感器网络和传输网络之间的数据交换，要实现两种协议栈之间的通信协议转换。其既可以是一个增强功能的传感器节点，也可以是没有传感检测功能仅带无线通信接口的特殊网关设备。其结构如图 12-12 所示。

图 12-12　汇聚节点的结构

3. 监控管理中心

监控管理中心对整个网络进行监测、管理，它通常为运行有网络管理软件的 PC 机或手持网络管理、服务设备，也可以是网络运营部门的交换控制中心。

4. 终端用户

终端用户为传感器节点采集的传感信息的最终接收和使用者，包括记录仪、显示器、计算机和控制器等设备，进行现场监测、数据记录、方案决策和操作控制。

5. 网络协议

无线传感器网络有自己的网络协议。无线传感器网络协议包括应用层、传输层、网络层、链路层和物理层等 5 层结构。

应用层采用不同的软件，实现不同的应用；传输层对传输数据进行打包组合和输出流量控制；网络层选择将传输层提供的数据传输到接收节点的路由；链路层将同步、纠错和地址信息加入，进行传输路径数据比特流量控制；物理层进行激活或休眠收发器管理，选择无线信道频率，生成比特流。

12.5.2　传感器节点的设计

传感器节点的设计主要包括传感器模块、处理器模块、无线通信模块和电源模块设计。

1. 传感器模块

传感器种类繁多，有温度、湿度、光强、压力及加速度等，不同应用的传感器节点，应分别选用不同参数、性能的传感器。需要驱动电路和放大电路的传感器节点要选择合适的驱动电路和放大电路。应尽量避免传感器节点对被测物的影响，应防滴漏、防爆、抗干扰。为了便于模-数转换，应选用线性好的传感器，或进行线性补偿。

2. 处理器模块

处理器应体积小，集成度高，功耗低，有睡眠和唤醒功能，运行速度快，有合适数量的通用 I/O 端口和通信端口，成本低。

目前使用较多的有 Atmel 公司的 AVR 系列单片机，TI 公司的 MSP430 超低功耗系列处理器，Microchip 的 PIC 系列单片机、嵌入式 ARM 处理器等。

3. 无线通信模块

传感器节点之间，传感器节点与汇聚接点，汇聚节点与无线通信网，都需要多跳或交互通信传输信息。无线通信有多种方式，如红外、声波及无线电等。其中短距离的无线通信方式最适合无线传感器网络。

各种无线通信模块使用的频率，传输速率，调制方式各有不同，主要有：

1) 一般收发芯片，有 RFM 公司的 TR1000，Nodic 公司的 nRF905、nRF9E5，RFWave 公司的 RFW102 等。它们不支持通用标准。

2) 符合 ZigBee（低速率、低功耗、大容量、小距离无线传感器网络技术）标准的无线芯片，有 Chipcon 公司的 CC1000、CC2420、CC2430、CC2431、CC2530、CC2531，Ember 公司的 EM2420、EM250、EM260，ZMD 公司的 ZMD44102 等。

3) 蓝牙芯片，有剑桥硅公司（CSR）的 BlueCore01、BlueCore02、BlueCore03，Zeevo 公司的 TC2000，德州仪器公司的 BCM2035 等。

4) 其他芯片，802.11 无线收发芯片，UMB 通信芯片（不用载波，3.1~10.6GHz 频率脉冲信号调制通信）。

4. 电源模块

一般采用微型电池供电。实际应用中，可根据环境条件，选用太阳电池、热资源或者振动积蓄电能、风能积蓄电能等。电源管理需要考虑电压监测，了解动态电压变化数据。

12.5.3　无线传感器网络的应用

无线传感器网络在工农业生产、城市管理、医疗护理、环境监测、抢险救灾、军事国防等方面有极大的实用价值；还被应用于矿井、核电厂等工业环境，实施安全监测；交通领域可以用于车辆和物流监控。

图 12-13　物流配送跟踪无线传感器网络系统

图 12-13 所示是一个物流配送跟踪监控无线传感器网络系统。物流配送跟踪控制中心根据货物仓储（节点）信息和送货车辆（节点）的运行信息，经过计算机处理，实时进行物流配送调控，实现了物流精细化，大大提高了物流效率。

12.6　物联网

12.6.1　物联网物理架构

物联网（the Internet Of Things，IOT）可以分为公共物联网和专用物联网。公共物联网是指可以连接所有事物，覆盖某个社会行政区域，与互联网连接，作为社会的公共信息基础设施的物联网。公共物联网物理架构框图如图 12-14 所示，是互联网向物理世界的延伸和扩展。各种感应器分别嵌入或装备到物理世界的电网、铁路、桥梁、隧道、公路、建筑、供水系统、大坝以及油气管道等事物中，通过互联网互联、互通及互操作，使得整个世界上的事物能够被智能地识别、定位、跟踪、监控和管理。

图 12-14　公共物联网物理架构框图

专用物联网是指通过局域网连接某些特定事物，覆盖某个特定机构区域，作为该机构区域内部特殊用途的物联网。例如智慧工厂、智慧校园、智慧医院、智慧商场、智慧仓库以及快递物品查询等物联网。

公共物联网和专用物联网有各自的技术标准体系。专用物联网之间由于技术标准彼此不同，无法互联、互通以及互操作。公共物联网能作为社会信息基础设施，发挥公共信息技术平台作用。

物联网中的传感器可以是射频识别（Radio Frequency Identification，RFID）、无线传感器、红外线传感器、图像传感器、全球定位系统（GPS）及激光扫描器等信息设备，按协议通过物联网终端与互联网进行连接。

射频识别（RFID）是一种非接触式的自动识别技术，是物联网使用最多的一种事物信息识读方式。射频识别系统包括电子产品码（Electronic Product Code，EPC）、EPC标签和电子标签读写器3部分。

从1999年开始，许多大学和部门对电子产品码进行了研究和开发，提出了全球的、开放的标识标准，可以实现在世界范围内为每一件物品建立唯一的、可识别的号码。EPC标签为这个号码的载体。当EPC标签贴在物品上或内嵌在物品中时，即将该物品与EPC标签中的电子产品码建立了对应关系。

EPC标签也称为电子标签，是一种把天线和集成电路封装到塑料基片上做成的无源电子卡片，具有数据存储量大、小巧轻便、寿命长、防水、防磁和防伪等特点，内存储有电子产品码，还可以存储其他信息。电子标签读写器通过无线电波电磁场感应，把能量传输给EPC标签。EPC标签得电后工作，快速实现电子标签读写器对EPC标签内存储的电子产品码的识读。识读获得的电子产品码上传给物联网终端，经处理后传输到互联网，存储在分布式数据库中。用户查询产品信息时，只要在网络浏览器的地址栏输入产品名称、生产商、供货商等信息，就可以获悉产品在供应链中的状况。

12.6.2 物联网技术架构

物联网技术架构分为传感网络层、传输网络层和应用网络层。

传感网络层即以二维码、RFID、传感器为主，进行数据采集和感知。可延伸到传感器网、家庭网、校园网、交通网等，实现对事物或环境状态的识读。

传输网络层即通过现有的互联网、广电网、通信网或者下一代互联网（1Pv6）实现数据的双向传输、控制、存储与计算。

应用网络层即物联网和用户的接口，可划分为应用程序层和终端设备层，应用程序层进行数据处理，支撑跨行业、跨系统的信息协同、共享和互通，为行业服务和为公众服务。终端设备层提供人机交互界面，输入、输出操作控制设备有计算机、平板式计算机、手机等。

12.6.3 物联网终端

物联网终端是物联网中连接传感网络层和传输网络层，实现汇集数据和向传输网络层发送数据的设备。它担负着数据汇集、初步处理、加密及数据格式转换等多种功能，并通过网络接口向互联网或其他通信网、局域网传输。

物联网终端通常有固定终端、移动终端、手持终端等形式，有工业设备检测终端、设施农业检测终端、物流RFID识读终端、电力系统检测终端及安防视频监测终端等类型。

物联网终端由外围感知接口、中央处理器模块、外部通信接口组成。外围感知接口与EPC电子标签读写器、红外

图12-15 基于RFID的物联网终端数据流程

232

线传感器、环境传感器及图像传感器等传感设备连接，将这些传感设备的数据汇集并通过中央处理器模块处理后，按照网络协议，经外部通信接口发送到传输网络指定的中心处理平台（例如企业信息系统），存储于数据库。应用网络层对数据处理后，由各处输入输出控制终端调用。

基于 RFID 的物联网终端数据流程如图 12-15 所示，其广泛用于仓储物流领域。

12.7 实训 传感器移动通信网络

传感器信号无线通信传输系统如图 12-16 所示，由智能传感器、移动通信短消息收发子系统、移动业务交换中心组成。

由传感器检测到的信号经信号处理和 A-D 转换后，通过 RS-484 异步通信接口或 RS-232 串行接口与移动通信短消息收发器通信，移动通信短消息收发器将采集到的数据压缩、打包后发送给移动通信用户，或通过网关经互联网传送给传感器网络用户。每个 RS-484 异步通信端口可同时连接 64 个传感器。

手机上的传声器和摄像头是已连接到移动通信系统的压电传感器和 CMOS 图像传感器，扬声器和液晶显示屏为执行器。试通过传声器和摄像头与其他同学手机通话，向其他同学手机传送音乐、图像和视频内容。考虑如何利用现有的传声器和摄像头，向其他同学手机传送温度、湿度、压力、气体及速度等传感信息。

试装配和调试一个简单的温度传感器移动通信网络。

图 12-16 传感器移动通信网络

12.8 习题

1. 分布式传感器网络系统与单个传感器的用途有什么不同?

2. 数量巨大的传感器加入 Internet 互联网络会产生什么样的功能? 试设计一种传感器加入 Internet 网络互联,解释其使用。

3. 解释图 12-3 所示的传感器网络的工作原理和信号流程。

4. OSI 开放系统互连参考模型的哪一层分别处理以下问题:

1)把传输的比特流划分为帧。

2)决定从哪条路径通过通信子网络。

3)提供端到端的服务。

4)为了数据的安全将数据加密传输。

5)光纤收发器将光信号转换为电信号。

6)电子邮件软件为用户收发传感器传感数据资料。

5. 汽车网络 CAN 协议有哪些用途?

6. 工业网络有哪些协议? 它们的传输速率和传输距离分别是多少?

7. 办公室与楼宇自动化网络有什么功能?

8. 解释家庭自动化网络系统的组成和应用。

9. 无线传感器网络由哪几部分组成? 无线传感器节点起什么作用?

10. 为了节省电池能量的消耗,无线传感器节点要在工作和休眠之间切换。结合学过的传感器知识,设想两种工作和休眠切换方案。

11. 试设计一用于城市环境监测的无线传感器网络,画出框图,解释工作原理。

12. 物联网技术架构分为哪 3 层? 各有什么功能? 传感器在其中起什么作用?

参 考 文 献

[1] 黄继昌，徐巧鱼，等. 传感器工作原理及应用实例[M]. 北京：人民邮电出版社，1998.

[2] 黄贤武，郑筱霞. 传感器原理与应用[M]. 2版. 北京：高等教育出版社，成都：电子科技大学出版社，2004.

[3] 单成祥. 传感器的理论与设计基础及其应用[M]. 北京：国防工业出版社，1999.

[4] 李瑜芳. 传感技术[M]. 成都：电子科技大学出版社，1999.

[5] 刘迎春，叶湘滨. 现代新型传感器原理与应用[M]. 北京：国防工业出版社，1998.

[6] 梁威，路康，李银华，赵志勇. 智能传感器与信息系统[M]. 北京：北京航空航天大学出版社，2004.

[7] 杨帮文. 现代新潮传感器应用手册[M]. 北京：机械工业出版社，2006.

[8] 王翔，王钦若，谢晨阳. 一种汽车制动性能检测仪的研制[J]. 传感器技术，2004(2).

[9] 徐科，黄金泉. 基于分布式控制的航空发动机智能温度传感器[J]. 传感器技术，2004(1).

[10] 王志强，吴一辉，赵华兵. 新型气象参数测试仪的研制[J]. 传感器技术，2004(2).

[11] 曾凡智，李凤保. 基于GSM的网络化传感器系统[J]. 传感器技术，2004(4).

[12] 黄鸿，吴石增，施大发，李艳玲. 传感器及其应用技术[M]. 北京：北京理工大学出版社，2008.

[13] 卿太全，梁渊，郭明琼. 传感器应用电路集萃[M]. 北京：中国电力出版社，2008.

[14] 陈裕泉，葛文勋. 现代传感器原理及应用[M]. 北京：科学出版社，2007.

[15] 杨帆. 传感器技术[M]. 西安：西安电子科技大学出版社，2008.

[16] 朱利安 W 加德纳，维贾伊 K 瓦拉丹，奥萨马 O 阿瓦德卡里姆. 微传感器 MEMS 与智能器件[M]. 范茂军，等译. 北京：中国计量出版社，2007.

[17] 陈书旺，张秀清，董建彬. 传感器应用及电路设计[M]. 北京：化学工业出版社，2008.

[18] 范茂军. 传感器技术-信息化武器装备的神经元[M]. 北京：国防工业出版社，2008.

[19] 徐显荣，高清维，李中一. 一种用于农业环境监测的无线传感器网络设计[J]. 传感器与微系统，2009（7）.

[20] 段建瑞，李斌，李帅臻. 常用新型柔性传感器的研究进展［J］. 传感器与微系统，2015（11）.

[21] 孙稳稳，宋德杰. 无线温度传感器设计［J］. 传感器与微系统，2015（10）.

[22] 李辉、芦利斌，金国栋. 基于Kinect的四旋翼无人机体感控制［J］. 传感器与微系统，2015（8）.

[23] 李运堂，贾宇宁，王鹏峰，赵静一，楼晓春. 基于多传感器的四旋翼飞行器硬件系统设计［J］. 传感器与微系统，2015（2）.

[24] 喻晓和. 虚拟现实技术基础教程［M］. 北京：清华大学出版社，2015.

[25] 赵勇，王琦. 传感器敏感材料及器件［M］. 北京：机械工业出版社，2012.

[26] 鲍丙豪，周燕，许桢英. 传感器手册［M］. 北京：化学工业出版社，2008.

[27] 赵负图. 新型传感器集成电路应用手册上、下［M］. 北京：人民邮电出版社，2009.